自动控制原理及应用

Principles and Applications of Automatic Control

主编　苏欣平

北京理工大学出版社
BEIJING INSTITUTE OF TECHNOLOGY PRESS

图书在版编目（CIP）数据

自动控制原理及应用／苏欣平主编 . —北京：北京理工大学出版社，2016. 10
(2019.9 重印)
ISBN 978－7－5682－3181－7

Ⅰ. ①自…　Ⅱ. ①苏…　Ⅲ. ①自动控制理论-高等学校-教材　Ⅳ. ①TP13

中国版本图书馆 CIP 数据核字（2016）第 241080 号

出版发行／北京理工大学出版社有限责任公司
社　　　址／北京市海淀区中关村南大街 5 号
邮　　　编／100081
电　　　话／(010) 68914775（总编室）
　　　　　　　(010) 82562903（教材售后服务热线）
　　　　　　　(010) 68948351（其他图书服务热线）
网　　　址／http：//www. bitpress. com. cn
经　　　销／全国各地新华书店
印　　　刷／北京虎彩文化传播有限公司
开　　　本／787 毫米×1092 毫米　1/16
印　　　张／13　　　　　　　　　　　　　　　　　　　责任编辑／封　雪
字　　　数／301 千字　　　　　　　　　　　　　　　　文案编辑／张鑫星
版　　　次／2016 年 10 月第 1 版　2019 年 9 月第 2 次印刷　责任校对／王素新
定　　　价／32.00 元　　　　　　　　　　　　　　　　责任印制／王美丽

编 审 人 员

主　编　苏欣平

主　审　刘爱诗

编　写　苏欣平　李春卉　柴树峰　董　帅

　　本书主要是为机械工程等非控制类专业的本科生提供一本内容适度、实用性强的控制理论教材，参考学时为 40 学时。考虑到本科教学的现状，本书的内容以经典控制理论为主。为适应不同专业和不同层次教学的需要，本书各章所述的各种基本分析方法尽可能做到相对独立，以便使用者根据具体情况灵活选择。在教学中建议做如下三个基本实验：① 环节与系统的模拟；② 频率特性的测试；③ 物理系统的实验（随动系统或温度控制系统等）。

　　为了能在较少的学时内，使学生较系统地掌握控制理论中最基本的理论和分析设计方法，并对一些新的理论和方法亦有初步的了解，本书在内容的组织上，力求做到加强基础、突出重点、注重应用，力求在保持控制理论严密性的前提下，尽量删繁就简，避免过分地引申、扩充和高深的数学论证，尽可能地从工程实例引入某些重要的概念和方法，并增加了MATLAB 在控制系统分析和计算方面的应用等新的内容。在内容的叙述上，侧重于基本概念和实际应用。为加深学生对控制理论基本概念的理解和提高学生分析综合问题的能力，本书附有一定数量的综合性例题分析或习题，以便他们能较快地掌握控制系统理论的最基本内容。

　　本书的第一章至第六章由苏欣平教授编写和校对，并负责全书的统稿；第七章、第八章由李春卉讲师编写和校对；第九章、第十章由柴树峰讲师编写，并负责全书的校对；全书习题由董帅助教编导和校对。本书由军事交通学院刘爱诗教授主审，并对书稿的修改提出了不少宝贵的意见，各级领导和同事对我们的工作也给予了大力的支持和帮助，在此一并致以深切的谢意。

　　由于水平有限，书中一定会有一些不妥之处，恳请广大读者和同行专家批评指正。

编　者

目　录
CONTENTS

第一章 绪 论

在现代工程和科学技术的众多领域中，自动控制技术起着越来越重要的作用。所谓自动控制，是指在没有人直接参与的情况下，利用外加的设备或装置（称为控制装置或控制器），使机器、设备或生产过程（统称被控对象）的某个工作状态或参数（即被控量）自动地按照预定的规律运行。例如，导弹能够准确地命中目标，人造卫星能按预定的轨道运行并返回地面，宇宙飞船能准确地在月球着陆并重返地球，都是以应用高水平的自动控制技术为前提的。

控制理论和实践的不断发展，为人们提供了获得动态系统最佳性能的方法，改善了劳动条件，提高了生产率。在军事装备上，自动控制技术大大地提高了武器装备的威力和精度，降低了作业强度。近十几年来，由于计算机的广泛应用和控制理论的发展，使得自动控制技术所能完成的任务更加复杂，应用的领域也越来越广。可以说，自动控制理论的概念、方法和体系已经渗透到工业生产、军事、空间、生物医学、交通运输、企业管理等广阔领域。现代科学技术的发展及其学科的相互交叉，要求高级工程技术人员更多地了解和掌握其他相近学科、专业的知识。因此，一些非控制类专业的人员根据研究工作和知识结构的需要，学习自动控制原理课程是非常必要的。

自动控制原理主要讲述自动控制的基本理论和分析、设计控制系统的基本方法。控制原理包括经典控制理论和现代控制理论。经典控制理论主要以传递函数为工具和基础，以频域法和根轨迹法为核心，研究单变量控制系统的分析和设计。经典控制理论在 20 世纪 50 年代就已经发展成熟，至今在工程实践中仍得到广泛的应用。现代控制理论从 1960 年开始得到迅速发展，它以状态空间方法作为标志和基础，研究多变量控制系统与复杂系统的分析和设计，以满足军事、空间技术和复杂的工业领域对精度、重量、加速度和成本等方面的严格要求。本书主要介绍经典控制理论。

控制理论的内容极其丰富，但是作为为机械工程等非控制类专业的本科学生开设的课程，其目的是使学生掌握基本的理论和方法，为今后深入学习本学科的其他分支学科打好基础。本着加强基础、突出重点、注重应用的原则，本书以介绍线性系统的基本理论及其应用为主要内容。从非控制工程专业学员对控制理论的需求和教学学时相对较少的实情出发，本教材在介绍有关基本概念时，力求在保持控制理论严密性的前提下，尽量删繁就简，避免过分地引申、扩充和高深的数学论证。尽可能从工程实例引入某些重要的概念和方法，并配有适当的例题与习题，使学生能较快地掌握控制系统理论的基本内容。

全书共分十章，第一章介绍有关自动控制系统的基本知识以及控制技术在军事仓储中的应用；第二章介绍系统的数学模型，包括以微分方程、传递函数、系统方框图等形式描述的系统数学模型，此外，还介绍了非线性数学模型的线性化；第三章讨论一阶、二阶和高阶系统的时域分析，并介绍用 MATLAB 进行瞬态响应分析的方法，劳斯稳定判据和单位反馈控制系统中的稳态误差也在本章中做了介绍；第四章分析控制系统的根轨迹，提供了作根轨迹图的一般规则，并且介绍了用 MATLAB 作根轨图的方法；第五章给出控制系统的频率响应分析方法，讨论了伯德图、极坐标图、乃奎斯特稳定性判据和闭环频率响应；第六章介绍控制系统的校正，主要介绍超前校正、滞后校正、反馈校正；第七～十章介绍控制系统的运用实例。

第一节　自动控制系统的一般概念

在各种生产过程和生产设备中，常常需要使其中某些物理量（如温度、压力、位置、速度等）保持恒定，或者让它们按照一定规律变化。要满足这种要求，就需要对生产机械或设备进行及时的控制和调整，以抵消外界的扰动和影响。

那么自动控制系统是如何对这些物理量实现控制的呢？首先来考虑一个电加热炉的炉温控制系统。如图 1 - 1 所示，在该系统中，炉温通过热电偶测量，热电偶可将温度值转换为电压值 U_2。给定炉温通过一个电位器的电压值 U_1 反映，这一给定值还可以通过调节可变电阻的大小来改变。通过 U_1 与 U_2 的反向串接，就可以实现比较算法 $U_1 - U_2 = \Delta U$（温度的偏差信号）。ΔU 的大小反映了实测炉温与给定炉温的差别，它的正负决定了执行机构——电动机的转向。ΔU 经过放大器放大后，控制电动机的转速和方向，并通过传动装置拖动调压器动触头。当温度偏高时，动触头向着减小加热电阻丝电流的方向运动，反之则加大电流，直到温度接近给定值为止。即只有在温度的偏差信号 $\Delta U \approx 0$ 时，电动机才停转，完成所要求的控制任务。所有这些装置便组成了一个自动控制系统。

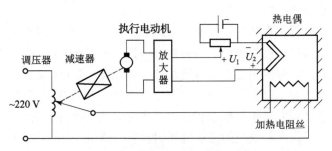

图 1 - 1　电加热炉的炉温控制系统

我们再来研究一下火炮方位角控制系统。图 1 - 2 所示为采用自整角机作为角度测量元件的火炮方位角控制系统。图 1 - 2 中的自整角机工作在变压器状态，自整角发送机 BD 的转子与输入轴连接，转子绕组通入单相交流电；自整角接收机 BS 的转子则与输出轴（炮架的方位角轴）相连接。当转动瞄准具输入一个角度 θ_i 的瞬间，由于火炮方位角 $\theta_o \neq \theta_i$，会出现角位置偏差 θ_e。这时，自整角接收机 BS 的转子输出一个相应的交流调制信号电压，其幅值与 θ_e 的大小成正比，相位则取决于 θ_e 的极性。当偏差角 $\theta_e > 0$ 时，交流调制信号呈正相位；当 $\theta_e < 0$ 时，交流调制信号呈反相位。该调制信号经相敏整流器解调后，变成一个与 θ_e 的大小和极性相对应的直流电压，经校正装置、放大器处理后成为 u_a。u_a 驱动电动机带动火炮架转动，同时带动自整角接收机的转子将火炮方位角反馈到输入端。显然，电动机的

旋转方向必须是朝着减小或消除偏差角 θ_e 的方向转动，直到 $\theta_o = \theta_i$ 为止。这样，火炮就指向了手柄给定的方位角。

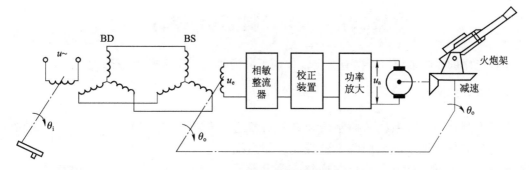

图1-2　火炮方位角控制系统

上述两个控制系统有一个共同的特点，就是都要检测偏差，并用检测到的偏差去纠正偏差，可见没有偏差就没有调节过程。在自动控制系统中，这一偏差是通过反馈建立起来的。给定量称为控制系统的输入量，被控制量称为系统的输出量。反馈就是指输出量通过适当的测量装置将输出信号的全部或一部分返回输入端，使之与输入量进行比较，比较的结果叫作偏差。因此基于反馈基础上的"检测偏差用以纠正偏差"的原理又称为反馈控制原理。利用反馈控制原理组成的系统称为反馈控制系统，图1-3所示为反馈控制结构框图。

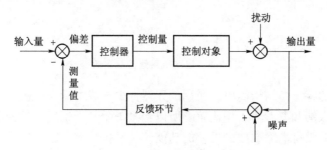

图1-3　反馈控制结构框图

在研究自动控制系统时常遇到一些专用术语，现将最常见的介绍如下。

（1）输入量（指令或参考输入量，也称给定量或控制量）：对被控制量的希望值，即目标值。如图1-1所示系统中加热电阻丝两端的电压。

（2）输出量（也称被控制量）：是指被测量或被控制的量或状态，如图1-1所示系统中的炉温。

（3）控制对象：需要控制的装置或系统。它一般是一个设备，常常由一些机器零件有机地组合在一起，其作用是完成一种特定的功能，如电加热炉、汽车发动机等。

（4）控制器：为了使控制系统具有良好的性能，对偏差信号进行某种模拟或数字运算而进行决策的装置或程序。

（5）偏差：目标值减去控制量测量值的实际值。

（6）扰动：是一种对系统的输出量产生不利影响的因素或信号。如果扰动来自于系统内部，则称为内部扰动；如果扰动来自系统外部，则称为外部扰动。如电加热炉中被加热物体的增多或减少显然会影响炉温的高低，这种因素对系统来说就是一种外部扰动。

（7）噪声：在反馈通道中，它表示测量元件引入的误差，该误差也称为系统的噪声特性。

第二节　开环控制与闭环控制

工业上用的控制系统，根据有无反馈作用可分为两类：开环控制与闭环控制。

一、开环控制

开环控制是指组成系统的控制器和控制对象之间，只有顺向作用而没有反向联系的控制，即系统的输出端和输入端之间不存在反馈回路，输出量不会对系统的控制作用发生影响，其结构框图如图1-4所示。

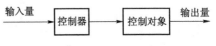

图1-4　开环控制结构框图

如图1-5所示的电动机转速控制系统就是开环控制。当给定电压改变时，电动机转速也跟着改变，但这个控制系统经受不住负载力矩变化对转速的影响。

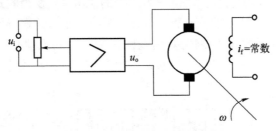

图1-5　电动机转速控制系统

开环控制系统的特点是结构简单、所用的元器件少、成本低。但由于系统没有将被控制量反馈到系统的输入端和参考输入相比较，所以当系统受到干扰后，被控制量一旦偏离原有的平衡状态，系统就没有消除或减少误差的功能，抗干扰性差。因此适用于精度要求不高或扰动影响较小的场合。

二、闭环控制

为了解决开环控制存在的问题，把系统的被控制量通过检测反馈到它的输入端，并与参考输入量相比较，即系统的输出端和输入端之间存在反馈回路，输出量对控制作用有直接影响，这种控制方式叫作反馈控制，也称闭环控制，如图1-6所示。闭环的作用就是应用反馈来减少偏差。

闭环控制的大致过程为：对被控制量（即输出量）进行测量，并与控制信号（输入量）进行比较，得到误差（偏差）信号，将偏差信号在控制器中进行处理（放大与变换），利用变换与放大后的偏差信号产生控制作用，达到消除（或减小）偏差的目的。如果经过反馈环节使系统偏差增加，即为正反馈，它不能达到自动控制的目的。所以一

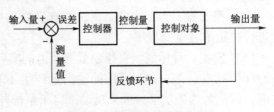

图1-6　闭环控制结构框图

般说的反馈控制都指的是负反馈。可以说，反馈控制系统具有抑制内、外扰动对被控制量产生影响的能力，具有较高的控制精度，是一种重要的并被广泛应用的控制方式。

如图1-7所示的电动机转速闭环控制系统就能大大降低负载力矩对转速的影响。例如：负载加大，转速就会降低，但有了反馈，偏差就会增大，电动机电压就会升高，转速又会上升。

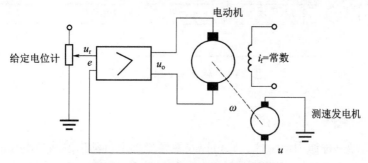

图1-7 电动机转速闭环控制系统

闭环系统的作用是检测偏差并用以纠正偏差，或者说是靠偏差进行控制。在工作过程中系统总会存在着偏差，由于元件的惯性（如负载的惯性），很容易引起振荡，使系统不稳定。因此精度和稳定性之间的矛盾是闭环系统要解决的主要矛盾。

第三节 自动控制系统示例

一、电压调节系统

电压调节系统工作原理如图1-8所示。系统在运行过程中，不论负载如何变化，要求发电机能够提供由给定电位器设定的规定电压值。在负载恒定、发电机输出规定电压的情况下，偏差电压 $\Delta u = u_r - u = 0$，放大器输出为零，电动机不动，励磁电位器的滑臂保持在原来的位置上，发电机的励磁电流不变，发电机在原动机带动下维持恒定的输出电压。当负载增加使发电机输出电压低于规定电压时，输出电压在反馈口与给定电压经比较后所得的偏差电压 $\Delta u = u_r - u > 0$，放大器输出电压 u_1 便驱动电动机带动励磁电位器的滑臂顺时针旋转，使励磁电流增加，发电机输出电压 u 上升。直到 u 达到规定电压 u_r 时，电动机停止转动，发电机在新的平衡状态下运行，输出满足要求的电压。

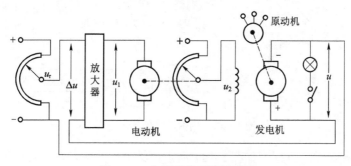

图1-8 电压调节系统原理图

系统中，发电机是被控对象，发电机的输出电压是被控制量，给定量是给定电位器设定的电压 u_r。电压调节系统方框图如图 1−9 所示。

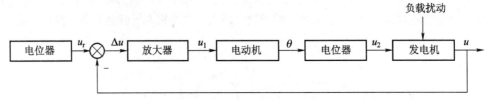

图1−9 电压调节系统方框图

二、函数记录仪

函数记录仪是一种通用记录仪，它可以在直角坐标上自动描绘两个电量的函数关系。同时，记录仪还带有走纸机构，用以描绘一个电量对时间的函数关系。

函数记录仪通常由变换器、测量元件、放大器、伺服电动机—测速发电机组、齿轮系及绳轮等组成，其工作原理如图 1−10 所示。系统的输入（给定量）是待记录电压，被控对象是记录笔，笔的位移是被控制量。系统的任务是控制记录笔位移，在纸上描绘出待记录的电压曲线。

在图 1−10 中，测量元件是由电位器 R_Q 和 R_M 组成的桥式测量电路，记录笔就固定在电位器 R_M 的滑臂上，因此，测量电路的输出电压 u_p 与记录笔位移成正比。当有慢变的输入电压 u_r 时，在放大元件输入口得到偏差电压 $\Delta u = u_r - u_p$，经放大后驱动伺服电动机，并通过齿轮系及绳轮带动记录笔移动，同时使偏差电压减小。当偏差电压 $\Delta u = 0$ 时，电动机停止转动，记录笔也静止不动。此时，$u_p = u_r$，表明记录笔位移与输入电压相对应。如果输入电压随时间连续变化，记录笔便描绘出相应的电压曲线。

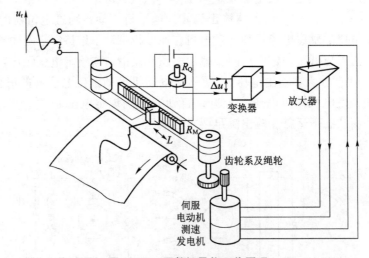

图1−10 函数记录仪工作原理

函数记录仪控制系统方框图如图 1−11 所示。其中，测速发电机是校正元件，它测量电动机转速并进行反馈，用以增加阻尼，改善系统性能。

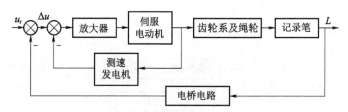

图1-11　函数记录仪控制系统方框图

三、飞机—自动驾驶仪系统

飞机—自动驾驶仪是一种能保持或改变飞机飞行状态的自动装置。它可以稳定飞机的姿态、高度和航迹;可以操纵飞机爬高、下滑和转弯。飞机和驾驶仪组成的控制系统称为飞机—自动驾驶仪系统。

如同飞行员操纵飞机一样,自动驾驶仪控制飞机飞行的原理是通过控制飞机的三个操纵面（升降舵、方向舵、副翼）的偏转,改变舵面的空气动力特性,以形成围绕飞机质心的旋转力矩,从而改变飞机的飞行姿态和轨迹。现以比例式自动驾驶仪稳定飞机俯仰角的过程为例,说明其工作原理。图1-12所示为飞机—自动驾驶仪系统稳定俯仰角的工作原理。

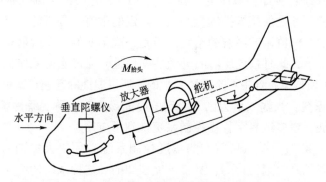

图1-12　飞机—自动驾驶仪系统稳定俯仰角的工作原理

在图1-12中,垂直陀螺仪作为测量元件用以测量飞机的俯仰角,当飞机以给定俯仰角水平飞行时,陀螺仪电位计没有电压输出;如果飞机受到扰动,使俯仰角向下偏离期望值,陀螺仪电位计输出与俯仰角偏差成正比的信号,经放大器放大后驱动舵机,一方面推动升降舵面向上偏转,产生使飞机抬头的转矩,以减小俯仰角偏差;同时带动反馈电位计滑臂,输出与舵偏角成正比的电压信号并反馈到输入端。随着俯仰角偏差的减小,陀螺仪电位计输出的信号越来越小,舵偏角也随之减小,直到俯仰角回到期望值,这时,舵面也恢复到原来状态。

图1-13所示为飞机—自动驾驶仪俯仰角稳定系统方框图。在图1-13中,飞机是被控对象,俯仰角是被控制量,放大器、舵机、垂直陀螺仪、反馈电位计等组成控制装置,即自动驾驶仪。参考量是给定的常值俯仰角,控制系统的任务就是在任何扰动（如阵风或气流冲击）作用下,始终保持飞机以给定俯仰角飞行。

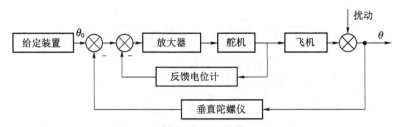

图 1 - 13　飞机—自动驾驶仪仰俯角控制系统方框图

第四节　自动控制系统的分类

自动控制系统的分类方法很多，它们的结构类型和所完成的任务也各不相同，主要可分为以下几种。

一、恒值调节系统、程序控制系统和随动系统

根据系统给定量的运动规律，自动控制系统分为恒值调节系统、程序控制系统和随动系统。

（1）恒值调节系统：例如，稳压电源系统、图 1 - 1 介绍的炉温控制系统等都是恒值调节系统。这类系统的任务是保持被控制量为一个给定的常值，分析的重点在于克服扰动对被控制量的影响。当然，恒值调节系统的给定量不是一成不变的，有时需要将被控制量从一个常值调整到另一个常值，此时系统反应的灵敏性（惯性）必然会对系统的性能产生影响，但由于改变给定量在恒值调节系统中不是频繁发生的，所以惯性的问题在这里不是主要矛盾。

（2）程序控制系统：当输入量为已知给定的时间函数时，称为程序控制系统。近年来，由于微处理机的发展，更多地数字程序控制系统得到了应用。

（3）随动系统：例如，雷达高射炮的角度控制系统必须使火炮随时跟踪敌方飞行器，而敌方飞行器的位置既是时刻变化的，又是不能预知的。这种系统的给定量是时间的未知函数，即给定量的变化规律事先无法确定。因此，在设计随动控制系统时，要求输出量能够准确、快速地复现给定量，分析重点在于如何克服系统的惯性，使之能随着跟踪信号而灵活地变动。此时，抗干扰问题降为次要矛盾。

二、线性系统和非线性系统

根据系统的特性，自动控制系统可分为线性系统和非线性系统。

凡是具有叠加性和齐次性的系统称为线性系统，否则称为非线性系统。

所谓叠加性，是指当有几个输入信号同时作用于系统时，系统的总响应（输出）等于每个信号单独作用所产生的响应之和。

所谓齐次性，是指当输入信号乘以某一倍数作用于系统时，系统响应也在原基础上放大同一倍数。

从数学模型来看，凡是用线性方程（线性微分方程、线性差分方程或线性代数方程等）描述的系统，称为线性系统，而用非线性方程描述的系统称为非线性系统。

线性系统具有许多良好的性质，处理线性系统的数学工具也相对较成熟，因此相对于非线性系统，线性系统的控制理论已相当完善。本书将重点介绍线性控制系统的分析和设计方法。应当指出，绝对的线性系统在自然界和工程实际中是不存在的，实际系统严格来说都有一定的非线性。但有些系统非线性程度不高，可近似看作线性系统来处理。即使是一般的非线性系统，通常也可以在其工作点附近进行线性化，在一定范围内将它当作线性系统来处理。

三、定常系统和时变系统

根据系统是否含有参数随时间变化的元件，自动控制系统分为定常系统和时变系统两大类。

（1）定常系统：又称为时不变系统，其特点是系统的自身性质不随时间而变化。

（2）时变系统：系统中含有时变元件，其数学模型中某些参数随时间而变化。例如：航天卫星是一个时变对象，在飞行的各阶段，由于燃料的不断减少，其质量随时间而变化。时变系统的分析比定常系统要困难得多。

本书除个别地方特别说明外，主要介绍定常系统的控制理论。这一方面是因为目前定常系统的控制理论比时变系统控制理论成熟；另一方面，虽然严格来说实际系统都具有时变的特性，但对大多数工业系统而言，其参数随时间变化并不明显，通常可以当作定常系统来处理。

四、连续系统和离散系统

根据系统中信号的特点，自动控制系统可分为连续（时间）系统和离散（时间）系统。

（1）连续系统：系统中各部分的信号均是时间变量的连续函数，描述它的数学模型是微分方程。

（2）离散系统：系统中某处或多处的信号为脉冲序列或数码的形式，这些信号变量在时间上是离散的，描述它的数学模型是差分方程。

除了上述分类之外，自动控制系统还可以按控制对象的种类，分为机械系统、电气系统、液压系统和生物系统等，在此不再一一列举。

第五节　控制系统的组成及对控制系统的基本要求

一、控制系统的基本组成

控制系统中除控制对象以外的元部件称为控制元件。由于控制对象的不同，控制系统也是各种各样的。但是根据控制元件在系统中的功能和作用，可将控制元件分成四大类。

1. 执行元件

执行元件的功能是直接带动控制对象，直接改变被控变量。例如，机电控制系统中的各种电动机，液压控制系统中的液压缸、液压电动机，温度控制系统中的加热器等都属于执行元件。执行元件有时也被归入控制对象中。

2. 放大元件

放大元件的功能是将微弱信号放大，使信号具有足够大的幅值或功率。放大元件又分为前置放大器和功率放大器两类。前置放大器能放大一个信号的数值，但功率并不大，它靠近系统的输入（前）端。如由运算放大器构成的前置放大器只能放大电压信号，而能输出的电流却很小。功率放大器输出的功率大，它输出的信号可直接带动执行元件运转和动作。例如由功率晶体管组成的功率放大器同时输出足够大的电压和电流，能直接带动直流电动机转动。

3. 测量元件

测量元件的功能是将一种物理量检测出来，并且按着某种规律转换成容易处理和使用的另一种物理量输出。测量元件一般称为传感器。过程控制中的变送器、敏感元件都属于测量元件。

热敏电阻、热电偶、温度变送器、流量变送器、测速发电机、电位器、光电码盘、旋转变压器和感应同步器等元件，包括它们的信号处理电路都属于测量元件。

测量元件的精度直接影响到系统的精度，所以高精度的系统必须采用高精度的测量元件（包括可靠的电路）。

4. 补偿元件

由上述三大类元件与控制对象组成的系统往往不能满足技术要求。为了保证系统能正常工作（稳定）并提高系统的性能，控制系统中还要有补偿元件，又称为校正元件。最常见的补偿方法有串联补偿和反馈补偿，如图 1-14 所示。

常用的补偿元件有模拟电子线路、计算机和部分测量元件（如测速发电机）等。

从系统工作原理和框图看，控制系统中还有比较元件，它把两个信号相减，比较它们的大小，产生偏差信号。但比较元件一般不是一个单独的实际元件，电子放大器就具有比较元件的功能，有些测量元件也包含比较元件的功能。

由控制元件和控制对象组成的控制系统的典型功能框图如图 1-14 所示。

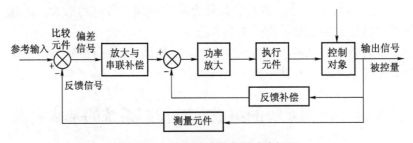

图 1-14 控制系统的典型功能框图

二、对控制系统性能的要求

自动控制系统用于不同的目的时，要求也往往不一样。但自动控制原理是研究各类控制系统共同规律的一门课程，对控制系统有一个共同的要求，一般可归结为稳定性、准确性和快速性。

1. 稳定性

由于系统存在着惯性，当系统各个参数配合不当时，有可能引起系统的振荡而失去工作的能力。稳定性就是指动态过程的振荡倾向和系统能够恢复平衡状态的能力。稳定系统的输出量偏离平衡状态后应该随着时间收敛，并且最后回到初始的平衡状态。稳定性的要求是系统工作的首要条件。

2. 快速性

快速性是在系统稳定的前提下提出的。快速性是指当系统输出量与给定的输入量之间产生偏差时，消除这种偏差过程的快速程度。

3. 准确性

准确性是指在调整过程结束后输出量与给定的输入量之间的偏差，或称为静态精度，这也是衡量系统工作性能的重要指标。例如，数控机床精度越高，则加工精度也越高。而一般恒温和恒速系统的精度都可以控制在给定值的1%以内。

由于受控对象的具体情况不同，各种系统对稳、准、快的要求各有侧重，例如，随动系统对快速性要求较高，而调速系统对稳定性也提出了较严格的要求。同一系统的稳、准、快要求是相互制约的。快速性好，可能会有强烈振荡；改善稳定性，控制过程又可能过于迟缓，精度也可能变坏。分析和解决这些矛盾，是自动控制理论研究的中心问题。

第六节　自动控制技术在军事仓储中的应用

仓库自动控制技术是在仓库机械化和信息技术普及的基础上发展起来的一门新兴技术，它是自动计量技术、自动拣选技术和条形码技术等所构成的技术集群综合应用的结果，而自动化立体库房技术则是这一技术的集中体现。仓库自动控制系统的核心设备是计算机，由它将各种传感器探测到的信号进行处理、分析后，得出判断结果，进而向自动控制系统中的机械设备发出指令，控制其完成一系列的动作，从而实现仓库作业的自动化。

随着自动控制技术的日益成熟和仓库自动化进程的不断推进，在计算机应用技术迅速推广的同时，仓库自动控制技术也得到了长足的发展。就目前情况看，自动控制技术在军事仓储的广泛应用集中体现在以下几个方面。

一、收发作业自动控制

收发作业是仓库业务的基本内容，也是仓库业务工作中的一项经常性的作业，因此，收发作业自动控制是仓库自动控制的一个基本组成部分。收发作业自动控制的基础是物资装卸搬运的机械化、物资档案资料信息识别的自动化以及物资档案资料信息传递的网络化。

仓库的信息网络系统在收到由上级信息网络下传或录入的物资档案资料信息后，随即根据所要接收的物资类别、品种和数量，结合现有的库存情况，综合考虑库房容量、储存原则以及入、出库原则等因素确定好物资的存放、出库位置等参数，然后进一步确定物资入、出库的流程参数与参与作业的机械设备种类、数量等参数，给出一个经系统优化处理后的物资收、发作业方案。此方案确定后，还应经过"无冲突校验"，综合考虑仓库的其他作业情况和所涉及机械的运行情况，在相互之间没有冲突的情况下，即可由仓库领导做出决定，将其作为实际的物资收发作业方案。

二、库房内温、湿度自动控制

为了有效地控制库房内的温、湿度，在每栋库房内适宜的位置上安装温、湿度探头

(传感器），把库房内温、湿度数据信息传送到库房工作站微机（库内分机），由其完成各库房温、湿度数据的储存，同时计算机还自动将每栋库房温、湿度的实测数据分别与标准数据进行比较，当库房温、湿度超标时，计算机可以自动控制库房温、湿度调节设备工作，也可以给出警示，通过仓库管理人员及时采取相应措施，并向仓库自动化站（中心控制室）的网络服务器（主机）传送有关信息。当库房内的温、湿度达到标准时，计算机控制设备自动停机，使库房内的温、湿度值时刻保持在有益于物资储存的合适范围之内，有效地保证库存物资质量的稳定可靠。

三、消防自动控制

仓库火灾自动监测与控制系统，可以大大提高仓库的防、灭火能力，使仓储物资和人员更加安全。

当火灾发生时，中心控制室的计算机可通过各种探测器（感烟探测器、感温探测器、火焰探测器等）及时接到火灾的报警信号并迅速处理报警信息，包括火情判定、火灾地点显示、火警记录与打印、向内部或社会消防部门报告火灾等。根据计算机屏幕上的图形显示，管理人员可以很直观地了解火情，迅速做出判断。根据火情和火灾地点，计算机还可迅速调出预先制定的消防预案，提示消防人员采取相应的行动。

与此同时，中心计算机系统还可通过消防系统控制单元自动地启动火区隔离装置进行火区隔离，防止火灾蔓延，以减小火灾损失；控制启动固定消防设施，如自动喷淋系统、泡沫灭火系统、1302和二氧化碳灭火系统，以争取时间，尽快扑灭火灾。火灾自动报警系统能在火灾发生前和发生时迅速自动地报告火灾信息，通知人们及时消除火灾隐患和扑灭火灾。火灾发生前，该系统可自动检测保护区内与火灾特性相关的物理量（比如火焰、温度、可燃气体浓度以及易燃液体和气体的跑、冒、渗漏情况等）的变化，预报火灾；监测引发火灾隐患物理量的变化，指示火灾隐患部位。

四、防盗报警自动控制

高新技术手段为防盗报警自动化的实现提供了可能。充分利用现代科技成果，可以为仓库构建各式各样的防盗报警系统。防盗报警系统一般分为：单机报警器、有线报警系统、无线报警系统和混合报警系统四种。

一般而言，防盗报警系统由传感器和控制器两大部分组成。传感器布设在保护现场，用来探测被监视目标附近的状态信息，而控制器则设在值班室内，用以接收传感器的盗情信息，以声、光的形式给出报警信号，同时自动启动相应的联动设备封闭相关区域或对进入监测范围内的盗贼采取相应的措施。

传感器是防盗报警系统的关键部件，通常有断线式传感器、人体感应式传感器、光电式传感器和微波传感器等。随着科技的不断发展和高新技术的推广应用，相信会有更多更好的传感器不断投入使用。

闭路电视系统也经常用于防盗系统中，而且具有特殊效果。配有全天候、低照度红外摄像头的闭路电视系统可在夜间对监控地点和监控区域进行连续观察和录像。

防盗报警系统中用以自动控制的联动设备也是多种多样的。常见的有电锁、电网和麻醉剂喷射器。

电锁：可自动封闭有关通道，将盗贼控制在一定区域内。

电网：即所谓的"麻电系统"，一经触发可迅速释放瞬时高压将接近的人员或动物暂时击倒。

麻醉剂喷射器：当盗贼进入监控范围，麻醉剂喷射器"一触即发"，立即向其喷射出足量的麻醉剂，将其麻醉致昏。

五、自动化立体库房

自动化立体库房也称为自动化库房，它的整个作业活动通过电子计算机的控制实现了自动化。

1. 自动化立体库房的主要优点

（1）能大幅度地增加库房高度，充分利用库房面积与空间，减少占地面积。目前立体库房有的已高达40多米，它的单位面积储存量要比普通库房高得多。

（2）便于实现库房的机械化、自动化，从而提高出、入库效率；能方便地纳入整个库房的大物流系统，使全库物流更为合理化。

（3）能提高库房管理水平。借助于计算机管理能有效地利用库房储存能力，便于清点盘货，合理减少库存。

（4）采用货架储存，并结合计算机管理，很容易实现"先入先出"的出、入库原则，防止货物自然老化、变质、生锈。立体库房也便于防止货物的丢失，减少货损。

（5）能适应黑暗、有毒、低温等特殊场合的需要。例如：储存胶片卷轴的自动化立体库房，以及各类冷藏、恒温、恒湿立体库等。

总之，立体库房的出现，使传统的仓储观念发生了根本性的变化。原来那种固定货位、人工搬运和码放、人工管理，以存储为主的仓储作业已改变为自由选择货位，按需要实现"先入先出"的机械化、自动化仓储作业。在储存的同时，还可以对货物进行必要的拣选、组配。可以说，立体库房的出现使"静态库房"变成了"动态库房"。

2. 自动化立体库房的主要设备

1）堆垛机械

立体库内常用的堆垛机械主要有三种：叉车、桥式堆垛机和有轨巷道式堆垛机。一般叉车所需的作业通道较宽，最大堆垛高度较低，使得库房面积和空间的利用率较低，因而被后来出现的无轨堆垛机（高架叉车）所代替，其堆垛高度可达24米。桥式堆垛机是桥式起重机与叉车起升门架的结合体，它所需通道较小，堆垛高度约10米，库房的面积、空间利用率较叉车有所提高，但由于其桥架笨重且运行速度较低，故仅适用于出、入库频率较低的场合及存放长型原材料和笨重货物的库房内。采用巷道式堆垛机的立体库房，其巷道宽度被降低到最小，堆垛高度却可达40余米，从而使库房面积和空间的利用率都大大提高。更为重要的是，巷道的专用化和操作的简单化、顺序化，为库房实现自动化控制奠定了基础。

2）出入库运输系统配套机械

立体库房本身即是一个物流子系统，对于采用巷道式堆垛机的立体库房，还必须利用各种输送机、叉车、自动搬运小车、升降机等配套机械将高货架区和各个作业区连成一体，构成出、入库运输系统，最终形成立体库房的物流系统。

立体库房出、入库运输系统中最常用的连续输送机械是辊子输送机和链式输送机，有时也采用带式输送机。对于巷内输送机，还经常采用往复式输送机、梭式小车等。

3）钢结构货架

高层货架是立体库房的主要设备。一般用钢材和钢筋混凝土制作。钢结构货架的优点是构件尺寸小，库房空间利用率高，制作方便且机械安装建设周期短。因此，目前国内外大多数立体库房都采用钢货架。

3. 自动化立体库房的控制技术

为适应现代生产与流通的需要，立体库房的功能已由仅仅满足储存作业的机械化，发展为物流系统中具有集散和调节作用的枢纽。现代化设计是以立体库作为产品生产与储藏的中心。库房的自动化并不局限于立体库房所用的堆垛机的自动化，还包括出入库货物的码盘机与卸盘机、搬运输送设备、合流与分流装置、货物分类装置及升降机等的自动化，以及管理及信息系统的自动化等。

随着计算机硬件的进步和廉价，以及软件的丰富和完善，计算机在立体库房中的应用越来越普遍，库房管理和控制也从手动、半自动、单机自动迅速向全自动方向发展。在立体库房管理方面，计算机的应用显出突出效果。因为立体库房高度大，货格比较密集，不像普通库房那样货物"看得见，摸得着"，尤其是为了充分利用货格空位和提高出入库速度，常常采用"自由货位"的货格管理办法，所以管理起来难度较大，给传统的台账管理方法带来了极大的不便。计算机的信息存储量大，处理信息速度高，还可以连成网络，所以用它进行库房管理能带来极为显著的经济效益。

计算机管理系统，可以根据库房管理的实际需要实现多方面的功能，最常用的基本功能有以下几种。

（1）出、入库作业功能。

回答出、入库要求；获取判别出、入库货物的有关数据；根据出、入库原则决定存取货物的最佳货位；建立有关货物的数据记录。

（2）货物数据的管理功能

查询货物数据；货物盘库；编制及打印各种报表和单据；检查、修改数据记录；维护数据库系统。

（3）信息交换功能。

与下位机（监控机或控制机）交换信息，发送出、入库作业命令，同时调度、监视库房的有关作业设备，进行出、入库作业；与上位机（总控计算机系统）交换信息。

（4）库存分析功能。

库存分析功能主要由储存货物的性质和用户的具体要求等因素确定。通过对库存货物的数据分析可以对库房的货物周转等情况做出定量报告；对某种货物的余缺做出报警提示；以直方图等方式形象地反映库存货物情况等。

总之，自动控制技术已渗透到军事仓储工作的各个角落，贯彻到了仓库作业的方方面面。可以说，在当今的仓库业务工作中，自动控制技术已无处不在。不具备一定的仓库自动控制方面的知识，不掌握相应的仓库自动控制技术，就难以成为一名合格的仓库工作者。所以，作为工作、战斗在军事仓储战线的广大官兵，应自觉加强对仓库自动控制技术知识的学习，努力提高自身的业务素质，不断完善自己的知识结构，掌握仓库自动控制方面的应用技术，并进一步学习相关的理论和技术知识，以适应现代仓储对我们提出的越来越高的要求。

习 题

1. 试回答下列问题。

（1）比较开环控制系统和闭环控制系统的主要特点，说明其优点和缺点。

（2）什么是反馈控制原理？

2. 在下列过程中，哪些是开环控制？哪些是闭环控制？为什么？

（1）人驾驶汽车；（2）空调器调节室温；（3）给浴缸放热水；（4）投掷手榴弹。

3. 图 1-15 所示为仓库大门自动开闭控制系统。试说明系统自动控制大门开、闭的工作原理，并画出系统方框图。

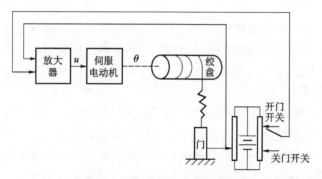

图 1-15 仓库大门自动开闭控制系统

4. 图 1-16 所示为控制导弹发射架方位的电位器式随动系统。图 1-16 中电位器 P_1、P_2 并联后跨接到同一电源 E_0 的两端，其滑臂分别与输入轴和输出轴相连接，组成方位角的给定元件和测量反馈元件。输入轴由手轮操纵；输出轴则由直流电动机经减速后带动，电动机采用电枢控制的方式工作。

试分析系统的工作原理，指出系统的被控对象、被控量和给定量，画出系统的方框图。

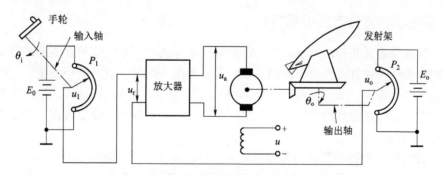

图 1-16 控制导弹发射架方位的电位器式随动系统

第二章　系统的数学模型

为了从理论上对控制系统进行定性地分析和定量地计算，首要的工作就是建立控制系统的数学模型。系统的数学模型就是描述系统输出、输入变量以及内部其他变量之间关系的数学表达式。

在控制系统中，输入和扰动往往随时间改变，因此，系统中的变量都和时间有关，故系统的数学模型通常是以时间为自变量的动态模型。由于实际控制系统的种类各异，故描述系统的数学模型亦有不同的分类。本章讨论所涉及的数学模型主要是线性的、非时变的确定性模型，即线性定常系统。

建立控制系统数学模型的方法有解析法和实验法。解析法是对系统各部分的运动机理进行分析，根据它们所依据的物理、化学规律分别列写相应的运动方程，例如，电学中的基尔霍夫定律、力学中的牛顿定律等。当然和模型有关的因素很多，在建立模型时不可能也不必把一些非主要因素都囊括进去而使模型过于复杂，应根据实际，建立关于系统某一方面属性的描述。本章只讨论解析法。

作为线性定常系统，其数学模型可用微分方程、传递函数、系统方框图和频率特性等形式描述。本章介绍前三种，频率特性在第五章介绍。

第一节　系统的微分方程

一、系统动态微分方程的建立

微分方程是描述自动控制系统动态特性的最基本方法。一个完整的控制系统通常是由若干元器件或环节以一定方式连接而成的，系统可以是由一个环节组成的小系统，也可以是由多个环节组成的大系统。对系统中每个具体的元器件或环节按照其运动规律可以比较容易地列出其微分方程，将这些微分方程联立起来，可以求出整个系统的微分方程。列写系统微分方程的一般步骤是：

（1）根据实际工作情况，确定系统或各元器件的输入变量和输出变量。

（2）从输入端开始，按照信号传递的顺序和各元器件所遵循的规律，列写相应的微分方程。

（3）消去中间变量，得到系统的输出量与输入量之间关系的微分方程。一般情况下，将微分方程写成标准形式，即与输出量有关的项写在方程的左端，与输入量有关的项写在方程的右端，方程两端变量的导数项均按降幂排列。

在列写每一个元件的微分方程式时，必须注意它与相邻元件间的相互影响。下面举例说明控制系统中常用的电气元器件、力学元件微分方程的列写方法。

例 2 – 1　图 2 – 1 所示为 RLC 串联电路。设输入量为 $u_1(t)$，输出量为 $u_2(t)$，试列写其微分方程。

解　根据基尔霍夫定律和元件电流与电压的关系有

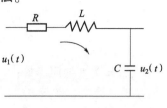

$$L\frac{\mathrm{d}i(t)}{\mathrm{d}t} + Ri(t) + u_2(t) = u_1(t)$$

$$i(t) = C\frac{\mathrm{d}u_2(t)}{\mathrm{d}t}$$

图 2 – 1　RLC 串联电路

消去中间变量 $i(t)$，可得

$$LC\frac{\mathrm{d}^2 u_2(t)}{\mathrm{d}t^2} + RC\frac{\mathrm{d}u_2(t)}{\mathrm{d}t} + u_2(t) = u_1(t)$$

令 $T_l = L/R$，$T_c = RC$ 均为时间常数，则上式又可写为

$$T_l T_c \frac{\mathrm{d}^2 u_2(t)}{\mathrm{d}t^2} + T_c \frac{\mathrm{d}u_2(t)}{\mathrm{d}t} + u_2(t) = u_1(t) \tag{2-1}$$

可见，RLC 串联电路的动态数学模型是一个二阶常系数线性微分方程。

例 2 – 2　设有一个由弹簧、物体和阻尼器组成的机械系统如图 2 – 2 所示，设外作用力 $F(t)$ 为输入量，位移 $y(t)$ 为输出量，列写机械位移系统的微分方程。

解　根据牛顿第二定律可得

$$m\frac{\mathrm{d}^2 y(t)}{\mathrm{d}t^2} = F(t) - F_B(t) - F_K(t) \tag{2-2}$$

式中，m 为物体的质量；$F_B(t)$ 为阻尼器黏性阻力；$F_K(t)$ 为弹簧的弹性力。

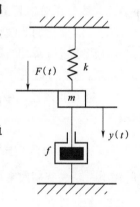

$F_B(t)$ 与物体运动速度成正比，即 $F_B(t) = f\dfrac{\mathrm{d}y(t)}{\mathrm{d}t}$；

$F_K(t)$ 与物体的位移成正比，即 $F_K(t) = ky(t)$。

式中，f 为阻尼系数；k 为弹性系数。

图 2 – 2　弹簧–质量–阻尼器系统

将上述关系式代入式（2 – 2）中得微分方程

$$m\frac{\mathrm{d}^2 y(t)}{\mathrm{d}t^2} = F(t) - f\frac{\mathrm{d}y(t)}{\mathrm{d}t} - ky(t)$$

移项得

$$m\frac{\mathrm{d}^2 y(t)}{\mathrm{d}t^2} + f\frac{\mathrm{d}y(t)}{\mathrm{d}t} + ky(t) = F(t) \tag{2-3}$$

比较这两个例子可看出，不同类型的元件或系统可以有形式相同的微分方程，这种相似为控制系统的计算机数字仿真提供了基础。

二、线性定常微分方程的求解

建立数学模型的目的之一是用数学方法定量地对系统进行分析。当系统微分方程列写出来后，只要给定输入量的初始条件，便可对微分方程求解。工程中，采用拉氏变换法求解微分方程。现在先简单介绍一下拉氏变换。

1. 拉式变换

【定义】已知时域函数 $f(t)$，如果满足相应的收敛条件，可以定义其拉氏变换为

$$L[f(t)] = F(s) = \int_0^\infty f(t)e^{-st}dt$$

式中，$f(t)$ 为变换原函数；$F(s)$ 为变换象函数，是复变量 s 的函数，$s = \sigma + j\omega$。

拉氏变换有其逆运算，拉氏反变换为

$$L^{-1}[F(s)] = f(t)$$

常见函数拉氏变换对照表见附录1。

2. 微分方程的求解步骤

用拉式变换求解线性微分方程时，应采用下列步骤：

(1) 考虑初始条件，对微分方程的每一项分别进行拉式变换，将微分方程转换为变量 s 的代数方程。

(2) 解代数方程，得到输出量有关变量 s 的拉式变换函数表达式。

(3) 对输出量拉氏变换表达式求拉式反变换，得到输出量的时域表达式，即为所求微分方程的解。

3. 非线性微分方程的线性化

具有连续变化的非线性函数的线性化，可用切线法或小偏差法，即在给定工作点邻域将此非线性函数进行泰勒级数展开，略去二阶及三阶以上的各项，用所得的线性化方程代替原有的非线性方程。在一个小范围内，将非线性特性用一段直线来代替。

单变量的非线性函数 $y = f(x)$ 在 x_0 处连续可微，则可将它在该点附近用泰勒级数展开

$$y = f(x) = f(x_0) + f'(x_0)(x - x_0) + \frac{1}{2!}f''(x_0)(x - x_0)^2 + \cdots$$

增量较小时略去其高次幂项，则有

$$y - y_0 = f(x) - f(x_0) = f'(x_0)(x - x_0)$$
$$\Delta y = K\Delta x$$

式中，K 为比例系数，是函数在 x_0 点切线的斜率。

两个变量的非线性函数 $y = f(x_1, x_2)$，同样可在某工作点 (x_{10}, x_{20}) 附近用泰勒级数展开为

$$y = f(x_1, x_2) = f(x_{10}, x_{20}) + \left[\frac{\partial f(x_{10}, x_{20})}{\partial x_1}(x_1 - x_{10}) + \frac{\partial f(x_{10}, x_{20})}{\partial x_2}(x_2 - x_{20})\right] +$$

$$\frac{1}{2!}\left[\frac{\partial^2 f(x_{10}, x_{20})}{\partial x_1^2}(x_1 - x_{10})^2 + 2\frac{\partial^2 f(x_{10}, x_{20})}{\partial x_1 \partial x_2}(x_1 - x_{10})(x_2 - x_{20}) + \right.$$

$$\left.\frac{\partial^2 f(x_{10}, x_{20})}{\partial x_2^2}(x_2 - x_{20})^2\right] + \cdots$$

略去二级以上导数项，并令

$$\Delta y = y - f(x_{10}, x_{20})$$
$$\Delta x_1 = x - x_{10}$$
$$\Delta x_2 = x - x_{20}$$

$$\Delta y = \frac{\partial f(x_{10}, x_{20})}{\partial x_1} \Delta x_1 + \frac{\partial f(x_{10}, x_{20})}{\partial x_2} \Delta x_2 = K_1 \Delta x_1 + K_2 \Delta x_2$$

这种小偏差线性化方法对于控制系统大多数工作状态是可行的，在平衡点附近，偏差一般不会很大，都是"小偏差点"。

例 2-3 试把非线性方程 $z = xy$ 在区域 $5 \leqslant x \leqslant 7$、$10 \leqslant y \leqslant 12$ 上线性化。求用线性化方程来计算当 $x = 5$，$y = 10$ 时 z 值所产生的误差。

解 由于研究的区域为 $5 \leqslant x \leqslant 7$，$10 \leqslant y \leqslant 12$，故选择工作点 $x_0 = 6$，$y_0 = 11$。于是 $z_0 = x_0 y_0 = 6 \times 11 = 66$。求在点 $x_0 = 6$，$y_0 = 11$，$z_0 = 66$ 附近非线性方程的线性化表达式。

将非线性方程在点 x_0，y_0，z_0 处展开成泰勒级数，并忽略其高阶项，则有

$$z - z_0 = a(x - x_0) + b(y - y_0)$$

式中

$$a = \left. \frac{\partial z}{\partial x} \right|_{\substack{x = x_0 \\ y = y_0}} = y_0 = 11$$

$$b = \left. \frac{\partial z}{\partial y} \right|_{\substack{x = x_0 \\ y = y_0}} = x_0 = 6$$

因此，线性化方程式为

$$z - 66 = 11(x - 6) + 6(y - 11)$$
$$z = 11x + 6y - 66$$

当 $x = 5$，$y = 10$ 时，z 的精确值为 $z = xy = 50$。

由线性化方程求得的 z 值为

$$z = 11x + 6y - 66 = 49$$

因此，误差为 $50 - 49 = 1$。

第二节 传 递 函 数

时域范围内的微分方程在使用中有很多不方便，比如求解麻烦、工作量大、系统内部不明确等。而在控制工程中，一般并不需要精确地求出系统微分方程式的解、作出它的输出响应曲线，这就需要寻求更方便的数学描述方法来了解系统是否稳定及其在动态过程中的主要特征，能判别某些参数的改变或校正装置的加入对系统性能的影响等问题。

拉氏变换可以将时域内的微分、积分等运算简化为代数运算，用拉氏变换法求解线性系统的微分方程时，就可以得到控制系统在复域的数学模型——传递函数。这样系统在时域内微分方程的描述就转化为复域内传递函数的描述。

一、传递函数的定义和性质

传递函数是用拉氏变换求解线性微分方程的基础上得到的一个重要概念。

【定义】 线性定常系统在零初始条件下，系统输出量的拉氏变换与输入量的拉氏变换之比，称为该系统的传递函数。

设线性定常系统由下述 n 阶线性常微分方程描述：

$$a_0 \frac{\mathrm{d}^n}{\mathrm{d}t^n}x_o(t) + a_1 \frac{\mathrm{d}^{n-1}}{\mathrm{d}t^{n-1}}x_o(t) + \cdots + a_n x_o(t)$$

$$= b_0 \frac{\mathrm{d}^m}{\mathrm{d}t^m}x_i(t) + b_1 \frac{\mathrm{d}^{n-1}}{\mathrm{d}t^{n-1}}x_i(t) + \cdots + b_m x_i(t) \qquad (2-4)$$

式中，$x_o(t)$ 为系统输出量；$x_i(t)$ 为系统输入量；a_i（$i=0,1,\cdots,n$）、b_j（$j=0,1,\cdots,m$）为与系统结构和参数有关的常系数。

设 $x_o(t)$ 和 $x_i(t)$ 及其各阶导数在 $t=0$ 时的值均为零，即在零值初始条件下对上式左右两边求拉氏变换，并令 $X_o(s) = L[x_o(t)]$，$X_i(s) = L[x_i(t)]$，可得 s 的代数方程为

$$(a_0 s^n + a_1 s^{n-1} + \cdots + a_{n-1}s + a_n) X_o(s) = (b_0 s^m + b_1 s^{m-1} + \cdots + b_{m-1}s + b_m) X_i(s)$$

于是，由定义得系统的传递函数为

$$G(s) = \frac{X_o(s)}{X_i(s)} = \frac{b_0 s^m + b_1 s^{m-1} + \cdots + b_{m-1}s + b_m}{a_0 s^n + a_1 s^{n-1} + \cdots + a_{n-1}s + a_n} \qquad (2-5)$$

则

$$X_o(s) = G(s) X_i(s)$$

输入量 $X_i(s)$ 经传递函数 $G(s)$ 的传递后，得到了输出量 $X_o(s)$，这一关系可以用图 2-3 的框图直观地表示，框内是传递函数，箭头表示信号的传递方向。

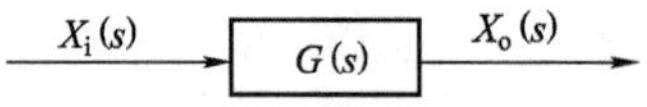

图 2-3　传递函数框图

【性质】传递函数具有以下性质：

（1）传递函数是将线性定常系统的微分方程做拉氏变换后得到的，因此，传递函数的概念只能用于线性定常系统。

（2）传递函数是复变量 s 的有理分式，它的分母多项式 s 的最高阶次 n 总要大于或等于其分子多项式 s 的最高阶次 m，即 $n \geq m$。这是因为实际系统（或元件）总有惯性存在以及能源有限所致。

（3）传递函数是物理系统的一种数学描述形式，它只取决于系统或元件的结构和参数，而与输入量无关。

（4）服从不同物理规律的系统可以有同样的传递函数，正如一些不同的物理现象可以用形式相同的微分方程描述一样，故它不能反映系统的物理结构和性质。

（5）传递函数只描述系统的输入—输出特性，而不能表征系统内部所有状况的特性。

二、典型环节的传递函数

控制是由若干元部件或环节组成的，那么一个系统的传递函数总可以分解为为数不多的典型环节的传递函数的乘积。逐个研究和掌握这些典型环节的传递函数的特性，就不难进一步综合研究整个系统的特性。常用的典型环节有比例环节、惯性环节、积分环节、微分环节和振荡环节。

1. 比例环节

这种环节的特点是输出不失真、不延迟、成比例地复现输入信号的变化。它的运动方程和传递函数分别为

$$x_o(t) = K x_i(t) \qquad (2-6)$$

$$G(s) = \frac{X_o(s)}{X_i(s)} = K \qquad (2-7)$$

式中，$x_o(t)$ 是环节的输出量；$x_i(t)$ 是环节的输入量；K 为常数，称放大系数或增益。

电子放大器、齿轮减速器、杠杆机构等均属于这种模型。

电位器输出电压与角度偏转可近似地视为比例环节，如图 2-4 所示。

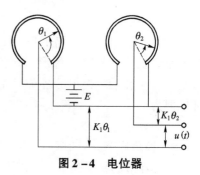

$$u(t) = K_1 \left[\theta_1(t) - \theta_2(t) \right] = K_1 \Delta\theta(t)$$

式中，K_1 是单个电位器的传递系统；$\Delta\theta(t) = \theta_1(t) - \theta_2(t)$ 是两个电位器电刷角位移之差，称误差角。

图 2-4　电位器

$$\frac{U(s)}{\Delta\theta(s)} = K_1$$

2. 惯性环节

惯性环节的特点是其输出量延缓地反应输入量的变化规律。它的微分方程和传递函数分别为

$$T\frac{\mathrm{d}x_o(t)}{\mathrm{d}t} + x_o(t) = Kx_i(t) \tag{2-8}$$

$$G(s) = \frac{X_o(s)}{X_i(s)} = \frac{K}{Ts+1} \tag{2-9}$$

式中，T 是惯性环节的时间常数。RC 网络就是惯性环节的例子。

3. 积分环节

该环节的输出量与其输入量对时间的积分成正比，其微分方程和传递函数分别为

$$x_o(t) = \frac{1}{T}\int x_i(t)\,\mathrm{d}t \tag{2-10}$$

$$G(s) = \frac{X_o(s)}{X_i(s)} = \frac{1}{Ts} \tag{2-11}$$

式中，T 是积分环节的时间常数。

4. 微分环节

理想的微分环节，其输出与输入信号对时间的微分成正比，其微分方程和传递函数分别为

$$x_o(t) = T\frac{\mathrm{d}x_i(t)}{\mathrm{d}t} \tag{2-12}$$

$$G(s) = \frac{X_o(s)}{X_i(s)} = Ts \tag{2-13}$$

式中，T 是微分环节的时间常数。

若输入为单位阶跃函数，则在 $t = 0^+$ 时，它的输出应是一面积（强度）为 T、宽度为零、幅值为无穷大的理想脉冲。显然，这在实践中是不能实现的。如图 2-5 所示的 RC 电路，其输入与输出间的传递函数为

$$\frac{U_o(s)}{U_i(s)} = \frac{Ts}{1+Ts} \tag{2-14}$$

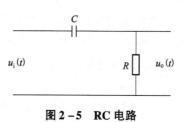

图 2-5　RC 电路

式中，$T = RC$。

由上式可知，该电路不是一个理想的微分环节，而相当于一个微分环节与一个惯性环节的串联组合，具有这种形式传递函数的环节，称为实用微分环节。实际上，微分环节总是含有惯性的，纯微分环节只是数学上的假设。显然，当这个电路的 $T = RC \ll 1$ 时，就可近似为

$$G(s) \approx Ts \qquad (2-15)$$

5. 振荡环节

这种环节的特点是，如输入为一阶跃信号，则其输出却呈周期性振荡形式。它的微分方程和传递函数分别为

$$T^2 \frac{\mathrm{d}x_0^2(t)}{\mathrm{d}t^2} + 2\zeta T \frac{\mathrm{d}x_0(t)}{\mathrm{d}t} + x_0(t) = x_i(t) \qquad (2-16)$$

$$G(s) = \frac{X_o(s)}{X_i(s)} = \frac{1}{T^2 s^2 + 2\zeta T s + 1} = \frac{\omega_n^2}{s^2 + 2\zeta \omega_n s + \omega_n^2} \qquad (2-17)$$

式中，T 为振荡环节的时间常数；ζ 为阻尼比；$\omega_n = 1/T$，为振荡环节的自然振荡角频率。

常见的振荡环节有例 2-1 的 RLC 串联电路。振荡强度与阻尼比 ζ 有关，ζ 值越小，振荡越强；当 $\zeta = 0$ 时，输出量为等幅振荡曲线，振荡的频率为自然振荡频率 ω_n，ζ 值越大则振荡越小；当 $\zeta \geq 1$ 时，环节的输出量则为单调上升曲线；当 $0 < \zeta < 1$ 时，振荡环节的动态响应曲线具有衰减振荡特性。

第三节　框图和系统的传递函数

在求取系统的传递函数时，需要消去系统中所有的中间变量，这是一项较为烦琐的工作。在消元后，由于仅剩下系统的输入（或扰动）和输出两个变量，因而无法反映系统中信息的传递过程。采用方框图表示的控制系统，不仅简明地表示了系统中各环节间的关系和信号的传递过程，而且能较方便地求得系统的传递函数。方框图既适用于线性控制系统，也适用于非线性控制系统。因此，它在控制工程中得到了广泛的应用。

一、绘制系统方框图的一般步骤

（1）写出系统中每一个部件的运动方程。在列写每一个部件的运动方程式时，必须考虑相互连接部件间的负载效应。

（2）根据部件的运动方程式，写出相应的传递函数。一个部件用一个方框单元表示，在方框中填入相应的传递函数。图 2-3 表示的是一个部件的方框单元，箭头表示信号的传递方向，方框的左侧为输入量，右侧为其输出量。输出量等于输入量乘以传递函数。

（3）根据信号的传递方向，将各方框单元依次连接起来，并把系统的输入量置于系统框图的最左端，输出量置于最右端，这样便绘得系统的框图。

例 2-4　绘制如图 2-6 所示 RC 网络的框图。

解　（1）列写该网络的运动方程式，得

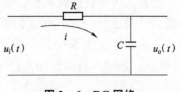

图 2-6　RC 网络

$$I(s) = \frac{U_i(s) - U_o(s)}{R}$$

$$U_o(s) = \frac{1}{Cs}I(s)$$

（2）画出上述两式对应的框图，如图2-7（a）和图2-7（b）所示。

（3）各单元结构图按信号的流向依次连接，就得到图2-7（c）所示该网络的框图。

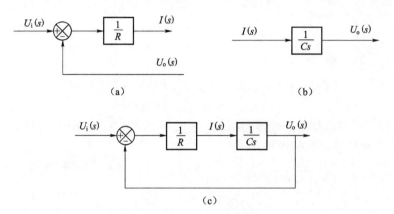

图2-7 例2-4的框图

二、框图的等效变换

求出系统的框图以后，为了对系统进行进一步的研究和计算，需将复杂的框图通过等效变换进行化简，求出系统总的传递函数。等效变换有必须遵守的原则，即变换前、后系统输入量、输出量之间总的数学关系应保持不变。在控制系统中，任何复杂系统的框图主要都是由相应环节的方框经串联、并联和反馈连接而成的。

1. 串联连接

在控制系统中，几个环节按照信号传递方向串联在一起，这种连接方式称为串联连接，如图2-8（a）所示。两环节之间没有负载效应时，可以等效成一个环节的传递函数。

由图2-8（a）有

$$U_1(s) = G_1(s) R(s)$$

$$C(s) = G_2(s) U_1(s)$$

用代入法消去中间变量$U_1(s)$，得

$$C(s) = G_1(s) G_2(s) R(s) = G(s) R(s) \tag{2-18}$$

式（2-18）是串联框的等效传递函数，可用图2-8（b）表示。表明两个传递函数串联连接的等效传递函数，等于这两个传递函数的乘积。

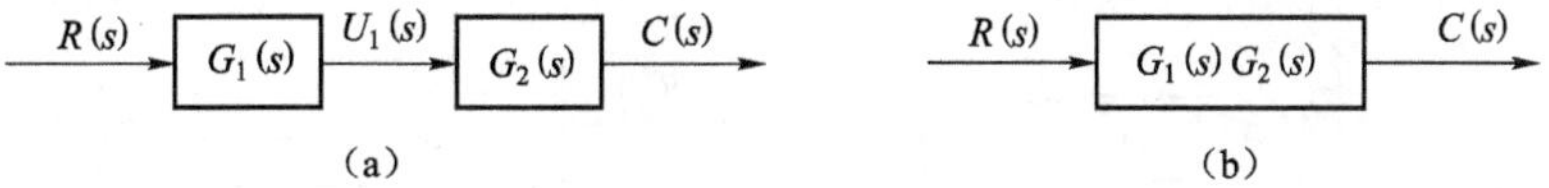

R(s) → G₁(s) → U₁(s) → G₂(s) → C(s)   R(s) → G₁(s) G₂(s) → C(s)

(a)   (b)

图2-8 串联连接的等效变换

上述结论可以推广到任意个传递函数的串联，串联时等效传递函数等于各串联传递函数之积。

2．并联连接

两个或多个框的输入量相同，总的输出信号等于各框输出信号的代数和，这种连接方式称为并联连接，如图 2 – 9（a）所示。

由图 2 – 9（a）可知

$$X_1(s) = G_1(s) R(s)$$
$$X_2(s) = G_2(s) R(s)$$
$$C(s) = X_1(s) \pm X_2(s)$$

消去 $X_1(s)$ 和 $X_2(s)$ 得

$$C(s) = [G_1(s) \pm G_2(s)] R(s) = G(s) R(s)$$
$$G(s) = G_1(s) \pm G_2(s) \tag{2-19}$$

式（2 – 19）是并联框的等效传递函数，可用图 2 – 9（b）表示。并联连接的等效传递函数等于各个方框传递函数的代数和。

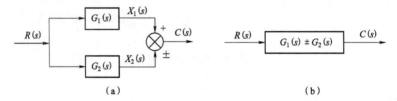

图 2 – 9　并联连接的等效变换

3．负反馈连接

输出 $C(s)$ 经过一个反馈环节 $H(s)$ 与输入 $R(s)$ 相减再作用到 $G(s)$ 环节，这种连接方式叫负反馈连接，如图 2 – 10（a）所示。图中 $G(s)$ 为前项通路的传递函数，$H(s)$ 为反馈通路的传递函数。

按图 2 – 10（a）中所示的信号传递关系，可写出

$$C(s) = G(s) E(s)$$
$$B(s) = H(s) C(s)$$
$$E(s) = R(s) - B(s)$$

消去中间变量 $E(s)$、$B(s)$，可得

$$[1 + G(s) H(s)] C(s) = G(s) R(s) \tag{2-20}$$
$$\frac{C(s)}{R(s)} = \frac{G(s)}{1 + G(s) H(s)} = \Phi(s)$$

式中，$G(s) H(s)$ 称为开环传递函数；$\Phi(s)$ 称为闭环传递函数，可用图 2 – 10（b）表示。

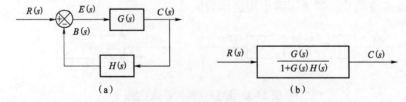

图 2 – 10　反馈连接的等效变换

若反馈通路 $H(s)=1$，称为单位反馈系统，这在理论分析中经常用到。由于反馈系数等于 1，故其框图可简化为图 2 –11 所示形式。

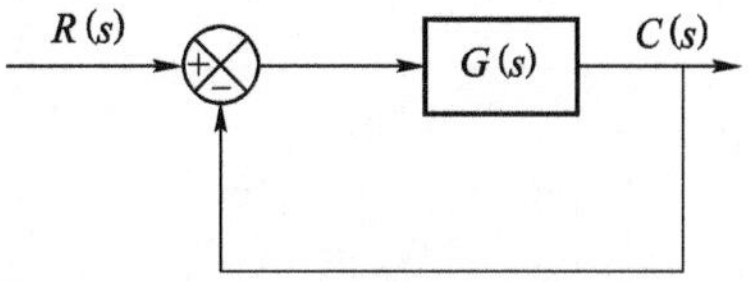

其等效传递函数为

$$\Phi(s)=\frac{G(s)}{1+G(s)} \qquad (2-21)$$

图 2 –11　单位反馈系统

表 2 –1 汇集了框图等效变换的法则，应用这些基本的法则，就能够将一个复杂的框图简化为简单形式。

表 2 –1　框图的等效变换的法则

序号	法则	原来的框图	等效的法则
1	框图的串联	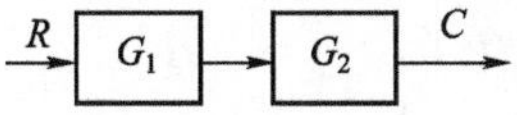	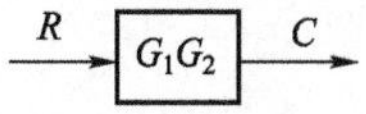
2	框图的并联	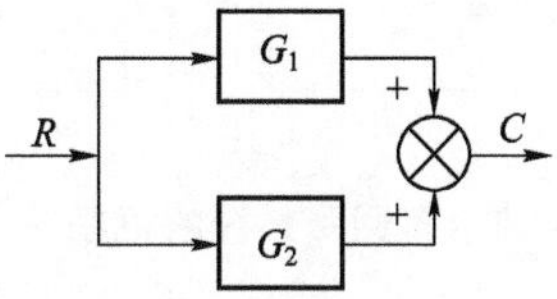	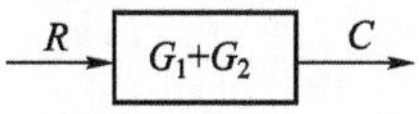
3	加减点的后移	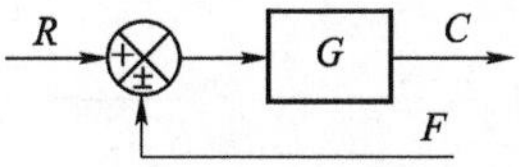	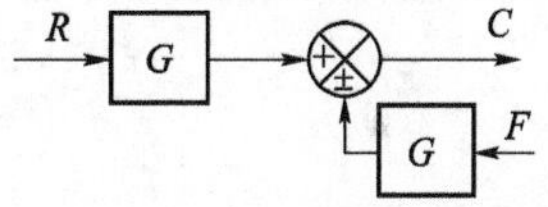
4	加减点的前移	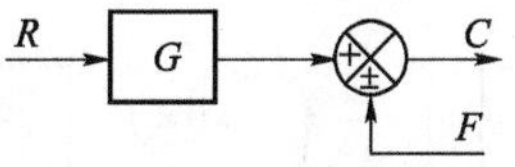	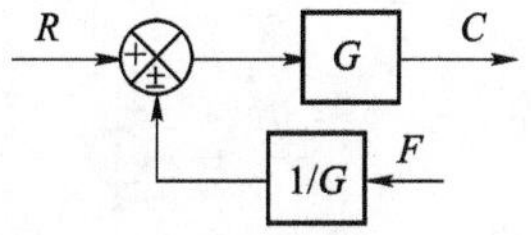
5	引出点的后移	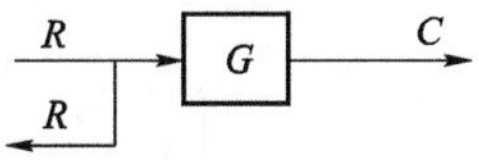	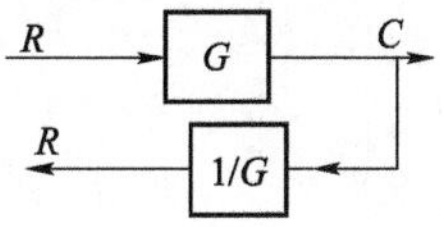
6	引出点的前移	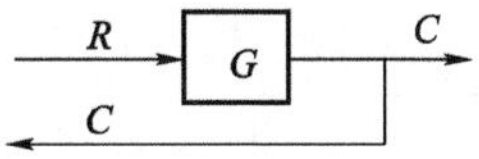	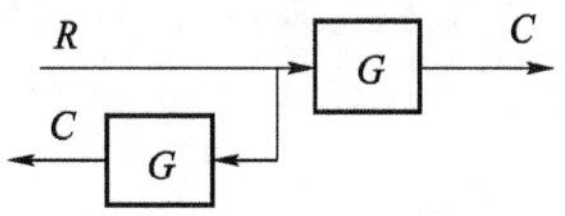

续表

序号	法则	原来的框图	等效的法则
7	化简负反馈回路	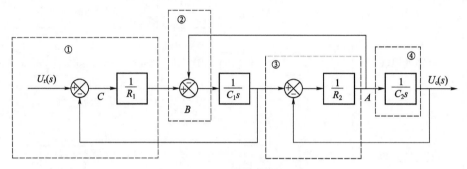	

例 2 – 5 用框图的等效变换法则，求图 2 – 12 所示系统的传递函数 $U_c(s)/U_r(s)$。

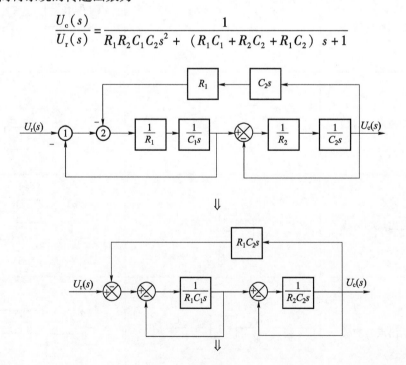

图 2 – 12 多回路系统的框图

思路：引出点 A 后移，加减点 B 前移。加减点 1 和 2 交换。框图简化过程如图 2 – 13 所示。最后化简得系统的传递函数为

$$\frac{U_c(s)}{U_r(s)} = \frac{1}{R_1R_2C_1C_2s^2 + (R_1C_1 + R_2C_2 + R_1C_2)\,s + 1}$$

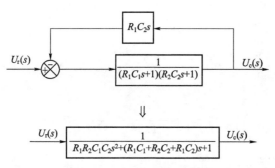

图 2-13 方块图的简化过程

三、控制系统的传递函数

控制系统在工作过程中会受到两类信号的作用，常称外作用信号。一类是给定输入量 $R(s)$，一类是扰动输入量或称干扰 $N(s)$。通常给定输入量加在控制装置的输入端，也就是系统的输入端。而干扰一般作用在受控对象上，但也可能出现在其他元部件中。一个闭环控制系统的典型结构可用图 2-14 表示。

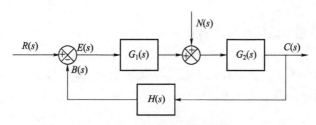

图 2-14 控制系统的框图

研究系统输出的变化规律只考虑给定信号作用是不完全的，往往还需要考虑干扰的影响。基于后面对系统分析的需要，下面介绍几个系统常用传递函数的命名和求法。

1. 开环传递函数

系统输出量 $C(s)$ 与作用偏差信号 $E(s)$ 之比，称为前向通道传递函数，即

$$G(s) = \frac{C(s)}{E(s)} = G_1(s)G_2(s) \tag{2-22}$$

系统反馈信号与输出量之比，称为反馈通道传递函数，即

$$H(s) = \frac{B(s)}{C(s)} \tag{2-23}$$

系统反馈信号 $B(s)$ 与误差信号 $E(s)$ 的比值，称为闭环系统的开环传递函数，即

$$\frac{B(s)}{E(s)} = G(s)H(s) = G_1(s)G_2(s)H(s) \tag{2-24}$$

开环传递函数可以理解为：系统的封闭回路在加减点断开以后，以 $E(s)$ 作为输入，经 $G(s)$、$H(s)$ 而产生输出 $B(s)$，此输出与输入的比值 $B(s)/E(s)$ 可认为是一个无反馈的开环系统的传递函数。由于 $B(s)$ 与 $E(s)$ 在加减点的量纲相同，因此，开环传递函数量纲为 1。

2. 参考输入作用下的闭环传递函数

令 $N(s)=0$，这时图 2-14 就变成图 2-15。闭环系统的输出信号与输入信号之比，称为在参考输入作用下的闭环传递函数，即

$$\frac{C_R(s)}{R(s)} = \frac{G_1(s)G_2(s)}{1 + G_1(s)G_2(s)H(s)}$$

系统相应的输出为

$$C_R(s) = \frac{G_1(s)G_2(s)}{1 + G_1(s)G_2(s)H(s)}R(s) \qquad (2-25)$$

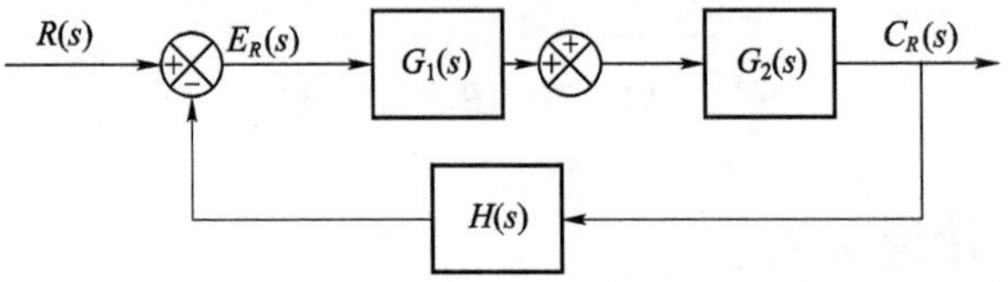

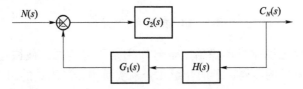

图 2-15　输入作用下的系统方框图

如果 $H(s)=1$，则称图 2-15 所示的系统为单位反馈系统，它的闭环传递函数为

$$\frac{C_R(s)}{R(s)} = \frac{G_1(s)G_2(s)}{1 + G_1(s)G_2(s)} = \frac{G(s)}{1 + G(s)} \qquad (2-26)$$

式中，$G(s) = G_1(s)G_2(s)$。

3. 扰动 $N(s)$ 作用下的闭环传递函数

为了求取扰动作用下的闭环传递函数，同样需要令 $R(s)=0$，于是，图 2-14 所示的框图可简化为图 2-16 所示。扰动作用引起的系统输出 $C_N(s)$ 与 $N(s)$ 的比值，称为扰动作用下的闭环传递函数，即

图 2-16　扰动作用下的系统方框图

$$\frac{C_N(s)}{N(s)} = \frac{G_2(s)}{1 + G_1(s)G_2(s)H(s)}$$

由扰动引起的输出为

$$C_N(s) = \frac{G_2(s)}{1 + G_1(s)G_2(s)H(s)}N(s) \qquad (2-27)$$

当系统同时受到 $R(s)$ 和 $N(s)$ 作用时，由叠加原理，系统总的输出为它们单独作用于系统所引起的输出之和，即由式 (2-25) 与式 (2-27) 相加，求得系统总的输出为

$$C(s) = C_R(s) + C_N(s)$$
$$= \frac{G_1(s)G_2(s)}{1 + G_1(s)G_2(s)H(s)}R(s) + \frac{G_2(s)}{1 + G_1(s)G_2(s)H(s)}N(s) \qquad (2-28)$$

显然，此时通过反馈回路组成的闭环系统能使输出 $C(s)$ 只跟随 $R(s)$ 变化。如果没有反馈回路，即 $H(s)=0$，则系统成为一开环系统，此时干扰引起的输出无法被消除，全部形成误差。

第四节　用 MATLAB 建立数学模型

目前 MATLAB 软件已经成为控制领域最流行的设计与计算工具之一。MATLAB 是 Matrix Laboratory 的缩写，它是一种基于矩阵数学和工程计算的系统，用于分析和设计控制系统的软件。控制系统设计的第一步是建立系统模型。一个确定的线性系统的信号和传递函数的模型可以用几种不同的数学形式来表述，其中之一是对系统应用拉普拉斯变换得到其以 s 多项式之比来表示的传递函数；另一种方法是用其传递函数的零点、极点和增益来描述系统。在这里，我们将介绍如何使用这两种方法实现一个简单的子系统模型，即系统方框图中的单个方框。

考虑一个输入为 $u(t)$、输出为 $y(t)$ 的单输入/单输出线性定常系统，其微分方程为

$$\ddot{y} + 6\dot{y} + 5y = 4\dot{u} + 3u \tag{2-29}$$

在零初始条件下对式（2-29）两边进行拉氏变换，可得到从输入 $U(s)$ 到输出 $Y(s)$ 的系统传递函数为

$$G(s) = \frac{4s + 3}{s^2 + 6s + 5} \tag{2-30}$$

此外，这个系统的传递函数还能用其零点 z_i、极点 p_j 和增益 K，即 ZPK 形式表示

$$G(s) = \frac{4\ (s + 0.75)}{(s + 1)\ (s + 5)} \tag{2-31}$$

上式表明 $G(s)$ 在 $s = -0.75$ 处有一个单零点，在 $s = -1$ 和 -5 处有两个极点且增益为 4。

如果知道了 $G(s)$ 的分子分母多项式，我们就能够以如下的两种方式在 MATLAB 中将模型表示为一个传递函数（TF）形式的线性时不变（LTI）对象：

（1）创建两个行向量，按降阶顺序分别包含分子和分母多项式中 s 各次幂的系数；

（2）使用 tf 命令建立 TF 对象。

对式（2-30）中的传递函数，我们可输入 numG = ［4 3］和 denG = ［1 6 5］来定义多项式，然后通过 G1 = tf（numG，denG）来建立 LTI 对象。如果无须在 MATLAB 工作空间中建立分子分母多项式，则使用一个命令 G1 = tf（［4 3］，［1 6 5］）即可建立 TF 对象。

如果传递函数以零点、极点和增益形式表示，我们可以按照以下步骤将模型创建为一个 ZPK 形式的 LTI 对象：

（1）输入零点和极点列向量及标量形式的增益；

（2）使用 ZPK 命令建立 ZPK 对象。

要建立式（2-31）所描述的系统，我们可输入命令 zG = -0.75，pG = ［-1；-5］，kG = 4，G2 = zpk（zG，pG，kG）。或者，我们也可以只用一个命令 G2 = zpk（-0.75，［-1；-5］，4）来实现上述功能。

当在 MATLAB 中用这些形式中的任一种对模型进行描述后，可使用控制系统工具箱将一种形式变换到另一种形式。例如，若系统模型已经使用其分子分母多项式的 TF 形式创建为 Gtf，我们可输入 Gzpk = zpk（Gtf），将其变换为 ZPK 形式的模型。

要确定 $G(s)$ 的零点、极点和增益。我们可输入 ［zz，pp，kk］= zpkdata（Wzpk，'v'）。类似地，我们可建立 ZPK 形式的系统，比方说 Sxx，使用命令 Svv = tf（Sxx）可将其变换成传递函数（TF）形式，然后输入 ［nn，dd］= tfdata（Svv，'v'），以得到其分子分母多项式的系数。

对这些命令，有两点需要注意：

（1）TF 或 ZPK 系统的名称是任意的，如前面将 G1，G2，Gzpk，Gtf，Sxx 和 Svv 作为线性时不变对象两名称；

（2）字符串 'v'（字符 v 两端的单引号使其成为 MATLAB 中的一个字符串）作为 tfdata 和 zpkdata 命令中第 2 个参数可使输出为向量形式。例如，如上建立了 TF 对象 $W1$，我们就可以使用命令 $[z, p, k]$ = zpkdata（W1, 'v'），将期望的数值提取到 MATLAB 的工作空间中，从而得到 $W(s)$ 的零点、极点和增益。

一旦我们有了 LTI 对象表示的系统模型，无论其是 TF 形式还是 ZPK 形式，我们都有可以使用控制系统工具箱的 pzmap 命令来得到传递函数极点和零点的图形表示。假设对象的名称是 W，命令 pzmap（W）将显示 s 平面上一个适当的区域，并用符号"O"指示零点，用符号"×"指示极点。

例 2 - 6　创建 $G(s)$ 为 TF 对象。

创建一个 4 阶系统的 TF 对象，其微分方程为

$$y^{(iv)} + 10\ddot{y} + 30\ddot{y} + 40\dot{y} + 24y = 4\ddot{u} + 36\dot{u} + 32u \tag{2-32}$$

式中，符号 $y^{(iv)}$ 表示 $y(t)$ 对时间的 4 阶导数。显示对象的特性，并从 TF 对象中提取分子分母多项式，以行向量显示。绘制极点-零点图。

解　零初始条件下对微分方程进行拉普拉斯变换，可得到传递函数多项式为

$$G(s) = \frac{4s^2 + 36s + 32}{s^4 + 10s^3 + 30s^2 + 40s + 24}$$

源程序 2 - 1 中的 MATLAB 命令首先创建 $G(s)$ 为 TF 对象，显示出其所有当前特性（目前我们仅对前两个特性感兴趣），然后建立两个行向量 **nn** 和 **dd**（它们分别包含分子分母多项式的系数），并绘制极点—零点图，如图 2 - 17 所示。

% 源程序 2 - 1：创建 $W(s)$ 为 TF 对象

```
numG = [4 36 32];          % 输入传递函数分子多项式
denG = [1 10 30 40 24];    % 输入分母多项式
G = tf(numG,denG)          % 创建 G(s) 为 TF 对象
Get(G)                     % 显示 TF 对象的特性
[nn,dd] = tfdata(G,'v')    % 从 TF 对象中提取分子分母多项式
pzmap(G)                   % 绘制 TG 对象的极点-零点图
```

例 2 - 7　创建 $G(s)$ 为 ZPK 对象。

使用例 2 - 6 建立的 TF 对象，得到式（2 - 32）所描述的 ZPK 形式的系统模型。从模型中提取零点、极点和增益，并说明它们与上例中 TF 对象所得到的结果是相同的。

解　我们可以重复例 2 - 6 前面的几步，建立 TF 对象 G，然后使用命令 GG = zpk（G）将其变换一个名为 GG 的 ZPK 对象。为了比较两种对象的零点、极点和增益，我们对它们使用输出参数不同的 zpkdata 命令，这样所得到的结果就会有不同的名称。此步完成后，我们发现两个系统均有 $s = -1.0$

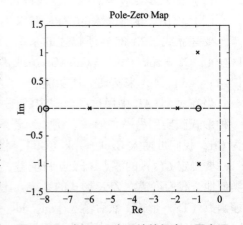

图 2 - 17　例 2 - 6 中系统的极点—零点图

和 -8.0 处的零点，以及 $s = -1.0 \pm \mathrm{j}1.0$, -2.0 和 -6.0 处的极点且增益均为 4。

%源程序 2 - 2：将 TF 形式转换成 ZPK 形式

```
n = [4 36 32];                 % 输入传递函数分子多项式
d = [1 10 30 40 24];           % 输入分母多项式
G = tf(n,d)                    % 创建 G(s) 为 TF 对象
GG = zpk(G)                    % 将 G(s) 转换成 ZPK 对象
[zz,pp,kk] = zpkdata(GG,'v')   % 将 ZPK 模型中的极点和零点列成数组
[z,p,kk] = zpkdata(G,'v')      % 将 ZPK 模型中的极点和零点列成数组
```

小　　结

（1）系统的数学模型是描述其动静态特性的数学表达式，它是对系统进行分析研究的基本依据。用解析法建立系统的数学模型，必须深入了解系统及其元、部件的工作原理，然后根据基本的物理、化学等定律，写出它们的运动方程。在列写各元、部件的运动方程式时，要舍去一些次要因素，并对可以线性化的非线性特性进行线性化处理，以使所求元部件和系统的数学模型既较简单又有一定的精度。

（2）在零初始条件下，系统（或元、部件）输出量与输入量的拉氏变换之比，叫作传递函数。传递函数一般为 s 的有理分式，它和微分方程式一样能反映系统的固有特性。显然，传递函数只与系统的结构、参数有关，与外施信号的大小和形式无关。

（3）框图和信号流图是控制系统的两种图形表示法，它们都能直观地反映系统中信号传递与变换的特征。熟悉框图的等效变换，能较快地求得系统的传递函数。

习　　题

1. 由质量为 m_1 和 m_2 的两个物体及弹簧所组成的力学系统如图 2 - 18 所示，其中 $y(t)$ 为物体 2 的位移，$p(t)$ 为外作用力，f_1、f_2 分别为物体 1 和物体 2 的黏性摩擦系数，k 为弹性系数，试求该系统的传递函数 $Y(s)/P(s)$。

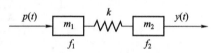

图 2 - 18　力学系统

2. 试建立图 2 - 19 所示各系统的微分方程。其中外力 $F(t)$、位移 $x(t)$ 和电压 $u_r(t)$ 为输入量；位移 $y(t)$ 和电压 $u_c(t)$ 为输出量；k（弹性系数）、f（阻尼系数）、R（电阻）、C（电容）和 m（质量）均为常数。

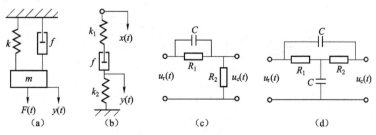

图 2 - 19　系统原理图

3. 试证明图 2-20 中所示的力学系统和电路系统具有相同形式的数学模型。

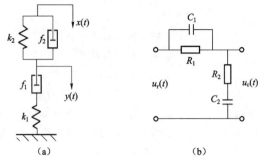

图 2-20 系统原理图

(a) 力学系统；(b) 电路系统

4. 求下列各拉氏变换式的原函数。

(1) $G(s) = \dfrac{e^{-s}}{s-1}$

(2) $G(s) = \dfrac{1}{s(s+2)^3(s+3)}$

(3) $G(s) = \dfrac{s+1}{s(s^2+2s+2)}$

5. 已知控制系统结构图如图 2-21 所示，求输入 $r(t) = 3 \times 1(t)$ 时系统的输出 $c(t)$。

6. 试用结构图等效化简求图 2-22 所示各系统的传递函数 $\dfrac{C(s)}{R(s)}$。

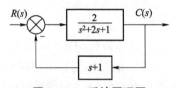

图 2-21 系统原理图

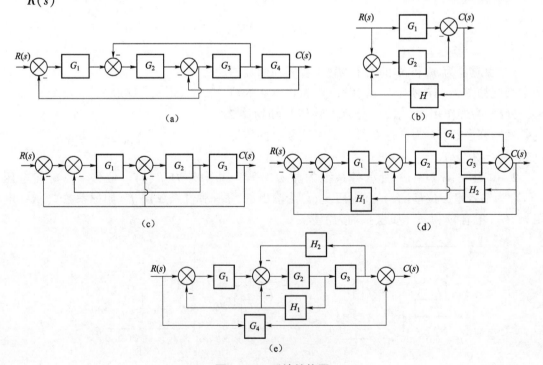

图 2-22 系统结构图

第三章　系统的时域分析

在确定系统的数学模型后，便可以用几种不同的方法去分析控制系统的动态性能和稳态性能。在经典控制理论中，常用时域分析法、根轨迹法或频域分析法来分析线性控制系统的性能。显然，不同的方法有不同的特点和适用范围，但是比较而言，时域分析法是一种直接在时间域中对系统进行分析的方法，具有直观、准确、物理概念清楚的特点，并且可以提供系统时间响应的全部信息。

所谓时域分析法，就是通过求解控制系统的时间响应来分析系统的稳定性、快速性和准确性。它尤其适用于二阶系统。

第一节　典型的试验信号

一个稳定的控制系统，对输入信号的时域响应由两部分组成：瞬态响应和稳态响应。瞬态响应描述系统的动态性能；而稳态响应则反映系统的稳态精度。两者都是控制系统的重要性能要求，因此，在对系统设计时必须同时给予满足。为了求解系统的时间响应，必须了解输入信号的解析表达式。然而，在一般情况下，控制系统的外加输入信号因具有随机性而无法预先确定。例如，在防空火炮系统中，敌机的位置和速度无法预料，这使火炮控制系统的输入信号具有了随机性，从而给规定系统的性能要求以及分析和设计工作带来了困难。因此，我们需要选择若干典型输入信号。

一、阶跃输入信号

阶跃输入信号表示输入量的一个瞬间突变过程，它的数学表达式为

$$x_i(t) \begin{cases} 0 & t < 0 \\ R_0 & t \geq 0 \end{cases} \tag{3-1}$$

式中，R_0 为一常量。若 $R_0 = 1$，则称为单位阶跃输入信号，代表前后两种状态突变。如图 3-1（a）所示，它的拉氏变换为 $1/s$。

二、斜坡输入信号

斜坡输入信号表示由零值开始随时间 t 作线性增长的信号，它的数学表达式为

$$x_i(t) \begin{cases} 0 & t < 0 \\ v_0 t & t \geq 0 \end{cases} \tag{3-2}$$

由于这种函数的一阶导数为常量 v_0，故斜坡函数又称为等速度输入函数。若 $v_0 = 1$，则称为单位斜坡输入函数，代表匀速信号。如图 3-1（b）所示，它的拉氏变换为 $1/s^2$。

三、等加速度信号

等加速度是一种抛物线函数，它的数学表达式为

$$x_i(t) \begin{cases} 0 & t<0 \\ \dfrac{1}{2}a_0t^2 & t\geq 0 \end{cases} \qquad (3-3)$$

这种信号的特点是函数值随时间以等加速度不断增长，当 $a_0=1$ 时，则称为单位等加速度信号。如图 3-1（c）所示，它的拉氏变换为 $1/s^3$。

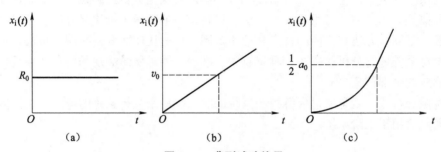

图 3-1　典型试验信号

（a）阶跃输入信号；（b）斜坡输入信号；（c）等加速度信号

四、脉冲信号

脉冲信号可视为一个持续时间极短的信号，它的数学表达式为

$$x_i(t) \begin{cases} 0 & t<0 \\ H/\varepsilon & 0<t<\varepsilon \end{cases} \qquad (3-4)$$

如果令 $H=1$，$\varepsilon\rightarrow 0$，则称为单位理想脉冲信号，并用 $\delta(t)$ 表示，显然，$\delta(t)$ 所描述的脉冲信号实际上是无法获得的。在工程实践中，当 ε 远小于被控对象的时间常数时，这种单位窄脉冲信号就可近似地当作 $\delta(t)$ 函数，它的拉氏变换为 1，如图 3-2 所示。

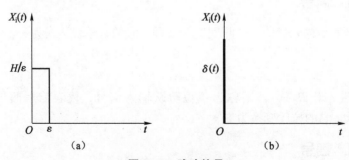

图 3-2　脉冲信号

（a）脉冲信号；（b）理想脉冲信号

五、正弦信号

这是一种人们很熟悉的信号，正弦信号主要用于求取系统的频率响应，据此分析和设计系统，它的数学表达式为

$$x_i(t) = A\sin\omega t \qquad\qquad (3-5)$$

式中，A 为正弦函数的振幅；ω 为正弦函数的角频率。

在分析控制系统时，究竟选用哪一个输入信号作为系统的试验信号，应视所研究系统的实际输入信号而定。如果系统的输入信号是一个突变的量，或工作处在最不利的情况，则常常以单位阶跃信号作为典型的试验信号；如果系统的输入信号是随时间线性增长的函数，则应选斜坡信号，以符合系统的实际工作情况；如果系统的输入信号是一个瞬时冲击的函数，则显然选脉冲信号最为合适。

第二节　系统时间响应的性能指标

一、动态过程与稳态过程

在典型输入信号作用下，任何一个控制系统的时间响应都由动态过程与稳态过程两部分组成。

1. 动态过程

动态过程又称过渡过程或瞬态过程，指系统在典型输入信号作用下，系统输出量从初始状态到最终状态的响应过程。根据系统结构和参数选择情况，动态过程表现为衰减、发散或等幅振荡形式。显然，一个可以实际运行的系统，其动态过程必须是衰减的，即系统必须是稳定的。动态过程除提供系统稳定性的信息外，还可以提供响应速度和阻尼情况等信息，这些信息用动态性能描述。

2. 稳态过程

稳态过程又称为稳态响应，指系统在典型输入信号作用下，当时间 t 趋于无穷时，系统输出量的表现方式。稳态过程表征系统输出量最终复现输入量的程度，提供系统有关稳态误差的信息，反映控制精度，用稳态性能描述。

由此可见，控制系统在典型输入信号作用下的性能指标，通常由动态性能和稳态性能两部分组成。

二、动态性能和稳态性能

稳定是控制系统能够运行的首要条件，因此只有当动态过程收敛时，研究系统的动态性能才有意义。

1. 动态性能

一般认为阶跃输入对系统而言是比较严峻的工作状态，若系统在阶跃函数作用下的动态性能满足要求，那么系统在其他形式的输入作用下，其动态性能也应是令人满意的。

描述稳定的系统在单位阶跃函数作用下，动态过程随时间 t 的变化状况的指标，称为动态性能指标。为了便于分析和比较，假定系统在单位阶跃输入信号作用前处于静止状态，而且输出量及其各阶导数均等于零。对大多数控制系统来说，这种假设是符合实际情况的。对于图 3-3 所示单位阶跃响应 $c(t)$，其动态性能指标通常有如下几种。

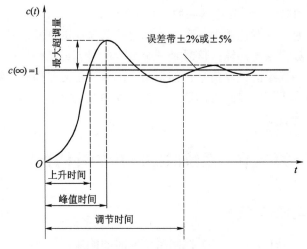

图 3 - 3 单位阶跃响应

（1）上升时间 t_r：对具有振荡的系统，指响应从零值第一次上升到稳态值所需要的时间；对于单调上升的系统，指响应由稳态值的 10% 上升到稳态值的 90% 所需的时间。上升时间越短，响应速度越快。

（2）峰值时间：指响应超过其终值到达第一个峰值所需的时间。

（3）调节时间：指响应到达并保持在终值或内所需的最短时间。

（4）最大超调量：指响应的最大偏离量 $c(t_p)$ 与终值 $c(\infty)$ 之差与终值 $c(\infty)$ 比的百分数，即

$$M_p = \frac{c(t_p) - c(\infty)}{c(\infty)} \times 100\% \tag{3-6}$$

若 $c(t_p) < c(\infty)$，则响应无超调。最大超调量亦称为超调量，或百分比超调量。

上述四个动态性能指标，基本上可以体现系统动态过程的特征。通常，用 t_r 或 t_p 评价系统的动态过程初始阶段的响应速度；用 M_p 评价系统动态过程的平稳性；而 t_s 是同时反映动态过程响应速度和动态过程平稳性的综合性指标。

2. 稳态性能

稳态误差是描述系统稳态性能的一种性能指标，通常在阶跃函数、斜坡函数或加速度函数作用下进行测定或计算。若时间趋于无穷，系统的输出量不等于输入量或输入量的确定函数，则系统存在稳态误差。稳态误差是系统控制精度或抗扰动能力的一种度量。

第三节 一阶系统的时域响应

用一阶微分方程描述的控制系统称为一阶系统。图 3 - 4（a）所示的 RC 电路，其结构图如图 3 - 4（b）所示，其微分方程为

$$RC \frac{du_c}{dt} + U_c = r(t)$$

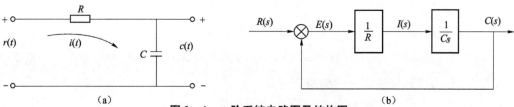

图 3 – 4　一阶系统电路图及结构图

(a) RC 电路图；(b) RC 结构图

$$T c(i) + c(t) = r(t)$$

式中，$c(t)$ 为电路输出电压；$r(t)$ 为电路输入电压；$T = RC$ 为时间常数。

当初始条件为零时，其传递函数为

$$\frac{C(s)}{R(s)} = W(s) = \frac{1}{1 + Ts} \tag{3-7}$$

式中，T 为时间常数。

下面分别就不同的典型试验信号，分析系统的时域响应。

一、单位阶跃响应

单位阶跃输入 $r(t) = 1$，$R(s) = \frac{1}{s}$，于是

$$C(s) = \frac{1}{s(1 + Ts)} = \frac{1}{s} - \frac{T}{(1 + Ts)}$$

对上式取反拉氏变换，得

$$c(t) = 1 - e^{-\frac{t}{T}}, \ t \geq 0 \tag{3-8}$$

比较以上两式，可知 $R(s)$ 的极点是形成系统响应的稳态分量，传递函数的极点是产生系统响应的瞬态分量。由式（3-8）可知，一阶系统的单位阶跃响应是一条初始值为零，以指数规律上升到终值 1 的曲线，因而，系统阶跃输入时的稳态误差为零。

当 $t = T$ 时，$c(t) = 0.632$；而当 $t = 2T$、$3T$ 和 $4T$ 时，$c(t)$ 的数值分别等于终值的 86.5%、95% 和 98.5%，如图 3-5 所示。根据这一特点，可用实验的方法测定一阶系统的时间常数 T，或测定所测系统是否属于一阶系统。

由于时间常数 T 反映系统的惯性，所以一阶系统的惯性越小，其响应过程越快；反之，惯性越大，响应越慢。

二、单位斜坡响应

单位斜坡输入 $r(t) = t$，$R(s) = \frac{1}{s^2}$，则求得系统的输出为

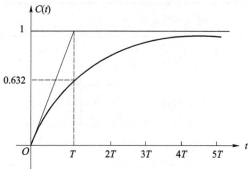

图 3 – 5　一阶系统的单位阶跃响应

$$C(s) = \frac{1}{s^2(1+Ts)} = \frac{1}{s^2} - \frac{T}{s} - \frac{T^2}{1+Ts}$$

对上式取反拉氏变换，得一阶系统的单位斜坡响应为

$$c(t) = (t-T) + Te^{\frac{t}{T}},\ t \geqslant 0 \qquad (3-9)$$

式中，$(t-T)$ 为稳态分量；$Te^{-\frac{t}{T}}$ 为瞬态分量。

式（3-9）表明，在稳态时，一阶系统能够跟踪斜坡输入信号的变化。不难看出，在稳态时，系统的输入、输出信号的变化率完全相等；但由于系统存在惯性，当 $c(t)$ 从 0 上升到 1 时，对应的输出信号在数值上要滞后于输入信号一个常量 T，这就是稳态误差产生的原因。显然，减小时间常数 T 不仅可以加快系统瞬态响应的速度，而且还能减小系统跟踪斜坡信号的稳态误差。图 3-6 所示为一阶系统的单位斜坡响应。

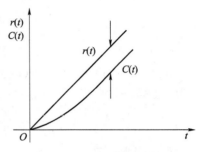

图 3-6　一阶系统的斜坡响应

三、单位脉冲响应

当输入信号为理想单位脉冲函数时，$r(t) = \delta(t)$，$R(s) = 1$，于是

$$C(s) = \frac{1}{1+Ts}$$

这时系统的输出称为脉冲响应，其表达式为

$$c(t) = \frac{1}{T}e^{-t/T},\ t \geqslant 0 \qquad (3-10)$$

一阶系统对上述典型试验信号的响应归纳于表 3-1 中。可以看出线性定常系统的一个重要性质：一个输入信号导数的时域响应等于该输入信号时域响应的导数；一个输入信号积分的时域响应等于该输入信号时域响应的积分。基于上述性质，对线性定常系统只需要讨论一种典型信号的响应，就可推知于其他。因此，在以后对二阶和高阶系统的讨论中，主要研究系统的阶跃响应。

表 3-1　一阶系统对典型试验信号的响应式

输入信号 $r(t)$	输出响应 $c(t)$
$\delta(t)$	$\frac{1}{T}e^{-t/T},\ t \geqslant 0$
$1(t)$	$1 - e^{-t/T},\ t \geqslant 0$
t	$t - T + Te^{-t/T},\ t \geqslant 0$
$\frac{1}{2}t^2$	$\frac{1}{2}t^2 - Tt + T^2(1 - e^{-t/T}),\ t \geqslant 0$

第四节 二阶系统的时域响应

凡以二阶微分方程作为运动方程的控制系统，称为二阶系统。在控制系统中，不仅二阶系统的典型应用极为普遍，而且不少高阶系统的特性在一定条件下也可用二阶系统来表征。因此，着重研究二阶系统的分析和计算方法，具有较大的实际意义。

一、二阶系统的数学模型

图 3－7 所示的 RLC 振荡电路是一个二阶系统，其运动方程为二阶常微分方程

$$LC \frac{\mathrm{d}^2 u_o(t)}{\mathrm{d}t^2} + RC \frac{\mathrm{d}u_o(t)}{\mathrm{d}t} + u_o(t) = u_i(t)$$

描述二阶系统动态特性的运动方程的标准形式为

$$T^2 \frac{\mathrm{d}^2 c(t)}{\mathrm{d}t^2} + 2\zeta T \frac{\mathrm{d}c(t)}{\mathrm{d}t} + c(t) = r(t) \tag{3－11}$$

式中，$c(t)$ 表示系统的输出量；$r(t)$ 表示系统的输入量；T 称为二阶系统的时间常数；ζ 称作系统的阻尼系数。

为了使研究的结果具有普遍的意义，可将式（3－11）写成如下标准形式

$$\frac{\mathrm{d}^2 c(t)}{\mathrm{d}t^2} + 2\zeta\omega_n \frac{\mathrm{d}c(t)}{\mathrm{d}t} + \omega_n^2 c(t) = \omega_n^2 r(t) \tag{3－12}$$

式中，$\omega_n = \frac{1}{T}$ 称作系统的无阻尼自然频率（或无阻尼自由振荡频率）。

二阶系统传递函数为

$$\frac{C(s)}{R(s)} = \frac{\omega_n^2}{s^2 + 2\zeta\omega_n s + \omega_n^2} \tag{3－13}$$

相应的系统框图如图 3－8 所示。

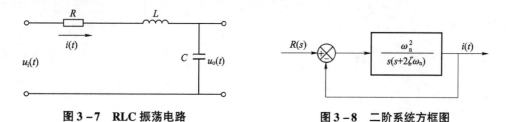

图 3－7　RLC 振荡电路　　　　　　图 3－8　二阶系统方框图

二阶系统的特征方程为

$$s^2 + 2\zeta\omega_n s + \omega_n^2 = 0$$

其两个根（闭环极点）为

$$s_{1,2} = -\zeta\omega_n \pm \omega_n \sqrt{\zeta^2 - 1}$$

显然，二阶系统的时间响应取决于 ζ 和 ω_n 这两个参数。随着 ζ 值的不同，其特征根和相应的瞬态响应也有很大的差异。下面讨论不同的 ζ 值时二阶系统的瞬态响应。

1. 欠阻尼（$0 < \zeta < 1$）

当 $0 < \zeta < 1$ 时，系统的特征根为一对共轭复根

$$s_{1,2} = -\zeta\omega_n \pm j\omega_n \sqrt{1-\zeta^2} = -\zeta\omega_n \pm j\omega_d$$

式中，$\omega_d = \omega_n \sqrt{1-\zeta^2}$ 是系统的阻尼自然频率。

令 $R(s) = 1/s$，则系统输出的拉氏变换为

$$C(s) = \frac{\omega_n^2}{s(s+\zeta\omega_n - j\omega_d)(s+\zeta\omega_n + j\omega_d)}$$

其拉氏反变换为

$$c(t) = 1 - \frac{1}{\sqrt{1-\zeta^2}} e^{-\zeta\omega_n t} \sin(\omega_d t + \arctan\frac{\sqrt{1-\zeta^2}}{\zeta}), \quad t \geq 0 \tag{3-14}$$

式（3-14）等号右方第一项为响应的稳态分量；第二项为响应的瞬态分量。这是一个幅值按指数规律衰减的阻尼正弦振荡，其振荡频率为 ω_d。当 $\zeta = 0$ 时，系统具有一对共轭虚根 $s_{1,2} = \pm j\omega_n$，对应的单位阶跃响应为

$$c(t) = 1 - \cos\omega_n t, \quad t \geq 0 \tag{3-15}$$

式（3-15）表明系统在无阻尼时，其瞬态响应呈等幅振荡，振荡的频率为 ω_n。

2. 临界阻尼（$\zeta = 1$）

当 $\zeta = 1$ 时，系统具有两个相等的实根，即 $s_{1,2} = -\omega_n$。此时系统输出的拉氏变换为

$$C(s) = \frac{\omega_n^2}{s(s+\omega_n)^2}$$

于是得

$$c(t) = 1 - (1+\omega_n t) e^{-\omega_n t}, \quad t \geq 0 \tag{3-16}$$

式（3-16）对应的系统响应是一条单调上升、按指数规律衰减的曲线。

3. 过阻尼（$\zeta > 1$）

当 $\zeta > 1$ 时，系统有两个相异的负实根，即

$$s_{1,2} = -\zeta\omega_n \pm \omega_n \sqrt{\zeta^2-1}$$

对应系统的输出为

$$c(t) = 1 + \frac{e^{-t/T_1}}{T_2/T_1 - 1} + \frac{e^{-t/T_2}}{T_1/T_2 - 1}, \quad t \geq 0 \tag{3-17}$$

式中，$T_1 = \dfrac{1}{\omega_n(\zeta - \sqrt{\zeta^2-1})}$，$T_2 = \dfrac{1}{\omega_n(\zeta + \sqrt{\zeta^2-1})}$。

上式表明，响应特性包含着两个单调衰减的指数项，其代数和绝不会超过稳态值1，因而过阻尼二阶系统的单位阶跃响应是非振荡的。

以上三种情况的单位阶跃响应曲线如图3-9所示，其横坐标为无因次时间 $\omega_n t$。由图3-9可见：二阶系统随着阻尼比 ζ 的不同，其阶跃响应有较大的差异，但它们响应的稳态分量都是1，在阶跃输入信号作用下系统的稳态误差都为零，即在稳态时，它的输出总等于其阶跃输入。

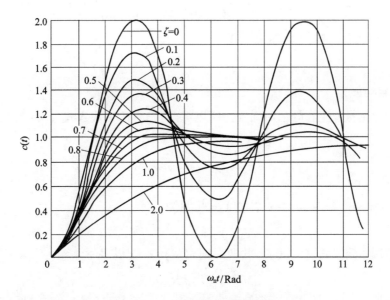

图 3 – 9 二阶系统的单位阶跃响应

二、欠阻尼二阶系统阶跃响应的动态性能指标

在控制工程中，除了那些不容许产生振荡响应的系统外，通常都希望控制系统具有适度的阻尼、较快的响应速度和较短的调节时间。因此，二阶控制系统的设计，一般取 $\zeta = 0.4 \sim 0.8$，其各项动态性能指标中，上升时间 t_r、峰值时间 t_p 和最大超调量 M_p 可用 ζ 和 ω_n 准确表示，而调节时间 t_s 很难用 ζ 和 ω_n 准确描述，即不得不采用工程上的近似计算方法。

1. 上升时间 t_r

由式（3 – 14）知 $c(t)$ 首次达到稳态值 1 时，有

$$c(t_r) = 1 - \frac{1}{\sqrt{1-\zeta^2}} e^{-\zeta\omega_n t_r} \sin\left(\omega_d t_r + \arctan\frac{\sqrt{1-\zeta^2}}{\zeta}\right) = 1$$

由对应的相位角 $\omega_d t_r + \arctan\dfrac{\sqrt{1-\zeta^2}}{\zeta} = \pi$，可求得

$$t_r = \frac{\pi - \beta}{\omega_d} \tag{3-18}$$

式中，$\beta = \arctan\dfrac{\sqrt{1-\zeta^2}}{\zeta}$。

2. 峰值时间 t_p

将式（3 – 14）对 t 求导，并令其导数等于零，即

$$\frac{dc(t)}{dt}\bigg|_{t=t_p} = \frac{1}{\sqrt{1-\zeta^2}} e^{-\zeta\omega_n t_p} \left[-\zeta\sin\left(\omega_d t_p + \beta\right) + \omega_d\cos\left(\omega_d t_p + \beta\right)\right] = 0$$

整理得

$$\tan\left(\omega_d t_p + \beta\right) = \frac{\sqrt{1-\zeta^2}}{\zeta}$$

由于 $\tan\beta = \sqrt{1-\zeta^2}/\zeta$，于是上列三角方程的解为 $\omega_d t_p = 0$，π，2π，3π，$\cdots$。根据峰值时间定义，应取 $\omega_d t_p = \pi$，于是峰值时间

$$t_p = \frac{\pi}{\omega_d} \tag{3-19}$$

3. 最大超调量 M_p

因为最大超调量发生在峰值时间上，所以将式（3-19）代入式（3-14），得输出量的最大值

$$c(t_p) = 1 - \frac{1}{\sqrt{1-\zeta^2}}e^{-\frac{\pi\zeta}{\sqrt{1-\zeta^2}}}\sin(\pi+\beta)$$

由于 $\sin(\pi+\beta) = -\sqrt{1-\zeta^2}$，故上式可写为

$$c(t_p) = 1 + e^{-\frac{\pi\zeta}{\sqrt{1-\zeta^2}}}$$

按最大超调量定义式（3-6），并考虑到 $c(\infty) = 1$，求得

$$M_p = e^{-\frac{\zeta\pi}{\sqrt{1-\zeta^2}}} \times 100\% \tag{3-20}$$

4. 调节时间 t_s

根据调节时间的定义，当 $t \geq t_s$ 时，$|c(t) - c(\infty)| \leq c(\infty) \times \Delta\%$，即

$$\left| \frac{e^{-\zeta\omega_n t}}{\sqrt{1-\zeta^2}}\sin(\omega_d t + \tan^{-1}\frac{\sqrt{1-\zeta^2}}{\zeta}) \right| \leq \Delta\%$$

显然，写出调节时间的表达式是很困难的。

对于欠阻尼二阶系统单位阶跃响应式（3-14），指数曲线 $1 \pm e^{-\zeta\omega_n t}/\sqrt{1-\zeta^2}$ 是对称于 $c(\infty) = 1$ 的一对包络线，整个响应曲线总是包含在这一对包络线之内，如图 3-10 所示。由图 3-10 可见，实际响应曲线的收敛速度比包络线的收敛速度要快。因此可用包络线代替实际响应来估算调节时间，认为响应曲线的包络线进入误差带时，调整过程结束，即 $t_s \approx t_s'$。

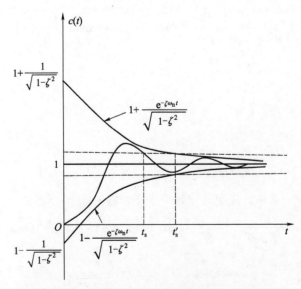

图 3-10　欠阻尼二阶系统 $c(t)$ 的一对包络线

当 $t = t_s' \approx t_s$ 时，有

$$\frac{e^{-\zeta\omega_n t_s}}{\sqrt{1 - \zeta^2}} = \Delta\%$$

故

$$t_s = -\frac{\ln\left(\sqrt{1 - \zeta^2} \times \Delta\%\right)}{\zeta\omega_n}$$

当 ζ 较小时，近似取 $\sqrt{1 - \zeta^2} \approx 1$，所以

$$t_s \approx -\frac{\ln\Delta\%}{\zeta\omega_n} \tag{3-21}$$

当 $\Delta\% = 2\%$ 时，有

$$t_s \approx -\frac{\ln 0.02}{\zeta\omega_n} \approx \frac{4}{\zeta\omega_n}$$

当 $\Delta\% = 5\%$ 时，有

$$t_s \approx -\frac{\ln 0.05}{\zeta\omega_n} \approx \frac{3}{\zeta\omega_n}$$

综上所述，二阶系统的固有频率 ω_n 和阻尼比 ζ 与系统动态过程的性能有着密切的关系。要使二阶系统具有满意的动态性能，必须选取合适的固有频率 ω_n 和阻尼比 ζ。增大阻尼比 ζ 可以减弱系统的振荡性能，即减小最大超调量 M_p，但是增大了上升时间 t_r 和峰值时间 t_p。如果阻尼比 ζ 过小，则系统的平稳性又会不符合要求。所以，要根据所允许的最大超调量 M_p 来选择阻尼比 ζ。阻尼比 ζ 一般选择在 $0.4 \sim 0.8$，然后再调整固有频率 ω_n 的值以改变动态响应时间。当阻尼比 ζ 一定时，固有频率 ω_n 越大，系统响应的快速性越好，即上升时间 t_r、峰值时间 t_p 和调整时间 t_s 越小。

例 3-1　一控制系统如图 3-11 所示，其中输入 $r(t) = t$，试证明当 $K_d = \dfrac{2\zeta}{\omega_n}$，在稳态时系统的输出能无误差地跟踪单位斜坡输入信号。

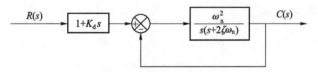

图 3-11　控制系统框图

解　系统的闭环传递函数

$$\frac{C(s)}{R(s)} = \frac{(1 + K_d s)\,\omega_n^2}{s^2 + 2\zeta\omega_n s + \omega_n^2}$$

$$R(s) = \frac{1}{s^2}$$

$$C(s) = \frac{(1 + K_d s)\,\omega_n^2}{s^2 + 2\zeta\omega_n s + \omega_n^2} \cdot \frac{1}{s^2}$$

$$E(s) = R(s) - C(s)$$

$$= \frac{1}{s^2} - \frac{(1 + K_d s)\,\omega_n^2}{s^2\,(s^2 + 2\zeta\omega_n s + \omega_n^2)}$$

$$= \frac{s^2 + 2\zeta\omega_n s - K_d \omega_n^2 s}{s^2 \ (s^2 + 2\zeta\omega_n s + \omega_n^2)}$$

$$e_{ss} = \lim_{s \to 0} s E(s) \quad = \lim_{s \to 0} \frac{s + 2\zeta\omega_n - K_d\omega_n^2}{s^2 + 2\zeta\omega_n s + \omega_n^2} = \frac{2\zeta}{\omega_n} - K_d$$

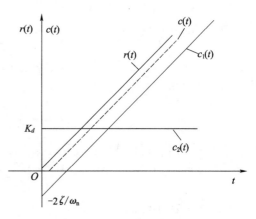

由上式知，只要令 $K_d = \dfrac{2\zeta}{\omega_n}$，就可以实现

系统在稳态时无误差地跟踪单位斜坡输入。由图 3 - 12 可以看到，系统之所以能实现在单位斜坡作用下无稳态误差，是由于微分环节的作用，使系统的输出增加了一个超前量 K_d，从而补偿了二阶系统跟踪单位斜坡信号时的跟踪误差。

图 3 - 12　稳态响应曲线

例 3 - 2　设一随动系统如图 3 - 13 所示，要求系统的超调量为 0.2，峰值时间 1 s，
(1) 求增益 K 和速度反馈系数 τ。
(2) 根据所求的 K 和 τ 值，计算该系统的上升时间 t_r 和调整时间 t_s。

解　由 $M_p = \mathrm{e}^{-\frac{\zeta\pi}{\sqrt{1-\zeta^2}}} = 0.2$，得

$$\zeta = 0.456$$

因为　　　$t_p = \dfrac{\pi}{\omega_d} = 1$

所以　　$\omega_d = \pi = 3.14 \mathrm{rad/s}$

又 $\omega_d = \omega_n \sqrt{1-\zeta^2}$，即

$$\omega_n = \frac{\omega_d}{\sqrt{1-\zeta^2}} = \frac{3.14}{\sqrt{1-0.456^2}} = 3.53 \ \text{（rad/s）}$$

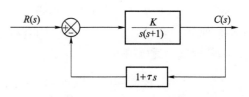

由图 3 - 13 所示，可得系统的闭环传递函数

图 3 - 13　控制系统框图

$$\Phi \ (s) \ = \frac{C(s)}{R(s)} = \frac{K}{s^2 + s + K\tau s + K} = \frac{K}{s^2 + \ (1 + K\tau) \ s + K}$$

求得　　　　　　　　　　　$K = \omega_n^2 = 3.53^2 = 12.46$

因为　　　　　　　　　　　$2\zeta\omega_n = 1 + K\tau$

$$\tau = \frac{2\zeta\omega_n - 1}{K} = \frac{2 \times 0.456 \times 3.53 - 1}{12.46} = 0.178$$

$$t_r = \frac{\pi - \beta}{\omega_d} = \frac{3.14 - \arccos\zeta}{3.14} = \frac{3.14 - 1.097}{3.14} = 0.65$$

对于 $\Delta = 0.02$ 的误差范围

$$t_s = \frac{4}{\zeta\omega_n} = 2.48\mathrm{s}$$

对于 $\Delta = 0.05$ 的误差范围

$$t_s = \frac{3}{\zeta\omega_n} = 1.86\mathrm{s}$$

第五节　高阶系统的时域响应

设高阶系统闭环传递函数的一般形式为

$$\frac{C(s)}{R(s)} = \frac{b_0 s^m + b_1 s^{m-1} + \cdots + b_{m-1} s + b_m}{a_0 s^n + a_1 s^{n-1} + \cdots + a_{n-1} s + a_n}, \quad n \geq m \tag{3-22}$$

如果式（3-22）的分子与分母均可分解为因式，则可改写为

$$\frac{C(s)}{R(s)} = \frac{K(s - z_1)(s - z_2) \cdots (s - z_m)}{(s - p_1)(s - p_2) \cdots (s - p_n)}, \quad n \geq m \tag{3-23}$$

式中，z_1、z_2、$\cdots$、z_m 为闭环传递函数的零点；p_1、p_2、$\cdots$、p_n 为闭环传递函数的极点。

假如系统所有的零、极点互不相同，且其极点有实数极点和共轭复数极点，零点均为实数零点，则当输入信号为单位阶跃函数时，由式（3-23）得

$$C(s) = \frac{K \prod\limits_{i=1}^{m}(s - z_i)}{s \prod\limits_{j=1}^{q}(s - p_j) \prod\limits_{k=1}^{r}(s^2 + 2\zeta_k \omega_{nk} s + \omega_{nk}^2)}, n = q + 2r, n \geq m \tag{3-24}$$

式中，m 为传递函数零点总数；$n = q + 2r$，q 为实极点的个数，r 为复数极点的对数。

将式（3-24）用部分分式展开为

$$C(s) = \frac{A_0}{s} + \sum_{j=1}^{q} \frac{A_j}{s - p_j} + \sum_{k=1}^{r} \frac{B_k(s + \zeta_k \omega_{nk}) + C_k \omega_{nk} \sqrt{1 - \zeta_k^2}}{(s + \zeta_k \omega_{nk})^2 + (\omega_{nk} \sqrt{1 - \zeta_k^2})^2}$$

运用待定系数法可确定 A_0，A_j（$j = 1, 2, \cdots, q$），B_k，C_k（$k = 1, 2, \cdots, r$），则时域响应为

$$c(t) = A_0 + \sum_{j=1}^{q} A_j e^{p_j t} + \sum_{k=1}^{r} B_k e^{-\zeta_k \omega_{nk} t} \cos \omega_{nk} \sqrt{1 - \zeta_k^2} t + \sum_{k=1}^{r} C_k e^{-\zeta_k \omega_{nk} t} \sin \omega_{nk} \sqrt{1 - \zeta_k^2} t \tag{3-25}$$

由式（3-25）可知：

（1）高阶系统时域响应的瞬态分量通常由一阶惯性环节和二阶振荡环节的响应分量合成。其中控制信号极点所对应的拉氏反变换为系统响应的稳态分量，传递函数极点所对应的拉氏反变换为系统响应的瞬态分量。

（2）系统瞬态分量的形式由闭环极点的性质所决定，而系统调整时间的长短与闭环极点负实部绝对值的大小有关。如果闭环极点远离虚轴，则相应的瞬态分量就衰减得快，系统的调整时间也就较短。而闭环零点只影响系统瞬态分量幅值的大小和符号。

（3）如果闭环传递函数中有一极点 $-p_k$ 距坐标原点很远，则有

$$|-p_k| \gg |-p_i|, \quad |-p_k| \gg |-z_j|$$

式中，p_k、p_i 和 z_j 均为正值；$i = 1, 2, \cdots, n$；$j = 1, 2, \cdots, m$，且 $i \neq k$。则当 $n > m$ 时，极点 $-p_k$ 所对应的瞬态分量的幅值很小，因而由它产生的瞬态分量可略去不计。

如果闭环传递函数中某一极点 $-p_k$ 与某一零点 $-z_r$ 十分靠近，则有

$$|-p_k + z_r| \ll |-p_i + z_j|$$

式中，$i = 1, 2, \cdots, n$；$j = 1, 2, \cdots, m$，且 $i \neq k$，$j \neq r$，则极点 $-p_k$ 所对应的瞬态分量的幅值很小，因而它在系统响应中所占的百分比很小，可忽略不计。

（4）如果所有闭环的极点均具有负实部，随着时间的推移，式中所有的瞬态分量将不断地衰减，最后该式的右方只剩下由控制信号的极点所确定的稳态分量 A_0 项。它表示在过渡过程结束后，系统的被控制量仅与其控制量有关。闭环极点均位于 s 左半平面的系统，称为稳定系统。稳定是系统能正常工作的首要条件，有关这方面的内容将在后面做详细的阐述。

（5）如果系统中有一个极点（或一对复数极点）距虚轴最近，且其附近没有闭环零点；而其他闭环极点与虚轴的距离都比该极点与虚轴距离大 5 倍以上，则此系统的响应可近似地视为由这个（或这对）极点所产生。这是因为这种极点所决定的瞬态分量不仅持续时间最长，而且其初始幅值也大，充分体现了它在系统响应中的主导作用，故称其为系统的主导极点。高阶系统的主导极点通常为一对复数极点。

在设计高阶系统时，人们常利用主导极点这个概念来选择系统的参数，使系统具有预期的一对主导极点，从而把一个高阶系统近似地用一对主导极点所描述的二阶系统去表征。

第六节　用 MATLAB 求控制系统的瞬态响应

控制系统的时域响应是指在特定输入信号（常用阶跃、脉冲、斜坡）下的输出响应，其输出量是时间 t 的函数。对图 3 - 14 所示的系统，其输出响应为

$$C(s) = \frac{R(s)}{1+G(s)} = \frac{b_0 s^m + b_1 s^{m-1} + \cdots + b_{m-1} s + b_m}{a_0 s^n + a_1 s^{n-1} + \cdots + a_{n-1} s + a_n} R(s), \quad n \geqslant m$$

用 MATLAB 求系统的瞬态响应时，将传递函数的分子、分母多项式的系数按上式写成两个数组：

$$\text{num} = \begin{bmatrix} c_0 & c_1 & \cdots & c_{m-1} & c_m \end{bmatrix}$$

$$\text{den} = \begin{bmatrix} a_0 & a_1 & \cdots & a_{n-1} & a_n \end{bmatrix}$$

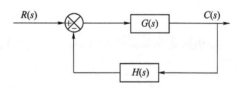

图 3 - 14　反馈控制系统框图

由于控制系统分子的阶次一般小于其分母的阶次，即 $m < n$，所以 num 中的数组元素与分子多项式系数之间自右向左逐列对应，如 $c_m = b_m$，$c_{m-1} = b_{m-1}$，左边不足部分用零补齐，缺项系数也用零补上。当各项系数都已知时，根据系统给定的输入信号，调用相关的 MATLAB 指令，即可求出系统的输出响应。

MATLAB 函数指令表见附录 2。

一、用 MATLAB 求控制系统的单位阶跃响应

求系统阶跃响应的 MATLAB 指令有 step（num，den），在 MATLAB 程序中，先定义 num，den 数组，并调用 step 指令，即可生成单位阶跃输入信号下的阶跃响应曲线图。虽然指令中没有时间 t 出现，但时间向量会自动地予以确定，曲线图中的 x 轴、y 轴坐标也是自动标注的。

例 3 - 3　已知控制系统的闭环传递函数

$$\frac{c(s)}{R(s)} = \frac{16}{s^2 + 4s + 16}$$

试用 MATLAB 求系统的单位阶跃响应。

解 求解系统响应的 MATLAB 程序如下：

%MATLAB 程序 3 − 1

```
num = [0 0 16];
den = [1 4 16];
step(num,den)
grid on
xlabel('t/s'),ylabel('c(t)')
title('unit - step Response of G(s) =16/(s^2 +4s +16)')
```

程序中的指令 grid 是画网格标度线的切换指令，grid on 表示在图上标出直线网格标度线。指令 title 后面给出的是本图形的标题名。该程序被执行后产生的单位阶跃响应曲线如图 3 − 15 所示。

也可以采用指令 step（num，den，t），其中，"t" 是用户指定的时间。指令左端若含有变量时，则可表示为

[y，x，t] = step（num，den，t）

若用该指令，显示屏就不产生系统的输出响应曲线。计算机根据用户给出的 t，算得相应的 y、x 值。若要生成响应曲线，需用指令 plot，MATLAB 程序如下。

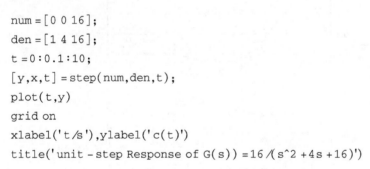

图 3 − 15 单位阶跃响应曲线

%MATLAB 程序 3 − 2

```
num = [0 0 16];
den = [1 4 16];
t = 0:0.1:10;
[y,x,t] = step(num,den,t);
plot(t,y)
grid on
xlabel('t/s'),ylabel('c(t)')
title('unit - step Response of G(s)) =16/(s^2 +4s +16)')
```

曲线用户自己练习生成。

二、用 MATLAB 求控制系统的单位脉冲响应

求系统单位脉冲响应的 MATLAB 指令有

impulse（num，den）

[y，x，t] = impulse（num，den）

[y，x，t] = impulse（num，den，t）

用指令 impulse（num，den）求系统的单位脉冲响应时，屏幕上会显示相应的图形曲线。后两个指令为用户在给出时间 t 的条件下使用，向量 t 表示脉冲响应进行计算的时间。

例 3 – 4 已知控制系统的闭环传递函数

$$\frac{c(s)}{R(s)} = \frac{1}{s^2 + 0.4s + 1}$$

试用 MATLAB 求系统的单位脉冲响应。

解 指令的应用见程序 3 – 3。图 3 – 16 所示为不同 ζ 时的单位脉冲响应曲线。

％MATLAB 程序 3 – 3

```
t = 0:0.1:10;num = [1];
zeta = [0.1 0.25 0.5 1.0];
den = zeros(4,3);
y = zeros(length(t),4);
for i = 1:4
den(i,:) = [1 2*zeta(i) 1];
[y(:,i),x,t] = impulse(num,den(i,:),t);
end
plot(t,y)
xlabel('ωnt'),ylabel('g(t)')
title('zeta = 0.1,0.25,0.5,1.0')
grid on
```

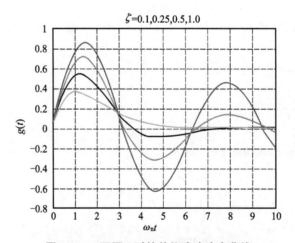

图 3 – 16 不同 ζ 时的单位脉冲响应曲线

三、用 MATLAB 求控制系统的单位斜坡响应

MATLAB 没有直接调用求系统斜坡响应的功能指令。在求取斜坡响应时，通常利用阶跃响应的指令。基于单位阶跃信号的拉氏变换为 $1/s$，而单位斜坡信号的拉氏变换为 $1/s^2$。因此，当求系统 $G(s)$ 的单位斜坡响应时，可先用 s 除 $G(s)$，得到一个新的系统 $G(s)/s$。然后再用阶跃指令就能求出系统的斜坡响应。

例 3 – 5 已知控制系统的闭环传递函数

$$\frac{C(s)}{R(s)} = \frac{1}{s^2 + 0.4s + 1}$$

试用 MATLAB 求系统的斜坡响应。

解　由于单位斜坡信号 $R(s) = 1/s^2$，因而系统的输出为

$$C(s) = \frac{1}{s^2 + 0.4s + 1} \cdot \frac{1}{s^2} = \frac{1}{s(s^2 + 0.4s + 1)} \cdot \frac{1}{s}$$

这样，系统的输出等价于一个单位阶跃信号输入到闭环传递函数 $T(s) = \dfrac{1}{s(s^2 + 0.4s + 1)}$ 的系统响应。因而就可应用上述求取单位阶跃响应的指令来求取系统的单位斜坡响应。求解的程序见 MATLAB 程序 3-4，图 3-17 所示为所求的单位斜坡响应曲线。

% MATLAB 程序 3-4

```
num = [0 0 0 1];
den = [1 0.4 1 0];
t = 0:0.1:8;
c = step(num,den,t);
plot(t,c,'.',t,t,'-')
grid on
title('unit-ramp Response curre for system G(s) =1/(s^2+0.4s+1)')
xlabel('t/s')
ylabel('r(t),c(t)')
```

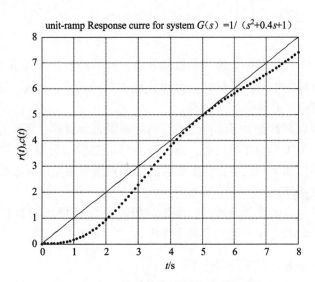

图 3-17　二阶系统的单位斜坡响应曲线

第七节　线性定常系统的稳定性

控制系统能在实际中应用，其首要条件是保证系统稳定，一个不稳定的系统，根本谈不上控制系统的动态性能与稳态性能，因此如何分析系统的稳定性，并提出保证系统稳定的措施，是自动控制理论的基本任务之一。

一、稳定性的基本概念

稳定性是指自动控制系统在受到扰动作用使平衡状态被破坏后，经过调节，能重新达到平衡状态的性能。当系统受到扰动后（如负载转矩变化、电网电压变化等），偏离了原来的平衡状态，若这种偏离不断扩大，即使扰动消失，系统也不能回到平衡状态，这种系统就是不稳定的；若通过系统自身的调节作用，使偏差逐渐减小，系统又逐渐恢复到平衡状态，那么，这种系统便是稳定的。

对于控制系统的稳定可定义如下：

对于控制系统来说，在初始条件影响下，系统产生过渡过程随时间增长而逐渐衰减，并最后趋于零，则此系统定义为稳定。如果此过程是发散的（单调发散或振荡发散），则此系统定义为不稳定。

二、稳定的充要条件

系统传递函数的一般表达式为

$$G(s) = \frac{X_o(s)}{X_i(s)} = \frac{b_0 s^m + b_1 s^{m-1} + \cdots + b_{m-1} s + b_m}{a_0 s^n + a_1 s^{n-1} + \cdots + a_{n-1} s + a_n}, \quad m \leqslant n$$

将分子、分母分解因式，又可表示为

$$G(s) = \frac{X_o(s)}{X_i(s)} = \frac{K(s - z_1)(s - z_2) \cdots (s - z_m)}{(s - p_1)(s - p_2) \cdots (s - p_n)} \tag{3-26}$$

式中，K 为常数。

传递函数分子多项式的根称为传递函数的零点，传递函数分母多项式方程称为传递函数的特征方程。特征方程的根简称特征根，也叫传递函数的极点。一般零点、极点可为实数，也可为复数，若为复数，必共轭成对出现。

如果系统闭环极点都具有负实部，则系统响应的瞬态分量都会衰减为零，这种系统是稳定的；只要系统有一个实部为正的极点，则该极点对应的瞬态分量将随时间的增大而发散，这种系统是不稳定的；如果系统存在纯虚数极点，则该极点对应的瞬态分量为等幅振荡，这种系统称为临界稳定系统。

所以，线性系统稳定的充要条件是：系统的极点（特征根）均具有负实部，即系统的全部极点（特征根）均位于 s 平面的左半平面内。

三、劳斯（Routh）稳定判据

由系统的稳定条件，如果能解出特征方程的全部根，即可判断系统是否稳定。然而，对于三阶以上系统，求根是一项艰巨的任务，所以对于高阶系统一般都采用间接方法来判断系统的稳定性。经常应用的间接方法有时域内的劳斯稳定判据和频域内的乃奎斯特稳定判据。

劳斯稳定判据是英国人劳斯于 1877 年提出的。这种判据是根据代数方程的各项系数，来确定方程具有负实部根数目的一种代数方法。设线性系统的特征方程为

$$a_0 s^n + a_1 s^{n-1} + a_2 s^{n-2} + a_3 s^{n-3} + \cdots + a_n = 0$$

将其系数排列成劳斯表：

s^n	a_0	a_2	a_4	a_6	$\cdots$
s^{n-1}	a_1	a_3	a_5	a_7	$\cdots$
s^{n-2}	b_1	b_2	b_3	b_4	$\cdots$
s^{n-3}	c_1	c_2	c_3	$\cdots$	
$\vdots$	$\cdot$	$\cdot$	$\cdot$		
	$\cdot$	$\cdot$	$\cdot$		
	$\cdot$	$\cdot$	$\cdot$		
s^2	d_1	d_2	d_3		
s^1	e_1	e_2			
s^0	f_1				

表中，$b_1 = \dfrac{a_1 a_2 - a_0 a_3}{a_1}$，$b_2 = \dfrac{a_1 a_4 - a_0 a_5}{a_1}$，$b_3 = \dfrac{a_1 a_6 - a_0 a_7}{a_1}$，$\cdots$

$c_1 = \dfrac{b_1 a_3 - a_1 b_2}{b_1}$，$c_2 = \dfrac{b_1 a_5 - a_1 b_3}{b_1}$，$c_3 = \dfrac{b_1 a_7 - a_1 b_4}{b_1}$，$\cdots$

劳斯表共有 $(n+1)$ 行，它的前两行各元素是由特征方程的系数直接构成的，从第三行开始的各元素是根据前两行元素按照一定的计算方法得到的。为了简化数据运算，可以用一个正整数去除或乘某一行的各项，这时并不改变稳定性的结论。

劳斯判据的内容如下：

（1）特征方程的根都位于 s 平面左半部的充要条件是：特征方程式各项系数都为正值且不缺项；劳斯表中第一列元素都为正值。

（2）劳斯表中第一列元素符号改变的次数等于特征方程位于 s 右半平面根（正根）的数目。

例 3-6 已知一调速系统的特征方程式为

$$s^3 + 41.5s^2 + 517s + 2.3 \times 10^4 = 0$$

试用劳斯判据判别系统的稳定性。

解 列劳斯表

s^3	1	517	0
s^2	41.5	2.3×10^4	0
s^1	-37.2		
s^0	2.3×10^4		

由于该表第一列系数的符号变化了两次，所以该方程中有两个根在 s 的右半平面，因而系统是不稳定的。

在应用劳斯判据时，有可能会碰到以下两种特殊情况：

（1）劳斯表某一行中的第一项等于零，而该行的其余各项不等于零或没有余项，这种情况的出现使劳斯表无法继续往下排列。解决的办法是以一个很小的正数 ε 来代替为零的这项，据此算出其余的各项，完成劳斯表的排列。

若劳斯表第一列中系数的符号有变化，则其变化的次数就等于该方程在 s 右半平面上根的数目，相应的系统为不稳定系统。如果第一列 ε 上面的系数与下面的系数符号相同，则表示该方程中有一对共轭虚根存在，相应的系统也属不稳定系统。

（2）劳斯表中出现全零行，则表示相应方程中含有一些大小相等、符号相反的实根或共轭虚根。这种情况，可利用系数全为零行的上一行系数构造一个辅助多项式，并以这个辅助多项式导数的系数来代替表中系数为全零的行，完成劳斯表的排列。这些大小相等、径向位置相反的根可以通过求解这个辅助方程式得到，而且其根的数目总是偶数的。

例3-7 已知系统的特征方程式为 $s^3 + 2s^2 + s + 2 = 0$，试判别相应系统的稳定性。

解 列劳斯表

s^3	1	1	0
s^2	2	2	0
s^1	0 (ε)		
s^0	2		

由于表中第一列 ε 上面的符号与其下面系数的符号相同，故表示该方程中有一对共轭虚根存在，相应的系统为不稳定系统。

例3-8 一个控制系统的特征方程为

$$s^6 + 2s^5 + 8s^4 + 12s^3 + 20s^2 + 16s + 16 = 0$$

试用劳斯判据判别系统的稳定性。

解 列劳斯表

s^6	1	8	20	16
s^5	2	12	16	0
s^4	2	12	16	0
s^3	0	0	0	
	8	24		
s^2	6	16		
s^1	8/3	0		
s^0	16			

由于 s^3 这一行全为 0，致使劳斯表无法继续往下排列。现用上一行的系数组成辅助多项式

$$F(s) = 2s^4 + 12s^2 + 16$$

对 s 求导，得

$$\frac{\mathrm{d}F(s)}{\mathrm{d}s} = 8s^3 + 24s$$

用系数 8 和 24 代替 s^3 这行中相应为 0 的元素，并继续往下计算其他行的元素，完成劳斯表的排列。

由上表可知，第一列的系数均为正值，表明该方程在 s 右半平面上没有特征根。令 $F(s) = 0$，求得两对大小相等、符号相反的根为

$$s_{1,2} = \pm j\sqrt{2}$$
$$s_{3,4} = \pm j2$$

基于辅助多项式 $F(s)$ 是特征多项式组成的一部分，因此可应用长除法求得其余的两个根为 $-1 \pm j$，显然这个系统处于临界稳定状态。

例3-9 已知一单位反馈控制系统如图 3-18 所示，试回答

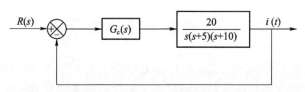

图3−18　单位反馈控制系统方块图

（1）$G_c(s) = 1$ 时，闭环系统是否稳定？

（2）$G_c(s) = \dfrac{K_p(s+1)}{s}$ 时，闭环系统的稳定条件是什么？

解：（1）闭环系统的特征方程为

$$s(s+5)(s+10) + 20 = 0$$
$$s^3 + 15s^2 + 50s + 20 = 0$$

列劳斯表

s^3	1	50	0
s^2	15	20	0
s^1	$(750-20)/15$		
s^0	20		

第一列均为正值，s 全部位于左半平面，故系统稳定。

（2）开环传递函数

$$G_c(s)\,G(s) = \frac{20K_p\,(s+1)}{s^2(s+5)\,(s+10)}$$

闭环特征方程为

$$s^2(s+5)\,(s+10) + 20K_p(s+1) = 0$$

展开

$$s^4 + 15s^3 + 50s^2 + 20K_ps + 20K_p = 0$$

列劳斯表

s^4	1	50	$20K_p$
s^3	15	$20K_p$	0
s^2	$\dfrac{750-20K_p}{15}$	$20K_p$	
s^1	$\dfrac{\dfrac{750-20K_p}{15}20K_p - 15 \times 20K_p}{(750-20K_p)/15}$		
s^0	$20K_p$		

欲使系统稳定，第一列的系数必须全为正值，即

$$K_p > 0，\ 750 - 20K_p > 0，\ 525 - 20K_p > 0$$

由此得出系统稳定的条件为

$$0 < K_p < 26.5$$

第八节　控制系统的稳态误差

控制系统在输入信号作用下，在其输出信号中将含有两个分量：其中一个分量是暂态分量，它反映控制系统的动态性能，对于稳定系统，暂态分量随着时间推移而逐渐消失，将趋于零；另一分量称为稳态分量，它反映控制系统跟踪控制信号或抑制扰动信号的能力和准确程度，它是控制系统的另一重要特性。例如，工业加热炉的炉温误差超过限度就会影响产品质量，轧钢机的辊距误差超过限度就轧不出合格的钢材，导弹的跟踪误差若超过允许的限度就不能用于实战。对于稳定系统来说，稳态性能优劣一般是根据系统反映某些典型输入信号的稳态误差来评价的。对于一个实际的控制系统，由于系统本身结构、输入作用类型不同，系统的稳态输出量不可能在任何情况下都保持与输入量一致，也不可能在任何形式扰动下都能恢复到原来的平衡状态。因此，稳态误差始终存在于系统的工作过程之中，在设计控制系统时，系统首先保证稳态误差小于规定的容许数值。

一、稳态误差的定义

图 3 – 19 所示为控制系统框图，其输出量与输入量通常为不同的物理量，因而系统的误差不能直接用它们的差值来表示，而是用输入量与反馈量的差值来定义系统的误差，即

$$E(s) = R(s) - H(s)C(s)$$

由图 3 – 19 得

$$E(s) = \frac{1}{1 + G(s)H(s)}R(s)$$

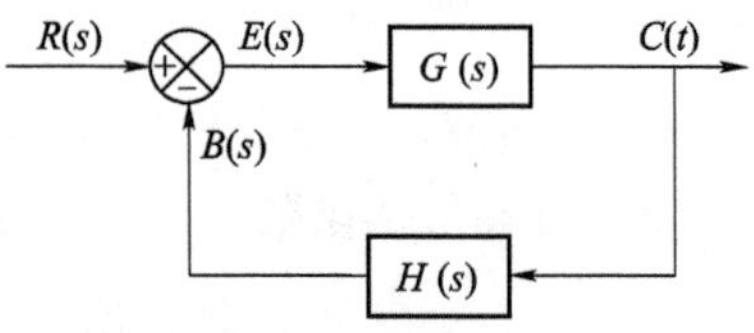

图 3 – 19　控制系统框图

如果系统稳定，且其稳态误差的终值存在，则可用终值定理求得

$$e_{ss} = \lim_{s \to 0} sE(s) = \lim_{s \to 0} \frac{sR(s)}{1 + G(s)H(s)} \tag{3–27}$$

式（3–27）表明，系统的稳态误差不仅与其开环传递函数有关，而且也与其输入信号的形式和大小有关。即系统的结构和参数的不同、输入信号的形式和大小的差别，都会引起系统稳态误差的变化。

二、给定输入下的稳态误差

控制系统的稳态性能通常是以阶跃、斜坡和等加速度信号作用于系统而产生的稳态误差来表征的。下面分别讨论这三种不同输入信号作用于不同结构系统时所产生的稳态误差。令系统的开环传递函数为

$$G(s)H(s) = \frac{K(\tau_1 s - 1)(\tau_2 s - 1) \cdots (\tau_m s - 1)}{s^v(T_1 s - 1)(T_2 s - 1) \cdots (T_n s - 1)}, \quad n \geq m \tag{3–28}$$

式中，K 为系统的开环增益；v 为系统中含有的积分环节数。

对于 $v = 0, 1, 2$ 的系统，分别称为 0 型、Ⅰ 型和 Ⅱ 型系统。由于 Ⅱ 型以上的系统实际上很难使之稳定，所以这种类型的系统在控制工程中一般不会碰到。

1. 阶跃信号输入

已知 $r(t)=R_0$，$R_0 =$ 常量，$R(s) = \dfrac{R_0}{s}$，由式（3-27）求得系统的稳态误差为

$$e_{ss} = \frac{R_0}{1 + \lim\limits_{s\to 0} G(s)H(s)} = \frac{R_0}{1+K_p} \tag{3-29}$$

式中，$K_p = \lim\limits_{s\to 0} G(s)H(s)$ 定义为系统的静态位置误差系数。

由式（3-29）可知：

0 型系统，$\qquad K_p = K$，$\qquad e_{ss} = \dfrac{R_0}{1+K_p} =$ 常数

Ⅰ型、Ⅱ型系统，$\quad K_p = \infty$，$\qquad e_{ss} = 0$

上述结果表明，在阶跃信号输入作用下，只有 0 型系统有稳态误差，其大小与阶跃输入的幅值 R_0 成正比，与系统开环增益 K 近似地成反比。而Ⅰ型、Ⅱ型系统，从理论上说，它们的稳态误差均为零。

2. 斜坡信号输入

已知 $r(t) = v_0 t$，$v_0 =$ 常量，$R(s) = \dfrac{v_0}{s^2}$，由式（3-27）求得系统的稳态误差为

$$e_{ss} = \lim_{s\to 0} sE(s) = \frac{v_0}{K_v} \tag{3-30}$$

式中，$K_v = \lim\limits_{s\to 0} sG(s)H(s)$ 定义为系统的静态速度误差系数。

由式（3-30）可知：

0 型系统，$\qquad K_v = 0$，$\qquad e_{ss} = \infty$

Ⅰ型系统，$\qquad K_v = K$，$\qquad e_{ss} = v_0/K$

Ⅱ型系统，$\qquad K_v = \infty$，$\qquad e_{ss} = 0$

显然 0 型系统的输出不能跟踪斜坡输入信号，这是因为它的输出量的速度总小于输入信号的速度，致使两者间的差距不断增大。Ⅰ型系统虽能跟踪斜坡输入信号，但有稳态误差存在。

在稳态时，系统的输出量与输入信号虽以同一个速度在变化，但前者在位置上要落后于后者一个常量，这个常量就是系统的稳态误差。图 3-20 所示为Ⅰ型系统跟踪斜坡输入信号的响应。Ⅱ型系统由于其 $K_v = \infty$，因而它跟踪斜坡输入时的稳态误差 $e_{ss} = 0$。这表明在稳态时，系统的输出量与输入信号不仅速度相等，而且它们的位置也相同。

3. 等加速度信号输入

已知 $r(t) = \dfrac{1}{2} a_0 t^2$，$a_0 =$ 常量，$R(s) = a_0/s^3$，由式（3-27）求得系统的稳态误差为

$$e_{ss} = \lim_{s\to 0} sE(s) = \frac{a_0}{K_a} \tag{3-31}$$

式中，$K_a = \lim\limits_{s\to 0} s^2 G(s)H(s)$ 定义为系统的静态加速度误差系数。

由式（3-31）可知：

0 型、Ⅰ型系统，$\qquad K_a = 0$，$\qquad e_{ss} = \infty$

Ⅱ型系统，$\qquad K_a = K$，$\qquad e_{ss} = a_0/K$

上述结果表明，0 型、Ⅰ型系统都不能跟踪等加速度输入信号，只有Ⅱ型系统能跟踪，

但有稳态误差存在，即在稳态时，系统的输出信号和输入信号都以相同的加速度和速度在变化，但前者在位置上要滞后于后者一个常量，如图3-21所示。

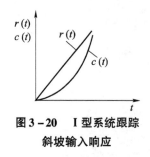

图3-20　Ⅰ型系统跟踪斜坡输入响应

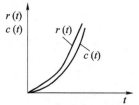

图3-21　Ⅱ型系统跟踪等加速度信号输入响应

　　表3-2和表3-3分别给出了上述三种系统类型的静态误差系数及其在典型输入信号作用下的稳态误差。由表3-3可见，静态误差系数描述了一个系统消除或减小稳态误差的能力，静态误差系数越大，系统的稳态误差就越小。显然，静态误差系数与系统的开环传递函数有关，即与系统的结构和参数有关。在系统稳定的前提下，适当增大它的开环增益或提高它的类型数，都能达到减小或消除稳态误差的目的。然而，这两种方法都会促使系统时域响应动态性能的变坏，甚至会导致系统的不稳定。由此得出，系统的稳态精度和动态性能对系统类型数和开环增益的要求是矛盾的，解决这一矛盾的基本方法是在系统中加入合适的校正装置。

表3-2　静态误差系数与系统类型的关系

误差系数 系统类型	静态位置误差系数 K_p	静态速度误差系数 K_v	静态加速度误差系数 K_a
0型系统	K	0	0
Ⅰ型系统	∞	K	0
Ⅱ型系统	∞	∞	K

表3-3　稳态误差与系统的类型、输入信号间的关系

输入信号 系统类型	阶跃输入 $r(t)=R_0$	斜坡输入 $r(t)=v_0 t$	等加速度输入 $r(t)=\dfrac{1}{2}a_0 t^2$
0型系统	$\dfrac{R_0}{1+K}$	∞	∞
Ⅰ型系统	0	$\dfrac{v_0}{K}$	∞
Ⅱ型系统	0	0	$\dfrac{a_0}{K}$

三、扰动作用下的稳态误差

　　上部分讨论了系统在给定输入作用下的稳态误差。事实上，控制系统除了受到给定输入

的作用外，还会受到来自系统内部和外部各种扰动的影响。例如负载力矩的变化、放大器的零点漂移、电网电压波动和环境温度的变化等，这些都会引起稳态误差。这种误差称为扰动稳态误差，它的大小反映了系统抗干扰能力的强弱。对于扰动稳态误差的计算，可以采用上述参考输入的方法。但是，由于参考输入和扰动输入作用于系统的不同位置，因而系统就有可能会产生在某种形式的参考输入下，其稳态误差为零；而在同一形式的扰动作用下，系统的稳态误差未必为零。因此，就有必要研究由扰动作用引起的稳态误差和系统结构的关系。考虑图 3 - 22 所示的系统，图中 $R(s)$ 为系统的参考输入，$N(s)$ 为系统的扰动作用。为了计算由扰动引起的系统稳态误差，假设 $R(s)=0$，且令由 $N(s)$ 引起系统的输出和稳态误差分别为 $C_n(s)$ 和 $E_n(s)$，由图 3 - 22 得

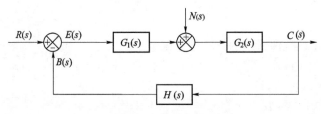

图 3 - 22　控制系统

$$C_n(s)=\frac{C_2(s)}{1+G_1(s)G_2(s)H(s)}N(s)$$

系统在无扰动 $[N(s)=0]$ 作用时的稳态输出为 0，于是得

$$E_n(s)=0-C_n(s)H(s)=-\frac{G_2(s)H(s)}{1+G_1(s)G_2(s)H(s)}N(s) \tag{3-32}$$

根据终值定理和式（3 - 30），求得在扰动作用下的稳态误差为

$$e_{ssn}=\lim_{s\to0}sE_n(s)=\lim_{s\to0}\frac{-sG_2(s)H(s)}{1+G_1(s)G_2(s)H(s)}N(s) \tag{3-33}$$

各种输入信号下的扰动稳态误差，其分析方法类似给定输入下的稳态误差。

小　结

（1）自动控制系统的时域分析法是根据控制系统传递函数直接分析系统的稳定性、动态性能和稳态性能的一种方法。

（2）典型的试验信号是一些在数学描述上加以理想化的基本输入函数，在控制工程中典型的试验信号有阶跃信号、斜坡信号、等加速度信号、脉冲信号和正弦信号 5 种。

（3）给一、二阶系统输入单位阶跃信号、单位斜坡信号、单位脉冲信号，考察系统的时域响应。

（4）利用上升时间 t_r、峰值时间 t_p、最大超调量 M_p、调整时间 t_s、稳态误差 e_{ss} 等指标来衡量二阶系统响应的快速性、平稳性和控制精度。

（5）高阶系统的时间响应分析比较麻烦，当系统具有一对闭环主导极点时（通常是一对共轭复数极点），可以用一个二阶系统近似，并以此估算高阶系统的动态性能。理解附加闭环零点、极点对系统性能的影响，有助于对高阶系统性能进行分析。

（6）控制系统的时域响应是指在特定输入信号（常用阶跃、脉冲、斜坡）下的输出响应，其输出量是时间 t 的函数，借助 MATLAB 来分析系统的瞬态响应。

（7）稳态误差是控制系统的稳态性能指标，与系统的结构、参数以及外作用的形式、类型有关。系统的型别 v 决定了系统对典型输入信号的跟踪能力。计算稳态误差可用一般方法（利用拉氏变换的终值定理），也可由静态误差系数法获得。

（8）劳斯稳定判据是判断高阶系统稳定性的一种代数方法，它通过系统特征多项式的系数间接判定系统是否稳定，还可以确定使系统稳定时有关参数（如 K，T 等）的取值范围。

习　题

1. 已知下列各单位反馈系统的开环传递函数

（1）$G(s) = \dfrac{100}{s(s^2 + 8s + 24)}$；

（2）$G(s) = \dfrac{10(s+1)}{s(s-1)(s+5)}$。

试判断它们相应闭环系统的稳定性。

2. 一单位反馈控制系统，若要求：

（1）跟踪单位斜坡输入时系统的稳态误差为 2；

（2）设该系统为三阶，其中一对复数闭环极点为 $-1 \pm j1$。

求满足上述要求的开环传递函数。

3. 一阶系统结构图如图 3 - 23 所示。要求系统闭环增益 $K_\Phi = 2$，调节时间 $t_s \leqslant 0.4$ s，试确定参数 K_1，K_2 的值。

4. 单位反馈系统的开环传递函数为 $G(s) = \dfrac{4}{s(s+5)}$，求单位阶跃响应 $h(t)$ 和调节时间 t_s。

5. 机器人位置控制系统如图 3 - 24 所示。试确定参数 K_1，K_2 值，使系统阶跃响应的峰值时间 $t_p = 0.5$ s，超调量 $M_p = 2\%$。

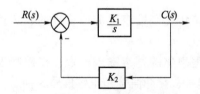

图 3 - 23　一阶系统结构图

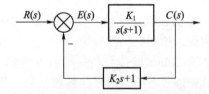

图 3 - 24　机器人位置控制系统

6. 某典型二阶系统的单位阶跃响应曲线如图 3 - 25 所示，试确定系统的闭环传递函数。

7. 已知系统的特征方程，试判别系统的稳定性，并确定在右半 s 平面根的个数及纯虚根。

（1）$D(s) = s^5 + 2s^4 + 2s^3 + 4s^2 + 11s + 10 = 0$；

（2）$D(s) = s^5 + 3s^4 + 12s^3 + 24s^2 + 32s + 48 = 0$；

（3）$D(s) = s^5 + 2s^4 - s - 2 = 0$；

（4）$D(s) = s^5 + 2s^4 + 24s^3 + 48s^2 - 25s - 50 = 0$。

8. 单位反馈系统的开环传递函数为 $G(s) = \dfrac{K}{s(s+3)(s+5)}$，要求系统特征根的实部不大于 -1，试确定开环增益的取值范围。

9. 单位反馈系统的开环传递函数为 $G(s) = \dfrac{25}{s(s+5)}$：

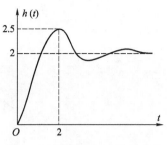

图 3-25 典型二阶系统的单位阶跃响应曲线

（1）求各静态误差系数和 $r(t) = 1 + 2t + 0.5t^2$ 时的稳态误差 e_{ss}；

（2）当输入作用 10 s 时的动态误差是多少？

10. 已知单位负反馈系统的开环传递函数为 $W(s) = \dfrac{100}{(0.1s+1)(0.5s+1)}$，试分别求出 $r(t) = 1(t)$、t、t^2 时系统的稳态误差 $e_{ss}(\infty)$。

11. 一单位反馈的开环传递函数为 $G(s) = \dfrac{100}{s(1+0.1s)}$，求系统的静态误差系数 K_p、K_v 和 K_a。

12. 已知单位反馈系统的闭环传递函数为 $\varPhi(s) = \dfrac{5s+200}{0.01s^3 + 0.502s^2 + 6s + 200}$，输入 $r(t) = 5 + 20t + 10t^2$，求动态误差表达式。

13. 系统结构图如图 3-26 所示。

（1）为确保系统稳定，如何取 K 值？

（2）为使系统特征根全部位于 s 平面 $s = -1$ 的左侧，K 应取何值？

（3）若 $r(t) = 2t + 2$ 时，要求系统稳态误差 $e_{ss} \leq 0.25$，K 应取何值？

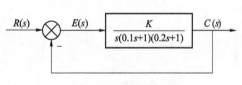

图 3-26 系统结构图

第四章 根 轨 迹 法

由上一章的讨论可知，反馈控制系统的稳定性是由其闭环传递函数的极点所决定的，而系统瞬态响应的基本特征也与闭环传递函数极点在 s 平面上的具体分布有着密切的关系。为了研究系统瞬态响应的特征，通常需要确定闭环传递函数的极点，即闭环特征方程式的根。由于高阶特征方程式的求解一般较为困难，因而限制了时域分析法在二阶以上系统中的广泛应用。

1948 年，伊凡思（W. R. Evans）根据反馈控制系统的开环传递函数与其闭环特征方程式间的内在联系，提出了一种非常实用的求取闭环特征方程式根的图解法——根轨迹法。由于这种方法简单、实用，既适用于线性定常连续系统，又适用于线性定常离散系统，因而在控制工程中得到了广泛的应用，并成为经典控制理论的基本分析方法之一。

本章主要讨论根轨迹法的基本概念及用 MATLAB 绘制根轨迹，以及怎样用这种方法去分析控制系统。

第一节 根轨迹法的基本概念

一、什么是根轨迹

先举一个简单的例子，说明什么是系统的根轨迹。图 4 - 1 所示为一个二阶系统的框图，其开环传递函数为

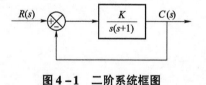

图 4 - 1 二阶系统框图

$$G(s)\ H(s) = \frac{K}{s(s+1)}$$

据此，求得系统的闭环特征方程式为

$$s^2 + s + K = 0 \tag{4-1}$$

我们的任务是要求当参变量 K 由零变化到无穷大时，该方程式根的变化轨迹。方程式 (4 - 1) 的根为

$$s_{1,2} = -\frac{1}{2} \pm \frac{1}{2}\sqrt{1-4K}$$

由上式可见，特征根 s_1 和 s_2 都随着参变量 K 的变化而变化。表 4 - 1 列出了当参变量 K 由零变化到无穷大时，特征根 s_1 和 s_2 的相应变化关系。

表 4-1　特征方程式的根与参量 K 的关系

K	0	0.25	0.5	1	...	∞
s_1	0	-0.5	-0.5 + j0.5	-0.5 + j0.87	...	-0.5 + j∞
s_2	-1	-0.5	-0.5 - j0.5	-0.5 - j0.875	...	-0.5 - j∞

以 K 为参变量，把表 4-1 中所求的 s_1 和 s_2 画在 s 平面上，并分别把它们连成曲线，就得到该系统的根轨迹，如图 4-2 所示。图 4-2 中箭头的指向表示 K 增大时根的移动方向。对应于不同的 K 值范围，系统有如下三种不同的工作状态：

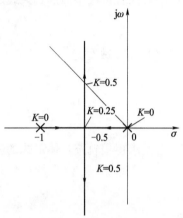

（1）当 $0 \leqslant K < 1/4$ 时，s_1、s_2 为两相异实根。此时系统处于过阻尼状态。不难看出，当 $K=0$ 时，闭环特征方程式的根就是系统开环传递函数的极点，即 $s_1=0$，$s_2=-1$。

（2）当 $K=1/4$ 时，s_1 和 s_2 为相等的实根 -0.5，此时系统工作在临界阻尼状态。

（3）当 $1/4 < K < \infty$ 时，s_1、s_2 为一对共轭复根，且其实部恒等于 -0.5，此时系统工作在欠阻尼状态。

图 4-2　系统的根轨迹

此外，在图 4-2 上还能将对系统动态性能的要求转化为希望的闭环极点。例如，要求系统在阶跃输入作用下的超调量 $M_p = 4\%$。由式（3-26）$M_p = e^{-\frac{\zeta\pi}{\sqrt{1-\zeta^2}}}$ 求得 $\zeta = 0.707$。由于 $\beta = \arccos\zeta = 45°$，据此，由作图求得一对希望的闭环极点为 $-0.5 \pm j0.5$。最后根据下面所述的根轨迹幅值条件计算对应的 K 值（$K=0.5$）。

由于图 4-2 所示的根轨迹是由直接求解特征方程式的根而画出的，因而这种方法不能适用于三阶以上的复杂系统。为此，伊凡思提出了绘制根轨迹的一套基本规则。应用这些规则，根据开环传递函数零、极点在 s 平面上的分布，能较方便地画出闭环特征方程式根的轨迹。

二、根轨迹的幅值条件和相角条件

设闭环控制系统的框图如图 4-3 所示。该系统的特征方程式为

$$1 + G(s)H(s) = 0$$

由上式可知，凡是满足方程

$$G(s)H(s) = -1 \qquad (4-2)$$

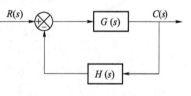

图 4-3　闭环控制系统的框图

的 s 值，都是该方程式的根，或者说是根轨迹上的一个点。由于 s 是复数，式（4-2）等号的左端必也是复数，因而该式可改写为

$$|G(s)H(s)| e^{j\{\arg[G(s)H(s)]\}} = e^{\pm j(2k+1)\pi}, \quad k = 0, 1, 2, \cdots \qquad (4-3)$$

于是得

$$|G(s)H(s)| = 1 \qquad (4-4)$$

$$\arg[G(s)H(s)] = \pm(2k+1)\pi, \quad k = 0, 1, 2, \cdots \qquad (4-5)$$

式（4-4）和式（4-5）分别称为根轨迹的幅值条件和相角条件。显然，满足式（4-2）的 s 值必同时满足式（4-4）和式（4-5）。为了把幅值条件和相角条件写成更具体的形式，假设系统的开环传递函数为如下形式

自动控制原理及应用

$$G(s)H(s) = \frac{K(s-z_1)(s-z_2)\cdots(s-z_m)}{(s-p_1)(s-p_2)\cdots(s-p_n)}, \quad n \geqslant m \tag{4-6}$$

式中，$K > 0$；z_1，z_2，$\cdots$，z_m 为开环传递函数的零点；p_1，p_2，$\cdots$，p_n 为开环传递函数的极点。在 s 平面上，零点和极点分别用符号"○"和"×"表示。若把式（4-6）分子、分母中的各因式以极坐标形式来表示，即令

$$s - z_i = \rho_i e^{j\varphi_i}, \quad i = 1, 2, \cdots, m$$
$$s - p_l = \gamma_l e^{j\theta_l}, \quad l = 1, 2, \cdots, n$$

则式（4-6）改写为

$$G(s)H(s) = K \frac{\prod\limits_{i}^{m} \rho_i}{\prod\limits_{l=1}^{n} \gamma_l} e^{j\left(\sum\limits_{i=1}^{m}\varphi_i - \sum\limits_{l=1}^{m}\theta_l\right)} \tag{4-7}$$

于是求得根轨迹具体形式的幅值条件和相角条件为

$$K \frac{\prod\limits_{i}^{m} \rho_i}{\prod\limits_{l=1}^{n} \gamma_l} = 1 \tag{4-8}$$

$$\sum_{i=1}^{m} \varphi_i - \sum_{l=1}^{m} \theta_l = \pm(2k+1)\pi, k = 0,1,2,\cdots \tag{4-9}$$

由式（4-8）和式（4-9）可见，幅值条件与 K 有关，而相角条件与 K 无关。因此，把满足相角条件的 s 值代入到幅值条件中，一定能求得一个与之相对应的 K 值。这就是说，凡是满足相角条件的点必然也同时满足幅值条件。反之，满足幅值条件的点未必都能满足相角条件。对此，举例说明如下。

设一控制系统的框图如图 4-4 所示。由根轨迹的幅值条件得

$$\left|\frac{4K}{s+3}\right| = 1$$

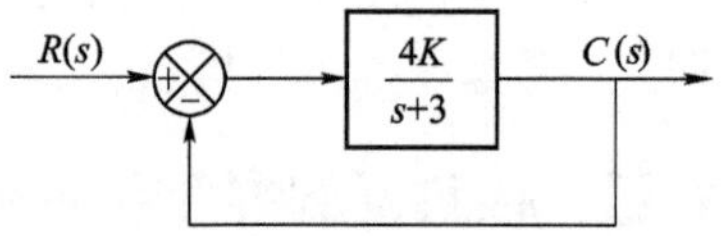

即

图 4-4 一阶控制系统的框图

$$\left|\frac{4}{s+3}\right| = \frac{1}{K} \tag{4-10}$$

令 $s = \sigma + j\omega$，则式（4-10）可化为

$$(\sigma+3)^2 + \omega^2 = (4K)^2 \tag{4-11}$$

式（4-11）表明，系统的等增益轨迹是一簇同心圆，如图 4-5 所示。显然，对于某一个确定的 K 值，对应圆周上的无穷多个 s 值都能满足式（4-10），但其中只有同时满足相角条件的 s 值才是方程式的根。例如，图 4-5 中 $s = -5$ 的点，由于相角 $\arg(s+3) = \pi$，因而满足根轨迹的相角条件，说明该点是根轨迹上的一个点。至于该 s 值所对应的 K 值，可根据幅值条件式（4-10）去确定，求得 $K = 0.5$。不难看出，图 4-5 中 -3 至 -∞ 实轴上的 s 值均能满足相角条件，因而该线段是本系统的根轨迹，如图 4-5 中粗实线段所示。

综上所述，根轨迹就是 s 平面上满足相角条件的点的集合。由于相角条件是绘制根轨迹的基础，因而绘制根轨迹的一般步骤是：先找出 s 平面上满足相角条件的点，并把它们连成曲线；然后根据实际需要，用幅值条件确定相关点对应的 K 值。

062

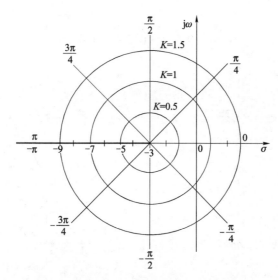

图 4 – 5　图 4 – 4 系统等增益轨迹和根轨迹

例 4 – 1　仍以图 4 – 1 所示的系统为例，求 K 自 $0 \to \infty$ 变化时闭环特征方程式根的轨迹。

解　（1）用相角条件绘制根轨迹。

由于系统的开环传递函数为

$$G(s) = \frac{K}{s(s+1)}$$

因而根轨迹的相角条件表示为

$$-[\arg s + \arg(s+1)] = \pm(2k+1)\pi, \; k = 0, 1, 2\cdots$$

根据上式，用试探法寻求 s 平面上满足相角条件的点。

① 在正实轴上任取一试验点 s_1，如图 4 – 6（a）所示，由于 $\arg s_1 = 0$，$\arg(s_1+1) = 0$，因而该点不满足根轨迹的相角条件。由此可知，在正实轴上不存在系统的根轨迹。

② 在（0，–1）间的实轴上任取一试验点 s_2，如图 4 – 6（b）所示，由于 $\arg s_2 = \pi$，$\arg(s_2+1) = 0$，因而该点满足相角条件。由此可知，（0，–1）间的实轴段是该系统的根轨迹。

③ 在 –1 点左侧实轴上任取一试验点 s_3，如图 4 – 6（c）所示，由于 $\arg s_3 = \pi$，$\arg(s_3+1) = \pi$，因而该点不满足相角条件，即 –1 点左侧的实轴上不存在该系统的根轨迹。

④ 在 s 平面上任取一点 s_4，如图 4 – 6（d）所示，令 $\arg s_4 = \theta_1$，$\arg(s_4+1) = \theta_2$。如果点 s_4 位于根轨迹上，则应满足相角条件，即 $\theta_1 + \theta_2 = \pi$，（$k = 0$）。显然，只有当 $\theta_2 = \alpha$，$\theta_1 = \pi - \alpha$ 时，才能满足此条件。由此可知，坐标原点与 –1 间线段的垂直平分线上的点均能满足相角条件，因而该垂直平分线也是系统根轨迹的一部分。

综上所述，当 K 由 $0 \to \infty$ 变化时，该系统完整的根轨迹如图 4 – 6（d）中的粗实线所示。显然，这与图 4 – 2 按直接计算所画出的根轨迹是相同的。

（2）用幅值条件确定增益 K。

系统的幅值条件为

$$K = |s||s+1|$$

由上式可以求得根轨迹上各点所对应的 K 值。例如，图 4 – 6（d）中的重根 $s_{1,2} = -0.5$，

其对应的 K 值为

$$K = |-0.5||-0.5+1| = 0.25$$

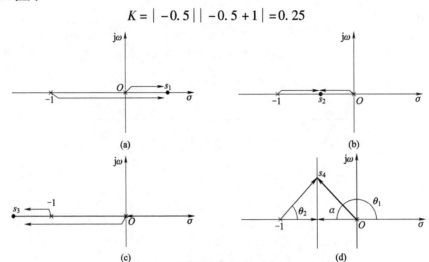

图 4 - 6　用试探法确定根轨迹

由例 4 - 1 可知，用试探法绘制系统的根轨迹既麻烦又费时，因而也不便于实际应用。在控制工程中，通常采用以相角条件为基础建立起来的绘制根轨迹的基本规则。应用这些规则，就能较方便地画出根轨迹的大致图形，并为根轨迹图形的进一步精确绘制指出了试探的方向。

第二节　用 MATLAB 绘制控制系统的根轨迹

本节介绍利用 MATLAB 的方法绘制控制系统的根轨迹。

对图 4 - 7 所示的反馈控制系统，其特征方程为

$$1 - G(s)H(s) = 0$$

若 $G(s)$ $H(s)$ 用零、极点形式表示，则上式改写为

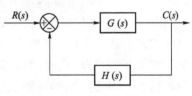

图 4 - 7　反馈控制系统

$$1 + \frac{K \prod_{i=1}^{m}(s+z_i)}{\prod_{l=1}^{n}(s+p_l)} = 0$$

其中

$$\prod_{i=1}^{m}(s+z_i) = s^m + \sum_{i=1}^{m}z_i s^{m-1} + \cdots + \prod_{i=1}^{m}z_i \qquad (4-12)$$

$$\prod_{l=1}^{n}(s+p_l) = s^n + \sum_{l=1}^{n}p_l s^{n-1} + \cdots + \prod_{l=1}^{n}p_l \qquad (4-13)$$

用 MATLAB 绘制根轨迹时，num 和 den 两个数组是由式（4 - 12）和式（4 - 13）的各项系数构成的。MATLAB 绘制根轨迹的指令为

$$\text{rlocus (num, den)} \qquad (1)$$

由于用 MATLAB 绘制根轨迹时，K 值是自动生成的，因而用 MATLAB 绘制根轨迹，完全决定于数组 num 和 den。

例 4 - 2　已知系统的开环传递函数为

$$G(s)\ H(s)\ =\frac{K(s+1)}{s^2(s+9)}$$

试用 MATLAB 绘制该系统的根轨迹。

解 应用 MATLAB 程序 4－1，就能作出和图 4－8 所示的根轨迹。

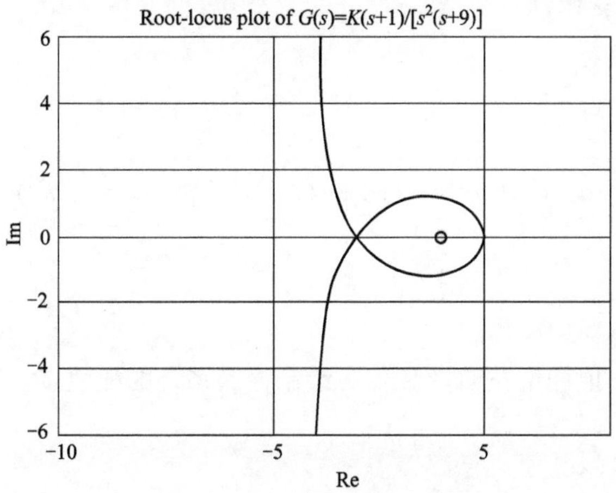
Root-locus plot of G(s)=K(s+1)/[s²(s+9)]
6
4
2
0
−2
−4
−6
Im
−10
−5
5
Re

图 4－8 例 4－2 图的根轨迹图

用 MATLAB 绘制根轨迹的指令还有下述的两种形式：

[r，K] ＝rlocus（num，den） (2)

[r，K] ＝rlocus（num，den，K） (3)

上述指令等号的左端引入了变量，使用它们时，屏幕上不显示根轨迹曲线，显示的只是矩阵 ***r*** 和增益向量 ***K*** 值。用 MATLAB 程序 4－2，就能计算出增益 K 变化时相应根的值。据此，计算机画出系统的根轨迹。例如对开环传递函数 $G(s)H(s)=\frac{K(s+1)}{s^2(s+8)}$ 的系统，用 MATLAB 程序 4－2，就能得到表 4－2 所示的数据和图 4－9 所示的根轨迹。

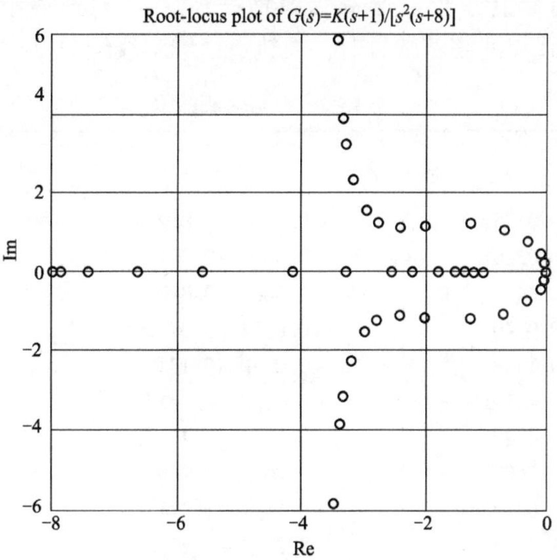
Root-locus plot of G(s)=K(s+1)/[s²(s+8)]
6
4
2
0
−2
−4
−6
Im
−8
−6
−4
−2
0
Re

图 4－9 根轨迹图

```
% MATLAB 程序 4 - 1
% 绘制控制系统的根轨迹图
    num = [0 0 1 1];
    den = [1 9 0 0];
    rlocus(num,den)

% 创建系统根轨迹图
    axis('square');
    gridon
    title('Root - locus plot of G(s) = K(s +1)/[(s? 2(s +9)]')
    xlabel('Re')
    ylabel('Im')

% MATLAB 程序 4 - 2
% 给出系统矩阵 r 值和增益向量 K 值% 绘制控制系统的根轨迹
    num = [0 0 1 1];
    den = [1 8 0 0];
    [r,K] = rlocus(num,den)
    v = [ -3 3  -3 3 ];axis(v)
    % axis('square')
    plot(r,'o')
    gridon
    xlabel('Re')
    ylabel('Im')
    title('Root - locus plot of G(s) = K(s +1)/[(s? 2(s +8)]')
```

若要显示根轨迹，需加绘图指令：

```
    plot(r,")          (4)
```

指令括号内"间，可标上符号' o '或' or '及其他符号，' o '、' or '表示用小圈或红色小圈绘制根轨迹，如图 4 - 9 所示。"间字符缺省时，根轨迹由细实线绘制。

表 4 - 2　*K* 与对应的根

0	0	- 8. 0000
- 0. 0001 + 0. 0125i	- 0. 0001 - 0. 0125i	- 7. 9999
- 0. 0002 + 0. 0226i	- 0. 0002 - 0. 0226i	- 7. 9996
- 0. 0007 + 0. 0409i	- 0. 0007 - 0. 0409i	- 7. 9985
- 0. 0024 + 0. 0740i	- 0. 0024 - 0. 0740i	- 7. 9952
- 0. 0079 + 0. 1338i	- 0. 0079 - 0. 1338i	- 7. 9843
- 0. 0258 + 0. 2417i	- 0. 0258 - 0. 2417i	- 7. 9484
- 0. 0856 + 0. 4347i	- 0. 0856 - 0. 4347i	- 7. 8287
- 0. 2936 + 0. 7697i	- 0. 2936 - 0. 7697i	- 7. 4129
- 0. 6891 + 1. 0717i	- 0. 6891 - 1. 0717i	- 6. 6218
- 1. 2117 + 1. 2185i	- 1. 2117 - 1. 2185i	- 5. 5766
- 1. 9496 + 1. 1644i	- 1. 9496 - 1. 1644i	- 4. 1008

续表

− 2. 3815 + 1. 1049i	− 2. 3815 − 1. 1049i	− 3. 2299
− 2. 7429 + 1. 2591i	− 2. 7429 − 1. 2591i	− 2. 5142
− 2. 9194 + 1. 5311i	− 2. 9194 − 1. 5311i	− 2. 1611
− 3. 1411 + 2. 2732i	− 3. 1411 − 2. 2732i	− 1. 7178
− 3. 2734 + 3. 2055i	− 3. 2734 − 3. 2055i	− 1. 4533
− 3. 3301 + 3. 8950i	− 3. 3301 − 3. 8950i	− 1. 3398
− 3. 4126 + 5. 8512i	− 3. 4126 − 5. 8512i	− 1. 1748
Inf	Inf	1. 0000

=

0   0.0013   0.0041   0.0134   0.0438   0.1435   0.4696   1.5371   5.0311

10. 7492   16. 4674   0. 4697   21. 1465   22. 3162   22. 9011   23. 4860

25. 8255   30. 5046   35. 1837   53. 9000   Inf

例 4 - 3 已知一控制系统如图 4 - 10 所示，试用 MATLAB 绘制该系统的根轨迹。

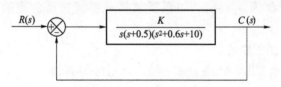

图 4 − 10 反馈控制系统

解 系统的开环传递函数

$$G(s)H(s) = \frac{K}{s\ (s+0.5)\ (s^2 + 0.6s + 10)} = \frac{K}{s^4 + 1.1s^3 + 10.3s^2 + 5s}$$

该系统有四个开环极点：$s_1 = 0$，$s_2 = -0.5$，$s_{3,4} = 0.3 \pm j3.148$，应用 MATLAB 程序 4 - 3，就能求得图 4 - 11 所示的根轨迹。

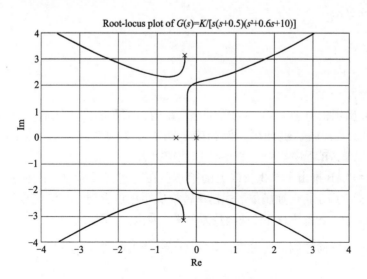

图 4 − 11 例 4 − 3 的根轨迹图

%MATLAB 程序 4 - 3

%绘制控制系统的根轨迹图

```
num = [0 0 0 0 1];
den = [1 1.1 10.3 5 0];
r = rlocus(num,den);   % 根据给定 K 值范围及步长绘系统根轨迹图
plot(r,'')
v = [ -4 4  -4 4];axis(v);
grid on
title('Root - locus plot of G(s) = K/[s(s +0.5)(s? 2 +0.6s +10)]')
xlabel('Re')
ylabel('Im')
```

MATLAB 的绘图指令还具有 x, y 坐标轴自动定标的功能。当然，用户也可以根据需要自行设置坐标范围。在程序 4 - 3 中，语句

```
v = [ -4 4  -4 4];axis(v);
```

表示 x 轴与 y 轴的范围都为 $-4 \sim 4$。如果要求某一特征根所对应的 K 值，则可采用指令 rlocfind。具体做法为：

（1）用 rlocus 指令画根轨迹。

（2）由 rlocfind 指令求出根轨迹上某一给定点对应的 K 值。

%MATLAB 程序 4 - 4

```
num = [0 0 1 1];
den = [1 8 0 0];
K = inline('(s? 3 +8 * s? 2)/(s +1)');% 构造一个 K(s)函数，
k = K( -3 +1.8i)                       % 代入 s = -3 +1.8i 即可求得对应 K 的真实值
rlocus(num,den)
rlocfind(num,den)                      % 求对应 K 值；
r = rlocus(num,den,K)
grid on
xlabel('Re')
ylabel('Im')
K = 24.4268
```

由 MATLAB 确定根轨迹上某一点所对应的 K 值，那是非常方便的，只要把标记线移到该点上，然后单击 "enter" 键即可。例如确定图 4 - 12 根轨迹上的 $-3 + j3.8$ 点对应的 K 值，只要应用 MATLAB 程序 4 - 4，就能快速地求得 $K = 24.428$。

近年来，MATLAB 推出了 5.3 及以上的版本，在这些新版本中，有创建传递函数的指令 tf。其中，tf2zp 指令用于将传递函数形式模型转换成零极点模型，zp2tf 指令用于将零极点形式模型转换成传递函数；若系统开环传递函数为多项式乘积，则用指令 conv（ ）编程更为方便。

例 4 - 4 已知反馈控制系统如图 4 - 13 所示。其中，$G_1(s) = \dfrac{K}{s+8}$，$G_2(s) = \dfrac{s+1}{s(s+5)}$，$H(s) = \dfrac{1}{s+2}$。试用 tf 和 rlocus 指令绘制该系统的根轨迹。

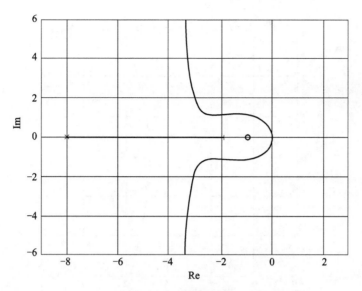

图4-12　根轨迹图

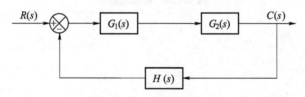

图4-13　反馈控制系统

解　按照系统的环节编写 MATLAB 程序 4-5，就能求得图 4-14 所示的根轨迹。

```
%MATLAB 程序 4-5
%绘制系统根轨迹图
   G1 = tf(1,[1 8]);
   G2 = tf([1 1],[1 5 0]);,
   H = tf(1,[1 2]);
   rlocus(G1 * G2 * H);
   v = [ -10  2   -3  3]; axis(v)
   axis('square')
   xlabel('Re')
   ylabel('Im')
   grid on
   title('Root - lotus plot of G(s) = K(s +1)/[s(s +5)(s +8)(s +2)]')
```

用第二节中所述的基本规律绘制根轨迹时，当系统的特征方程式为高阶方程，并有分离点或会合点，用 $\dfrac{\mathrm{d}K}{\mathrm{d}S}=0$ 求解，常会遇到高阶方程求根的问题；用长除法求解，显然工作量较大；若采用 MATLAB 求根指令，则显得较为方便。

例如：$s^4 + 10s^3 + 21s^2 + 24s + 15 = 0$

利用 MATLAB 求上述方程根的程序为

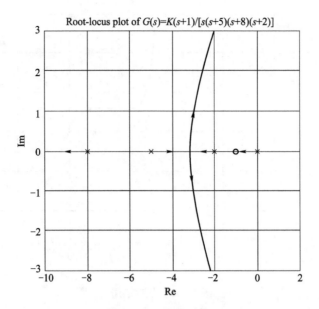

图 4 – 14　根轨迹图

```
d = [1 10 21 24 15];
R = roots(d)
```

% MATLAB 程序 4 – 6
% 求特征方程根程序

```
D(s) = s⁴ + 10s³ + 21s² + 24s + 15 = 0
d = [1 10 21 24 15];
R = roots(d)
R =
-7.6248
-1.3154
-0.5299 + 1.1022i
-0.5299 - 1.1022i
```

第三节　非最小相位系统的根轨迹

开环传递函数的零、极点均位于 s 左半平面的系统，称为最小相位系统；反之，则称为非最小相位系统。"非最小相位系统"这一术语出自于对这二种系统在正弦输入时相频特性的比较，有关这个问题，将在本书第五章中做较详细的阐述。

在控制工程中出现非最小相位系统，通常为如下三种情况：

（1）系统中存在着局部的正反馈回路。

（2）系统中含有非最小相位元件。

（3）系统中含有滞后环节。

这三种情况下系统根轨迹的绘制规则与上述根轨迹的绘制规则有所不同，下面分别予以说明。

一、正反馈回路的根轨迹

在复杂的系统中，可能会遇到具有正反馈的内回路，如图 4 – 15 所示。当具有正反馈的内回路为不稳定时，其传递函数中就有极点在 s 的右半平面。这里仅讨论正反馈内回路部分根轨迹的绘制。

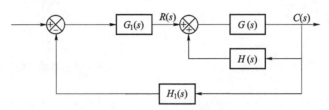

图 4 – 15 具有正反馈内回路的控制系统

图 4 – 15 所示内回路的闭环传递函数为

$$\frac{C(s)}{R(s)} = \frac{G(s)}{1 - G(s)H(s)}$$

相应的特征方程为

$$1 - G(s)H(s) = 0$$

即

$$G(s)H(s) = 1 \qquad\qquad (4-14)$$

由式（4 – 14）可知，正反馈回路根轨迹的幅值条件与负反馈回路完全相同，但其相角条件却变为

$$\arg\left[G(s)H(s)\right] = \pm 2k\pi, \ k = 0, \ 1, \ 2, \ \cdots \qquad (4-15)$$

基于式（4 – 15）所示相角的特点，因而称相应的根轨迹为零度根轨迹。

二、系统中含有非最小相位元件

在绘制这种系统的根轨迹时，必须注意开环传递函数（分母或分子）中是否含有 s 最高次幂为负系数的因子。若有，则其根轨迹的相角条件就变为由式（4 – 37）去表征，因而所绘制的将是零度根轨迹。对此，举例说明如下。

设一非最小相位系统如图 4 – 16 所示，由相角条件得

$$\arg\left[\frac{K_0(1-s)}{s(s+1)}\right] = \pi + \arg\left[\frac{K_0(s-1)}{s(s+1)}\right] = \pm(2k+1)\ \pi, \ k = 0, \ 1, \ 2, \ \cdots$$

即

$$\arg\left[\frac{K_0(s-1)}{s(s+1)}\right] = \pm 2k\pi, \ k = 0, \ 1, \ 2, \ \cdots$$

不难证明，由上式作出根轨迹的复数部分为一圆周，其方程为

$$(\sigma - 1)^2 + \omega^2 = \left(\sqrt{2}\right)^2$$

由计算求得根轨迹（见图 4 – 17）与虚轴的交点为 $\pm j1$，相应的 $K_0 = 1$。这表明当 $K_0 > 1$ 时，该系统为不稳定。

三、滞后系统的根轨迹

含有滞后环节的系统，称为滞后系统，它也属于非最小相位系统。由于滞后环节的存在，

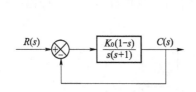

图 4-16 非最小相位系统

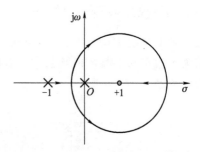

图 4-17 非最小相位系统的根轨迹

使得相应系统的根轨迹具有明显的特点。下面只介绍这种系统根轨迹的相角条件和幅值条件。

图 4-18 所示为滞后系统的框图，它的闭环传递函数为

$$\frac{C(s)}{R(s)} = \frac{KG(s)e^{-\tau s}}{1 + KG(s)H(s)e^{-\tau s}}$$

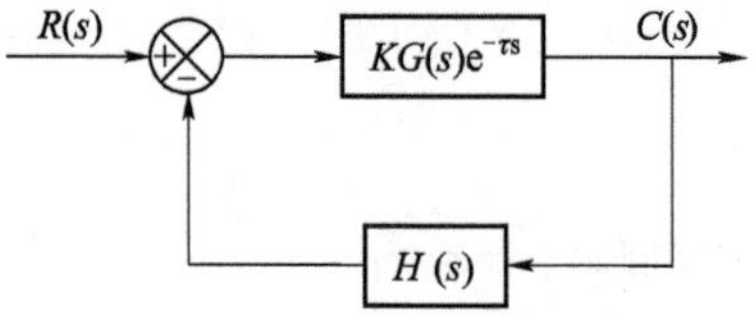

相应的闭环特征方程式为

$$1 + KG(s)H(s)e^{-\tau s} = 0 \qquad (4-16)$$

图 4-18 滞后系统的框图

令 $s = \sigma + j\omega$，代入式（4-16），据此求得滞后系统根轨迹的相角条件和幅值条件分别为

$$|G(s)H(s)|e^{-\tau\sigma} = \frac{1}{K} \qquad (4-16)$$

$$\arg[G(s)H(s)] = \pm(2k+1)\pi + \tau\omega, \quad k = 0, 1, 2, \cdots \qquad (4-17)$$

由式（4-17）可见，它与式（4-5）的不同之处是等号右方多了一个 $\tau\omega$ 项。显然，当 $\tau = 0$ 时，式（4-17）就蜕化为式（4-5）。当 $\tau \neq 0$ 时，s 的实部和虚部将分别影响根轨迹的幅值条件和相角条件。不难看出，式（4-17）所示滞后系统根轨迹的相角条件不是一常量而是 ζ 的函数。如果延迟时间 τ 很小，则 $e^{-\tau s}$ 可近似地表示为

$$e^{-\tau s} \approx \frac{1}{1 + \tau s} \qquad (4-18)$$

这种近似既有较高的精度，又能使根轨迹的绘制大大得到简化。

第四节 用根轨迹法分析控制系统

当控制系统的根轨迹作出后，就可以对系统进行定性的分析和定量的计算。下面介绍几个用根轨迹法分析控制系统的实例。

一、用根轨迹法确定系统的有关参数

控制系统可供选择的参数不局限于开环增益 K 这一个参数，有时还需要对其他的一些参数进行选择。对于这种情况，也可用根轨迹法，举例说明如下。

例 4-5 设一反馈控制系统如图 4-19 所示。试选择参数 K_1 和 K_2 以使系统同时满足下列性能指标的要求：

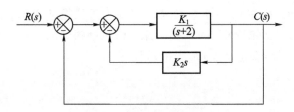

图 4 – 19　反馈控制系统

（1）当单位斜坡输入时，系统的稳态误差 $e_{ss} \leqslant 0.35$；

（2）闭环极点的阻尼比 $\zeta \geqslant 0.707$；

（3）调整时间 $t_s \leqslant 3$ s。

解　系统的开环传递函数

$$G(s) = \frac{K_1}{s(s+2+K_1K_2)}$$

相应的静态速度误差系数为

$$K_v = \frac{K_1}{2+K_1K_2}$$

由题意得

$$e_{ss} = \frac{1}{K_v} = \frac{2+K_1K_2}{K_1} \leqslant 0.35$$

由上式可知，若要满足系统稳态误差的要求，K_2 必须取值较小，K_1 必须取值较大。

在 s 的左半平面上，过坐标原点作一与负实轴成 45° 角的直线，在此直线上闭环极点的阻尼比 ζ 均为 0.707。

要求调整时间

$$t_s = \frac{4}{\zeta\omega_n} = \frac{4}{\sigma} \leqslant 3 \text{ s}$$

则闭环极点的实部 σ 必须大于 4/3。为了同时满足 ζ 和 t_s 的要求，闭环极点应位于图 4 – 20 所示的阴影区域内。

令 $\alpha = K_1$，$\beta = K_2K_1$，则图 4 – 19 所示系统的闭环特征方程为

$$1 + G(s) = s^2 + 2s + \beta s + \alpha = 0 \qquad (4-19)$$

设 $\beta = 0$，则式（4 – 19）变为

$$s^2 + 2s + \alpha = 0$$

或写作

$$1 + \frac{\alpha}{s(s+2)} = 0 \qquad (4-20)$$

据此，作出以 α 为参变量的根轨迹，如图 4 – 21 所示。

为了满足静态性能的要求，试取 $K_1 = \alpha = 0$，则式（4 – 19）便改写为

$$1 + \frac{\beta s}{s^2 + 2s + 20} = 0 \qquad (4-21)$$

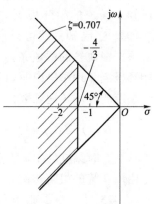

图 4 – 20　在 s 平面上希望极点的区域

式中，开环传递函数的极点为 $s = -1 \pm j4.36$。以 β 为参变量的根轨迹如图 4-22 所示，由该图的坐标原点作一与负实轴成 45° 的直线，并与根轨迹相交于点 $-3.15 \pm j3.17$。由根轨迹的幅值条件，求得 $\beta = 4.3 = 20K_2$，即 $K_2 = 0.215$。

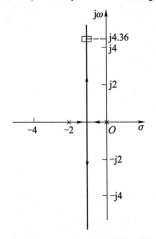

图 4-21   以 α 为参变量的根轨迹

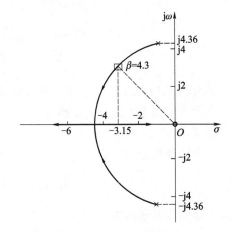

图 4-22   以 β 为参变量的根轨迹

由于所求闭环极点的实部 $\sigma = 3.15$，因而系统的调整时间为

$$t_s = \frac{4}{\sigma} = \frac{4}{3.15} = 1.27 \ (\text{s}) \ \leqslant 3 \text{ s}$$

在单位斜坡输入时，系统的稳态误差为

$$e_{ss} = \frac{2 + K_1 K_2}{K_1} = \frac{2 + 20 \times 0.215}{20} = 0.315 \leqslant 0.35$$

由此可见，$K_1 = 20$，$K_2 = 0.215$，能使系统达到预定的性能要求。

二、确定指定 K_0 时的闭环传递函数

控制系统的闭环零点由开环传递函数中 $G(s)$ 的零点和 $H(s)$ 的极点所组成，它们一般均为已知。系统的闭环极点与根轨迹的增益 K_0 有关。如果 K_0 已知，就可以沿着特定的根轨迹分支，根据根轨迹的幅值条件，用试探法求得相应的闭环极点，现举例说明如下。

系统的开环传递函数为

$$G(s) \ H(s) = \frac{K_0}{s(s+1)(s+2)}$$

求 $K_0 = 0.5$ 时系统的闭环极点。

由该系统的根轨迹图 4-23 可知，在分离点 $s = -0.423$ 处，根据幅值条件求得 $K_0 = 0.385$。由此可知，当 $K_0 = 0.5$ 时，该系统的闭环极点为一对共轭复根和一个实根，且此实根位于 $-2 \sim -3$ 之间。据此，如取 $s_3 = -2.2$ 作为试验点，由

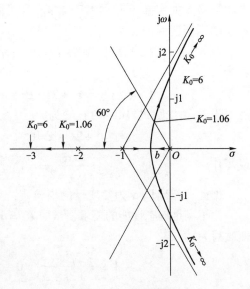

图 4-23   根轨迹图

幅值条件求得相应的 K_0 值为
$$K_0 = |s_3||s_3+1||s_3+2| = 2.2 \times 1.2 \times 0.2 = 0.528。$$

显然，所求的 K_0 值略大于指定值 0.5。为此再取 $s_3 = -2.192$ 作试探，求得 $K_0 = 0.501 \approx 0.5$。这表示 $K_0 = 0.5$ 时，$s_3 = -2.192$ 是闭环的一个极点。它的一对共轭复数极点可按下述的方法求取。

因为 $K_0 = 0.5$ 时的闭环特征多项式为
$$s(s+1)(s+2) + 0.5 = s^3 + 3s^2 + 2s + 0.5$$

用上式除以因式 $(s+2.192)$，求得商为
$$s^2 + 0.808s + 0.229$$

令
$$s^2 + 0.808s + 0.229 = 0$$

求得
$$s_{1,2} = -0.404 \pm j0.256$$

相应系统的闭环传递函数为
$$\frac{C(s)}{R(s)} = \frac{0.5}{(s+2.192)\left[(s+0.404)^2 + 0.256^2\right]}$$

三、确定具有指定阻尼比 ζ 的闭环极点和单位阶跃响应

根据指定的阻尼比 ζ 值，由根轨迹图的坐标原点作一与负实轴夹角为 $\theta = \arccos\zeta$ 的射线，该射线与根轨迹的交点就是所求的一对闭环主导极点，由幅值条件确定这对极点所对应的 K_0 值。然后用上述的方法，确定闭环的其他极点。下面仍以图 4-8 所示的系统为例来说明。设系统闭环主导极点的阻尼比 $\zeta = 0.5$，试求：

（1）系统的闭环极点和相应的根轨迹增益 K_0；

（2）在单位阶跃信号作用下的输出响应。

由图 4-23 所示的根轨迹可知，系统的一对闭环主导极点位于通过坐标原点且与负实轴组成夹角为 $\theta = \arccos0.5 = \pm 60°$ 的两条射线上。显然，这两条射线与根轨迹的两条分支必然相交，交点 s_1 和 s_2 就是所求的一对闭环主导极点。由图可知，$s_1 = s_2 = -0.33 \pm j0.58$。因为
$$s_1 + s_2 + s_3 = -0.33 + j0.58 - 0.33 - j0.58 + s_3 = -3$$

所以 $s_3 = -2.34$。根据幅值条件，求得相应的 $K_0 = 1.05$。

由于极点 s_3 距虚轴的距离是极点 s_1 和 s_2 距虚轴距离的 7 倍多，因而 s_1 和 s_2 是系统的闭环主导极点。与 $K_0 = 1.05$ 相应的闭环传递函数为
$$\frac{C(s)}{R(s)} = \frac{1.05}{(s+2.34)\left[(s+0.33)^2 + 0.58^2\right]}$$

若令 $R(s) = 1/s$，则
$$C(s) = \frac{1.05}{s(s+2.34)\left[(s+0.33)^2 + 0.58^2\right]}$$
$$= \frac{A_0}{s} + \frac{A_1}{s+2.34} + \frac{Bs+C}{(s+0.33)^2 + 0.58^2}$$

式中，$A_0 = 1$，$A_1 = -0.1$，$B = -0.9$，$C = -0.83$，于是上式改写为
$$C(s) = \frac{1}{s} - \frac{0.1}{s+2.34} - \frac{0.9s+0.83}{(s+0.33)^2 + 0.58^2}$$

$$= \frac{1}{s} - \frac{0.1}{s+2.34} - 0.9 \frac{(s+0.33)+0.58}{(s+0.33)^2 + 0.58^2}$$

取拉氏反变换，求得

$$C(t) = 1 - 0.1e^{-2.34t} - 0.9e^{-0.33t}(\cos 0.58t + \sin 0.58t)$$

式中，等号右方第一项是输出的稳态分量；第二、三项是瞬态分量。基于第二项的幅值小、衰减速度快，因而它对系统的响应仅在起始阶段起作用；而对系统响应起主导作用的是式中的第三项。

第五节 例 题 分 析

例 4 - 6 已知一单位反馈系统的开环传递函数为

$$G(s) = \frac{K_0(s+4)}{s(s+2)}$$

试绘制该系统的根轨迹，分析 K_0 对系统性能的影响，并求系统最小阻尼比所对应的闭环极点。

解 闭环特征方程为

$$s^2 + 2s + K_0 s + 4K_0 = 0$$

令 $s = \sigma + j\omega$，代入上式，得

$$\sigma^2 - \omega^2 + j2\sigma\omega + 2\sigma + j2\omega + K_0\sigma + jK_0\omega + 4K_0 = 0$$

则有

$$\sigma^2 - \omega^2 + 2\sigma + K_0\sigma + 4K_0 = 0 \qquad (4-22)$$

$$j\omega(2\sigma + 2 + K_0) = 0 \qquad (4-23)$$

由式（4-23）得

$$K_0 = -(2\sigma + 2)$$

代入式（4-22），得

$$\sigma^2 + 8\sigma + \omega^2 + 8 = 0$$

即

$$(\sigma + 4)^2 + \omega^2 = (\sqrt{8})^2 = 2.828^2$$

上式表示系统根轨迹的复数部分为一圆，图 4-24 所示为系统的根轨迹图。

由图 4-24 可知，分离点 $s_1 = -1.172$，会合点 $s_2 = -6.828$。由幅值条件求得它们相应的增益值为 $K_{01} = \frac{1.172 \times 0.828}{4 - 1.172} = 0.343$，系统的开环增益为 $K = 2K_{01} = 0.628$；$K_{02} = \frac{6.828 \times 4.828}{2.828} = 11.66$，系统的开环增益为 $K = 2K_{02} = 23.2$。

由此可见，当 $0 < K_0 < 0.343$ 时，系统有两个相异的负实根，其瞬态响应呈过阻尼状态。当 $0.343 < K_0 < 11.6$ 时，系统有一对共轭复根，其瞬态响应呈欠阻尼状态。当 $11.6 < K_0 < \infty$ 时，系统

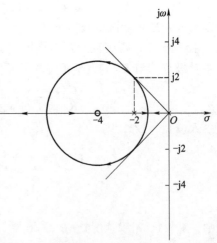

图 4-24 根轨迹图

又具有两个相异的负实根，瞬态响应又呈过阻尼状态。由坐标原点作圆的切线，此切线与负实轴夹角的余弦就是系统的最小阻尼比

$$\zeta = \cos\theta = \cos\frac{\pi}{4} = 0.707$$

相应的闭环极点由图求得为

$$s_{1,2} = -2 \pm j2$$

由幅角条件求得 $K_0 = 2$。基于系统的阻尼比 $\zeta = 0.707$，因而相应的阶跃响应具有较好的平稳性和快速性。

例 4-7 已知一控制系统如图 4-25 所示。试求：
（1）绘制系统的根轨迹；
（2）确定 $K_0 = 8$ 时的闭环极点和单位阶跃响应。

解 系统的开环传递函数为

$$G(s)\,H(s) = \frac{K_0(s+3)(s+1)}{s(s+1)(s+2)} = \frac{K_0(s+3)}{s(s+2)}$$

据此，作出系统的根轨迹如图 4-26 所示。

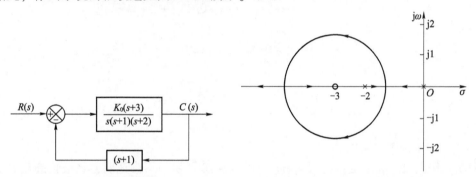

图 4-25 控制系统　　　　图 4-26 例 4-2 的根轨迹图

其中根的复数部分的根轨迹为一圆，其方程为

$$(\sigma + 3)^2 + \omega^2 = (\sqrt{3})^2$$

系统的闭环特征方程为

$$s(s+1)(s+2) + K_0(s+3)(s+1) = 0$$

即

$$(s+1)[s(s+2) + K_0(s+3)] = 0$$

显然，$s = -1$ 这个根不受 K_0 变化的影响。如图 4-26 所示的根轨迹仅表示上式方括号中多项式的两个根随 K_0 的变化过程。

当 $K_0 = 8$ 时，该系统的闭环传递函数为

$$\frac{C(s)}{R(s)} = \frac{K_0(s+3)}{(s+1)[s(s+2)+8(s+3)]} = \frac{8(s+3)}{(s+1)(s+4)(s+6)}$$

令 $R(s) = 1/s$，则得

$$C(s) = \frac{8(s+3)}{s(s+1)(s+4)(s+6)} = \frac{A}{s} + \frac{B}{s+1} + \frac{C}{s+4} + \frac{D}{s+6}$$

式中，$A = 1$；$B = -\dfrac{16}{15}$；$C = -\dfrac{1}{3}$；$D = \dfrac{2}{5}$。

对上式取拉氏反变换，求得系统的单位阶跃响应为

$$C(t) = 1 - \frac{16}{15}e^{-t} - \frac{1}{3}e^{-4t} + \frac{2}{5}e^{-6t}$$

例 4 - 8　设一位置随动系统如图 4 - 27 所示，试求：

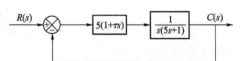

图 4 - 27　位置随动系统

（1）绘制以 τ 为参变量的根轨迹；

（2）求系统的阻尼比 $\zeta = 0.5$ 时的闭环传递函数。

解：（1）系统的开环传递函数为

$$G(s) = \frac{5(1 + \tau s)}{s(5s + 1)} = \frac{1 + \tau s}{s(s + 0.2)}$$

对应的闭环传递函数为

$$T(s) = \frac{G(s)}{1 + G(s)} = \frac{1 + \tau s}{s(s + 0.2) + 1 + \tau s}$$

闭环特征方程为

$$s^2 + 0.2s + 1 + \tau s = 0$$

即

$$1 + \frac{\tau s}{s^2 + 0.2s + 1} = 1 + G_1(s) = 0$$

式中，$G_1(s) = \dfrac{\tau s}{s^2 + 0.2s + 1}$，

据此，作出以 τ 为参变量的根轨迹，如图 4 - 28 所示。不难证明，该根轨迹复数部分是一圆弧，其方程为 $\sigma^2 + \omega^2 = 1$。

（2）因为 $\theta = \arccos\zeta = \arccos 0.5 = 60°$，故通过坐标原点作一与负实轴成 60° 的射线，并与圆弧相交于 s_1 点，如图 4 - 28 所示。

根据幅值条件，由图求得系统工作于 s_1 点时的 τ 值，即

$$\tau = \frac{|s_1 p_1||s_2 p_2|}{s_1 O} = \frac{1.9 \times 0.42}{1} s = 0.8s$$

相应的闭环传递函数为

$$T(s) = \frac{1 + 0.8s}{(s + 0.5 + j0.87)(s + 0.5 - j0.87)}$$

例 4 - 9　设系统 A 和 B 有相同的根轨迹，如图 4 - 29 所示。已知系统 B 有一个闭环零点 $s = -2$，系统 A 没有闭环零点。试求系统 A 与 B 的开环传递函数和它们对应的闭环框图。

解：（1）由于两系统的根轨迹完全相同，因而它们对应的开环传递函数和闭环特征方程式必也完全相同。由图 4 - 29 可知，系统 B 的开环传递函数为

$$G(s) = \frac{K_0(s + 2)}{(s + 1)^2}$$

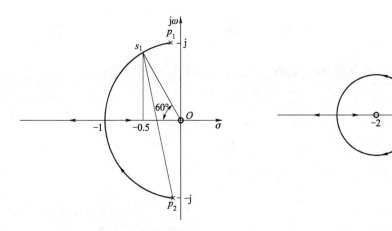

图 4-28　例 4-8 的根轨迹图　　　　　图 4-29　根轨迹图

（2）两系统的闭环传递函数分别为

系统 B：$\dfrac{C(s)}{R(s)} = \dfrac{K_0(s+2)}{D(s)} = \dfrac{K_0(s+2)}{(s+1)^2 + K_0(s+2)}$

系统 A：$\dfrac{C(s)}{R(s)} = \dfrac{K_0}{D(s)} = \dfrac{K_0}{(s+1)^2 + K_0(s+2)} = \dfrac{K_0/(s+1)^2}{1 + \dfrac{K_0(s+2)}{(s+1)^2}}$

由此可知，系统 A 的 $G(s) = \dfrac{K_0}{(s+1)^2}$，$H(s) = s+2$。

系统 A 和系统 B 对应的闭环框图如图 4-30 所示。

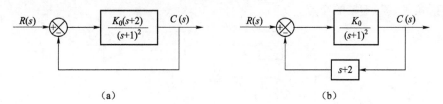

（a）　　　　　　　　　　　　　（b）

图 4-30　控制系统
（a）系统 B；（b）系统 A

小　结

　　根轨迹是以开环传递函数中的某个参数（一般是根轨迹增益）为参变量而画出的闭环特征方程式的根轨迹图。根据系统开环零、极点在 s 平面上的分布，就能方便地画出根轨迹的大致形状。

　　根轨迹图不仅使我们能直观地看到参数的变化对系统性能的影响，而且还可用它求出指定参变量或指定阻尼比 ζ 相对应的闭环极点。根据确定的闭环极点和已知的闭环零点，就能计算出系统的输出响应及其性能指标，从而避免了求解高阶微分方程的麻烦。

习 题

1. 已知系统开环零、极点的分布如图 4–31 所示，试绘制根轨迹图。

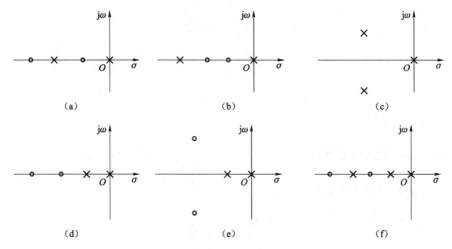

图 4–31 开环传递函数零、极点分布图

2. 已知单位反馈系统的开环传递函数为

$$G(s) = \frac{K_0}{s\,(0.05s^2 + 0.4s + 1)}$$

试绘制 K_0 由 0→∞ 变化时系统的根轨迹。

3. 已知一双闭环系统如图 4–32 所示，试绘制 K 由 0→∞ 变化的根轨迹图，并确定出根轨迹的出射角及其与虚轴的交点。

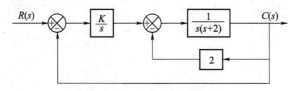

图 4–32 双闭环控制系统

4. 一单位反馈系统的开环传递函数为

$$G(s) = \frac{K_0(s+1)}{s(s-1)}$$

(1) 画出以 K_0 为参变量的根轨迹，并证明复数部分的根轨迹是以 (-1, 0) 为圆心，半径为 $\sqrt{2}$ 的圆的一部分。

(2) 根据所作的根轨迹图，确定系统稳定的 K_0 值范围。

(3) 由根轨迹图，求系统的调整时间为 4 s 时的 K_0 值和相应的闭环极点。

5. 某单位反馈系统的开环传递函数为

$$G(s) = \frac{K_0}{s\,(s+2)\,(s+4)}$$

（1）绘制 K_0 由 0→∞ 变化的根轨迹。

（2）确定系统呈阻尼振荡瞬态响应的 K_0 值范围。

（3）求系统产生持续等幅振荡时的 K_0 值和振荡频率。

（4）求主导复数极点具有阻尼比为 0.5 时的 K_0 值。

6．一单位反馈系统的开环传递函数为

$$G(s) = \frac{K_0(s+2)}{s(s+1)(s+3)}$$

（1）绘制 K_0 由 0→∞ 变化时的根轨迹。

（2）求 $\zeta = 0.5$ 时的一对闭环极点和相应的
K_0 值。

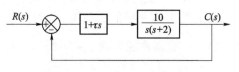

7．一控制系统的框图如图 4–33 所示，试绘
制以 τ 为参变量的根轨迹图（$0 < \tau < \infty$）。

图 4–33　二阶系统的方框图

8．一随动系统的开环传递函数为

$$G(s) = \frac{\frac{1}{4}(s+a)}{s^2(s+1)}$$

试绘制以 a 为参变量的根轨迹图（$0 < a < \infty$）。

9．已知单位反馈系统的开环传递函数为

$$G(s) = \frac{2.5s}{s(s+1)(s+T)}$$

试绘制以 T 为参变量的根轨迹图（$0 < T < \infty$）。

10．已知单位反馈系统的开环传递函数为

$$G(s) = \frac{K_0(1-s)}{s(s+2)}$$

（1）绘制 K_0 由 0→∞ 变化时的根轨迹图。

（2）求产生重根和纯虚根时的 K_0 值。

11．设一单位反馈系统的开环传递函数为

$$G(s) = \frac{K_0}{s^2(s+2)}$$

（1）由所绘制的根轨迹图，说明对所有的 K_0 值（$0 < K_0 < \infty$）该系统总是不稳定的。

（2）在 $s = -a$（$0 < a < \infty$）处加一零点，由所作出的根轨迹，说明加零点后的系统是
稳定的。

12．一单位反馈系统的开环传递函数为 $G(s) = \dfrac{K_0}{(s+2)^3}$，画出以 K_0 为参变量的根轨迹
图，并求：

（1）根轨迹与虚轴交点的 K_0 值和振荡频率。

（2）主导极点的阻尼比 $\zeta = 0.5$ 时的静态位置误差系数。

（3）仅考虑主导极点的影响，求系统的 M_p、t_p 和 t_s。

13．已知单位反馈控制系统的开环传递函数为

$$G(s) = \frac{K_0 (s+1)}{s^2 (s+9)}$$

（1）画出以 K_0 为参变量的根轨迹。

（2）求方程的根为三个相等实根时的 K_0 值和 s 值。

（3）用 MATLAB 编程，画系统根轨迹。

14．一单位反馈系统的开环传递函数为

$$G(s) = \frac{K_0 (s+2)}{s (s+1)}$$

（1）求根轨迹的分离点和会合点。

（2）当共轭复根的实部为 -2 时，求相应的 K_0 值和 s 值。

15．一控制系统如图 4 – 34 所示，其中 $G(s) = \dfrac{1}{s (s-1)}$。

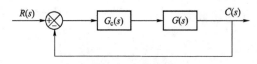

图 4 – 34　控制系统

（1）当 $G_c(s) = K_0$，由所绘制的根轨迹证明系统总是不稳定的。

（2）当 $G_c(s) = \dfrac{K_0 (s+2)}{(s+20)}$ 时，绘制系统的根轨迹，并确定系统稳定的 K_0 值范围。

16．一单位反馈系统的开环传递函数为

$$G(s) = \frac{K_0 (s+1)}{s (s-1) (s+4)}$$

（1）确定系统稳定的 K_0 值范围。

（2）绘制系统的根轨迹图。

（3）用 MATLAB 编程画系统根轨迹，并验证结论。

17．已知一单位反馈系统的开环传递函数为

$$G(s) = \frac{K_0 (s+16/17)}{(s+20) (s^2+2s+2)}$$

（1）作系统的根轨迹图，并确定临界阻尼时的 K_0 值。

（2）求系统稳定的 K_0 值范围。

18．设控制系统如图 4 – 35 所示。

（1）为使闭环极点 $s = -1 \pm j\sqrt{3}$，试确定增益 K 和速度反馈系数 K_h 的值。

（2）根据所求的 K_h 值，画出以 K 为参变量的根轨迹。

19．已知一控制系统如图 4 – 36 所示，a 为参变量。试画出系统的根轨迹。

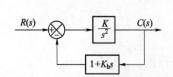

图 4 – 35　控制系统

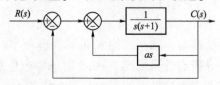

图 4 – 36　控制系统

（1）$a=0$ 时，$r(t)=t$，求 e_{ss} 和 t_s、ζ。

（2）$a=0.2$ 时，讨论微分负反馈对系统动态和稳态性能的影响。

（3）求共轭复根对 $a=0.2$ 的变化的灵敏度。

20．计算和比较题 $4-11$ 中系统的主导根对① 增益 $K=5$；② 开环极点 $s=-2$；③ 开环零点 $s=-1$ 的变化的根的灵敏度。

21．设系统的开环传递函数为

$$G(s)H(s)=\frac{K(s+3)}{(s+4)(s^2+2s+2)}$$

试用 MATLAB 编程，分别画出正、负反馈时系统的根轨迹图，并比较这两个图形有什么不同，可得出什么结论。

第五章 频率响应分析法

频率特性是系统在受到不同频率的正弦信号作用时，描述系统的稳态输出和输入之间关系的数学模型。它既反映了系统的稳定性能，同时也包含了系统的动态性能。频率响应法是20世纪30年代发展起来的一种经典工程实用方法，是一种利用频率特性进行控制系统分析的图解方法。这种方法不仅是根据系统的开环频率特性图形直观地分析系统的闭环响应，而且还能判别某些环节或参数对系统性能的影响，提示改善系统性能的信息。因而，它同根轨迹法一样卓有成效地用于线性定常系统的分析和设计中。

与其他方法相比，频率响应法还具有如下特点：

（1）频率特性具有明确的物理意义，可以用实验的方法来确定，这对于难以列写微分方程式的元部件或系统来说，具有重要的实际意义。

（2）由于频率响应法主要是通过开环频率特性的图形对系统进行分析的，因而具有形象直观和计算量较少的特点。

（3）频率响应法不仅适用于线性定常系统，而且还适用于传递函数不是有理数的纯滞后系统和部分非线性系统的分析。

本章重点介绍频率特性的基本概念和频率特性曲线的绘制方法，研究频域稳定判据和频率特性与性能指标之间的关系，如图 5-1 所示。

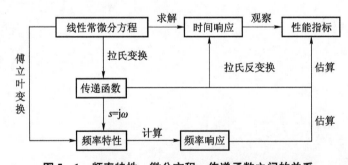

图 5-1 频率特性、微分方程、传递函数之间的关系

第一节 频 率 特 性

一、频率特性的基本概念

频率特性又称频率响应，它是系统（或元件）对不同频率正弦输入信号的响应特性。设线性系统的输入为一频率为 ω 的正弦信号，在稳态时，系统的输出具有和输入同频率的正弦函数，但其振幅和相位一般均不同于输入量，且随着输入信号频率的变化而变化，如图 5-2 所示。

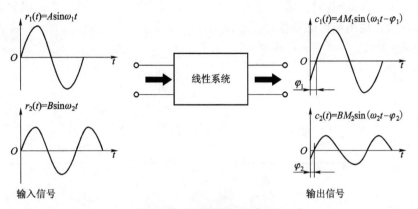

图 5-2　频率响应示意图

下面用一个简单的电路讨论频率特性的基本概念。图 5-3 所示的 RC 电路在前面已讨论过。如果在这一线形电路上加入正弦交流电压 $e_1(t) = A\sin\omega t$，那么在稳定状态时，电路中的输出电压 $e_2(t)$ 也必定和电压 $e_1(t)$ 按同一频率变化。

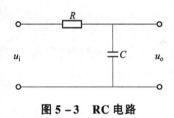

图 5-3　RC 电路

图 5-3 所示电路的传递函数为

$$\frac{U_o(s)}{U_i(s)} = G(s) = \frac{1}{1+RCs} \tag{5-1}$$

设输入电压 $u_i(t) = A\sin(\omega t)$，由电路原理求得

$$\frac{U_o(j\omega)}{U_i(j\omega)} = G(j\omega) = \frac{1}{1+RCj\omega} = \frac{1}{1+Tj\omega} \tag{5-2}$$

式（5-2）表示把正弦信号加到系统时，在稳定状态下，系统的输出量和输入量的比。这个比值随频率而变化，频率不同，这个比值的幅值大小和相位都不同。我们把这个比值叫作系统的频率特性，或频率响应，常用 $G(j\omega)$ 表示，显然它由该电路的结构和参数决定，与输入信号的幅值和相位无关，$G(j\omega)$ 可改写为

$$G(j\omega) = |G(j\omega)| e^{j\varphi(\omega)} \tag{5-3}$$

式中，$T = RC$。

$$|G(j\omega)| = \frac{1}{\sqrt{1+T^2\omega^2}} \tag{5-4}$$

式中，$|G(j\omega)|$ 是 $G(j\omega)$ 的幅值，它表示在稳态时，输出量和输入量的幅值比随频率变化，称为电路的幅频特性。

$$\varphi(\omega) = -\arctan T\omega \tag{5-5}$$

式中，$\varphi(\omega)$ 是 $G(j\omega)$ 的相角，它表示在稳态时，输出量和输入量的相位差，也是随频率变化的，称为电路的相频特性。

综上所述，当一频率为 ω 的正弦信号加到电路的输入端后，它的输出量的稳态值为

$$u_o(t) = \frac{A}{\sqrt{1 + T^2 \omega^2}} \sin(\omega t - \arctan T\omega) \qquad (5-6)$$

由上式可知，当 $\omega = 0$ 时，输出与输入的电压不仅幅值相等，而且相位也完全一致。随着 ω 的不断增大，输出电压的幅值将不断地衰减，相位也不断地滞后。图 5-4 所示为该电路的幅频和相频特性。

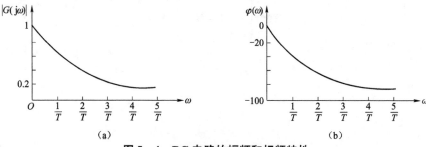

图 5-4 RC 电路的幅频和相频特性

(a) 幅频特性；(b) 相频特性

比较式（5-2）和式（5-1）电路传递函数，就会发现，这个函数的频率特性与传递函数具有十分相似的形式，只要把传递函数中的 s 用 $j\omega$ 代之，就得到系统（元件）的频率特性，即有

$$G(j\omega) = G(s)\big|_{s=j\omega} \qquad (5-7)$$

由于频率特性是传递函数的一种特殊形式，因而它和传递函数一样能表征系统的运动规律，成为描述系统的又一种数学模型，具有普遍性。显然，传递函数的有关运算规则同样也适用于频率特性。

二、频率特性的求取

若想用频率法分析综合系统，首先要求出系统的频率特性。频率特性函数可用以下方法求取。

（1）如果已知系统的微分方程，则可将系统的输入变量以正弦函数代入，求系统的输出变量的稳态解，输出变量的稳态解与输入正弦信号的复数比即为系统的频率特性。

（2）如果已知系统的传递函数，则可将系统传递函数中的 s 以 $j\omega$ 代之，即可得到系统的频率特性。因此，频率特性是特定情况下的传递函数。它和传递函数一样，反映了系统的内在联系。

（3）实验方法。稳态系统的频率特性可以用实验方法确定，即在系统的输入端施加不同频率的正弦信号，然后测量系统的稳态响应，再根据幅值比和相位差作出系统的频率特性曲线。

例 5-1 如图 5-5 所示系统，试确定系统的频率响应，其中输入信号为

$$x_i(t) = 2\sin 2t + 4\cos(3t + 30°)$$

解 系统闭环传递函数

$$G(s) = \frac{1}{1 + (s+1)} = \frac{1}{s+2}$$

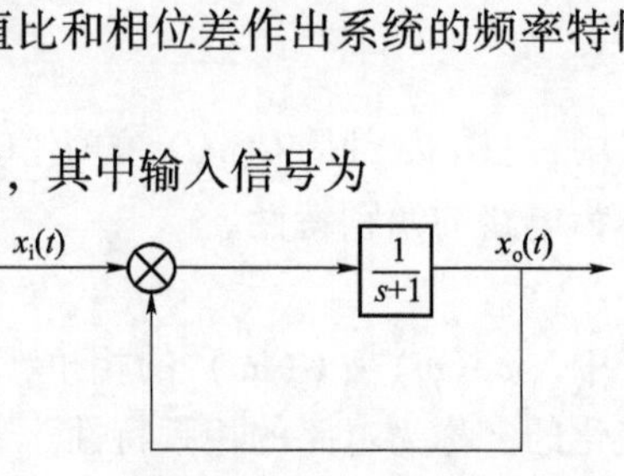

闭环系统的频率特性为

图 5-5 例 5-1 图

$$G(j\omega) = \frac{1}{j\omega + 2}$$

幅频特性为

$$|G(j\omega)| = \frac{1}{\sqrt{4 + \omega^2}}$$

相频特性为

$$\varphi(\omega) = -\arctan\frac{\omega}{2}$$

线性定常系统满足叠加原理，令

$$x_{i1}(t) = 2\sin2t$$
$$x_{i2}(t) = 4\cos(3t + 30°)$$

分别求取 $x_{i1}(t)$，$x_{i2}(t)$ 单独作用下的稳态响应。

（1）$x_{i1}(t)$ 单独作用，输入正弦信号的幅值 $A_1 = 2$，频率 $\omega_2 = 3$，初相位 $\varphi_1 = 0$，由频率响应的定义

$$A = A_1A(\omega) = 2 \times \frac{1}{\sqrt{4 + 2^2}} = 0.7$$

$$\varphi = \varphi_{10} + \varphi(\omega) = 0 + \left(-\text{argtan}\frac{\omega}{2}\right) = -45°$$

$$x_{01}(t) = A\sin(2t + \varphi) = 0.7\sin(2t - 45°)$$

（2）$x_{i2}(t)$ 单独作用，输入正弦信号的幅值 $A_1 = 4$，频率 $\omega_2 = 3$，初相位 $\varphi_2 = 30°$，由频率响应的定义

$$A = A_1A(\omega) = 2 \times \frac{1}{\sqrt{4 + 3^2}} = 1.1$$

$$\varphi = \varphi_{20} + \varphi(\omega) = 30° + \left(-\text{argtan}\frac{\omega}{2}\right) = -26.3°$$

$$x_{02}(t) = A\sin(3t + \varphi) = 1.1\sin(3t - 26.3°)$$

（3）系统总响应

$$x_0(t) = x_{01}(t) + x_{02}(t) = 0.7\sin(2t - 45°) + 1.1\sin(3t - 26.3°)$$

三、频率特性表示法

频率特性可用解析式或图形来表示。

1. 复数点的表示法

系统的频率特性函数是一种复变函数，可表示为

$$G(j\omega) = U(\omega) + jV(\omega) \tag{5-8}$$

式中，$U(\omega)$ 是 $W(j\omega)$ 实部，称为实频特性；$V(\omega)$ 是 $W(j\omega)$ 的虚部，称为虚频特性。

2. 复数的矢量表示法

频率特性函数还可表示为幅频特性 $A(\omega)$ 和相频特性 $\varphi(\omega)$ 的形式，即

$$A(\omega) = |G(j\omega)| = \sqrt{[U(\omega)]^2 + [V(\omega)]^2} \tag{5-9}$$

$$\varphi(\omega) = \angle G(j\omega) = \arctan\left[\frac{V(\omega)}{U(\omega)}\right] \tag{5-10}$$

3. 三角表示法

$$U(\omega) = A(\omega)\ \cos\varphi(\omega) \qquad\qquad (5-11)$$

$$V(\omega) = A(\omega)\ \sin\varphi(\omega) \qquad\qquad (5-12)$$

4. 指数表示法

$$G(j\omega) = U(\omega) + jV(\omega) = A(\omega)\left[\cos\varphi(\omega) + j\sin\varphi(\omega)\right] = A(\omega)e^{j\varphi(\omega)} \qquad (5-13)$$

其中以幅频特性 $A(\omega)$ 和相频特性 $\varphi(\omega)$ 表示的频率特性在工程中最为常用。

频率特性可用图形形象地表示，工程上常用图形来表示频率特性。表示频率特性的图形有三种：对数坐标图、极坐标图和对数幅相图。本章主要讨论极坐标图和对数坐标图的绘制。

第二节　极　坐　标　图

基于频率特性 $W(j\omega)$ 是一个复数，因而可用下式表示：

$$G(j\omega) = P(\omega) + jQ(\omega)$$

或写作

$$G(j\omega) = \sqrt{P^2(\omega) + Q^2(\omega)}\,e^{j\varphi(\omega)} = \left|G(j\omega)\right|e^{j\varphi(\omega)} \qquad\qquad (5-14)$$

式中，$\varphi(\omega) = \arctan\dfrac{Q(\omega)}{P(\omega)}$。这样，$G(j\omega)$ 可用幅值为 $\left|G(j\omega)\right|$、相角为 $\varphi(\omega)$ 的向量来表示。在 $G(j\omega)$ 平面上，以横坐标表示 $P(\omega)$，纵坐标表示 $jQ(\omega)$，这种采用极坐标系的频率特性图称为极坐标图或幅相曲线。若将频率特性表示为复指数形式，则为幅平面上的向量，而向量的长度为频率特性的幅值，向量与实轴正方向的夹角等于频率特性的相角。由于幅频特性为 ω 的偶函数，相频特性为 ω 的奇函数，则 ω 从零变化到正无穷大和从零变化到负无穷大的幅相曲线关于实轴对称，因此一般只绘制频率 ω 由 $0\rightarrow\infty$ 变化时的幅相曲线。这种图形主要用于对闭环系统稳定性的研究，乃奎斯特（N. Nyquist）在 1932 年基于极坐标图阐述了反馈系统稳定性的论证。为了纪念他对控制理论所做出的贡献，这种图形又名乃奎斯特曲线，简称乃氏图。

一、典型环节

1. 比例环节

频率特性

$$G(j\omega) = K$$

由于 K 是一个与 ω 无关的常数，相角为 $0°$，因而它的乃氏图为 $G(j\omega)$ 平面实轴上的一个定点，如图 5-6 (a) 所示。

2. 积分、微分环节

积分环节的频率特性

$$G(j\omega) = (j\omega)^{-1} = \frac{1}{\omega}e^{-j\frac{\pi}{2}} \qquad\qquad (5-15)$$

积分环节的幅值与 ω 成反比，相角恒为 $-90°$，其乃氏图如图 5-6 (b) 所示。

同理，微分环节 $G(j\omega) = j\omega^{+1}$ 的乃氏图如图 5-6 (c) 所示。

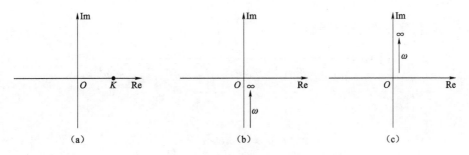

图 5-6　比例、积分和微分环节的乃氏图

(a) 比例环节；(b) 积分环节；(c) 微分环节

3. 一阶环节

(1) 一阶惯性环节的频率特性为

$$G(j\omega) = (1 + j\omega T)^{-1}$$

即

$$G(j\omega) = (1 + j\omega T)^{-1} = \frac{1}{\sqrt{1 + T^2\omega^2}} e^{j\varphi(\omega)} \qquad (5-16)$$

式中，$\varphi(\omega) = -\arctan T\omega$。下面证明其极坐标图为一个半圆，如图 5-7（a）所示。

因为

$$G(j\omega) = \frac{1}{1 + T^2\omega^2} - j\frac{T\omega}{1 + T^2\omega^2} = P(\omega) + jQ(\omega)$$

式中

$$P(\omega) = \frac{1}{1 + T^2\omega^2}, \quad Q(\omega) = -\frac{T\omega}{1 + T^2\omega^2}$$

于是

$$P(\omega)^2 + Q(\omega)^2 = \frac{1}{1 + T^2\omega^2} = P(\omega)$$

上式经配完全平方后为

$$\left[P(\omega) - \frac{1}{2}\right]^2 + Q(\omega)^2 = \left(\frac{1}{2}\right)^2$$

(2) 一阶微分环节的频率特性为

$$G(j\omega) = (1 + j\omega T)^{+1}$$

即

$$G(j\omega) = (1 + j\omega T)^{+1} = \sqrt{1 + (\omega T)^2} e^{j\varphi(\omega)} \qquad (5-17)$$

式中，$\varphi(\omega) = -\arctan T\omega$。图 5-7（b）所示为它的乃氏图。

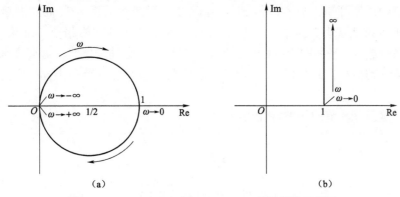

图 5-7　$(1 + j\omega T)^{-1}$ 和 $(1 + j\omega T)^{+1}$ 环节的乃氏图

4. 二阶环节

对于二阶振荡环节的频率特性为

$$G(j\omega) = \frac{1}{1 + j2\zeta\dfrac{\omega}{\omega_n} + \left(j\dfrac{\omega}{\omega_n}\right)^2} = \frac{1}{\sqrt{\left(1 - \dfrac{\omega^2}{\omega_n^2}\right)^2 + 4\zeta^2\dfrac{\omega^2}{\omega_n^2}}}e^{j\varphi(\omega)} \qquad (5-18)$$

式中

$$\varphi(\omega) = -\arctan\frac{2\zeta\dfrac{\omega}{\omega_n}}{1 - \dfrac{\omega^2}{\omega_n^2}}$$

由式（5-31）可知，振荡环节的低频和高频部分分别为

$$\lim_{\omega \to 0} G(j\omega) = 1\angle 0°$$

$$\lim_{\omega \to \infty} G(j\omega) = 0\angle -180°$$

当 ζ 值已知时，由式（5-18）可求得对应于不同 ω 值时的 $|G(j\omega)|$ 和 $\varphi(\omega)$ 值。图 5-8 所示为当 $\zeta > 0$ 时二阶环节的乃氏图。当 $\omega = \omega_n$ 时，$G(j\omega) = 1/j2\zeta$，其相角为 $-90°$。当 $\zeta < 1/\sqrt{2}$ 时，在乃氏图上距原点最远的点所对应的频率就是振荡环节的谐振频率 ω_r，其谐振峰值 M_r 用 $|G(j\omega_r)|$ 与 $|G(j0)|$ 之比来表示。图 5-9 所示为谐振峰值的确定方法。

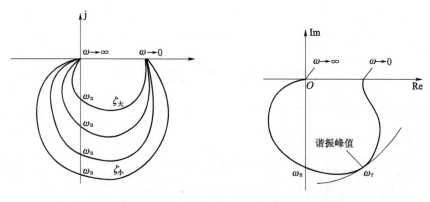

图 5-8 当 $\zeta > 0$ 时二阶环节的乃氏图　　图 5-9 确定谐振峰值和频率的乃氏图

由上一节的讨论可知，当 $\zeta \geq 1/\sqrt{2}$ 时，振荡环节不产生谐振，$G(j\omega)$ 向量的长度将随着 ω 的增加而单调地减小。当 $\zeta > 1$ 时，$G(s)$ 有两个相异的实数极点。如果 ζ 值足够大，则其中一个极点靠近 s 平面的坐标原点，另一个极点远离虚轴。显然，远离虚轴的这个极点对瞬态响应的影响很小，此时式（5-18）的特性与一阶惯性环节相类同，它的乃氏图近似于一个半圆。

同理，二阶微分环节的频率特性为

$$G(j\omega) = 1 + j2\zeta\frac{\omega}{\omega_n} + \left(j\frac{\omega}{\omega_n}\right)^2 = \sqrt{\left(1 - \frac{\omega^2}{\omega_n^2}\right)^2 + 4\zeta^2\frac{\omega^2}{\omega_n^2}}e^{j\varphi(\omega)} \qquad (5-19)$$

式中

$$\varphi(\omega) = \arctan\frac{2\zeta\omega/\omega_n}{1 - \dfrac{\omega^2}{\omega_n^2}}$$

根据二阶微分环节的频率特性可得出 5 – 10 的乃氏图。

二、开环系统的乃氏图

把开环频率特性写作如下的极坐标形式：

$$G_k(j\omega) = |G_k(j\omega)|e^{j\varphi(\omega)}$$

当 ω 由 $0 \to \infty$ 变化时，逐点计算相应的 $|G_k(j\omega)|$ 和 $\varphi(\omega)$ 的值，据此画出开环系统的乃氏图。在绘制乃氏图时，必须先写出开环系统的相位表达式，由它可以看出，当 ω 由 $0 \to \infty$ 变化时 $G_k(j\omega)$ 向量的旋转方向。在控制工程中，一般只需要画出乃氏图的大致形状和几个关键点的准确位置。

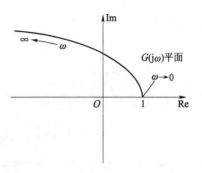

图 5 – 10 二阶微分环节的乃氏图

下面分析不同类型系统的乃氏图在 $\omega = 0_+$ 和 $\omega \to \infty$ 时的特征。我们知道开环传递函数的频率特性为

$$G_k(j\omega) = \frac{K(\tau_1 j\omega+1)(\tau_2 j\omega+1)\cdots(\tau_m j\omega+1)}{(j\omega)^v(T_1 j\omega+1)(T_2 j\omega+1)\cdots(T_n j\omega+1)} \quad (n \geqslant m)$$

$$= \frac{b_0 s^m + b_1 s^{m-1} + \cdots + b_m}{a_0 s^n + a_1 s^{n-1} + \cdots + a_n}$$

（1）$v = 0$ 即 0 型系统。当 $\omega = 0$ 时，$|G_k(j0)| = K$、$\varphi(\omega) = 0°$，即为实轴上的一点 $(K, 0)$，它是 0 型系统乃氏图的起点；当 $\omega \to \infty$ 时，$|G_k(j\infty)| = 0$、$\varphi(\infty) = -90°(n-m)$；当 $0_+ < \omega < \infty$ 时，乃氏曲线的具体形状由开环传递函数所含的具体环节和参数确定。

（2）$v = 1$ 即 I 型系统。当 $\omega = 0^+$ 时，$G_k(j0^+) = \infty \angle -90°$；当 $\omega \to \infty$ 时，$|G_k(j\infty)| = 0$、$\varphi(\infty) = -90°(n-m)$。

（3）$v = 2$ 即 II 型系统。当 $\omega = 0^+$ 时，$G_k(j0^+) = \infty \angle -180°$；当 $\omega \to \infty$ 时，$|G_k(j\infty)| = 0$、$\varphi(\infty) = -90°(n-m)$。

综上所述，0 型、I 型和 II 型系统极坐标图低频部分由环节 $K/(j\omega)^v$ 确定，一般形状如图 5 – 11 所示。如果 $G_k(j\omega)$ 的分母多项式阶次高于分子多项式阶次（$n > m$），则当 $\omega \to \infty$ 时，$G_k(j\infty) = 0 \angle -90°(n-m)$，$G_k(j\omega)$ 的轨迹将沿着顺时针方向按 $-90°(n-m)$ 的角度收敛于坐标原点，如图 5 – 12 所示。

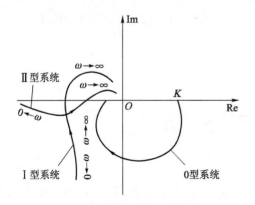

图 5 – 11 0 型、I 型和 II 型系统的乃氏图

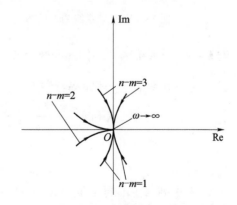

图 5 – 12 高频率的乃氏图

例 5 – 2 已知 0 型二阶系统和 I 型二阶系统的开环传递函数分别为

$$G_0(s) = \frac{10}{(1+0.1s)(1+s)}, \quad G_1(s) = \frac{10}{s(1+s)}$$

试绘制对应的乃氏图。

解 （1）0 型系统的频率特性为

$$G_0(j\omega) = \frac{10}{(1+0.1j\omega)(1+j\omega)} = \frac{10}{\sqrt{1+(0.1\omega)^2}\sqrt{1^2+\omega^2}}e^{j\varphi(\omega)}$$

式中，$\varphi(\omega) = -\arctan0.1 - \arctan\omega$。

由上述两式计算不同 ω 值时的 $|G_0(j\omega)|$ 和 $\varphi(\omega)$，据此画出如图 5 – 13 所示的乃氏图。

（2）I 型二阶系统的频率特性为

$$G_1(j\omega) = \frac{10}{j\omega(1+j\omega)} = \frac{10}{\omega\sqrt{1^2+\omega^2}}e^{j\varphi(\omega)}$$

式中，$\varphi(\omega) = -90° - \arctan\omega$。

把上式改写为

$$G_1(j\omega) = \frac{-10}{1+\omega^2} - j\frac{10}{\omega+\omega^3}$$

由上式可知，当 $\omega = 0^+$ 时，$G_1(j0^+) = -10 - j\infty$，即 $G_1(j0^+) = \infty \angle -90°$。当 $\omega \to \infty$ 时，$G_1(j\infty) = 0 \angle -180°$，据此画出如图 5 – 14 所示的乃氏图。

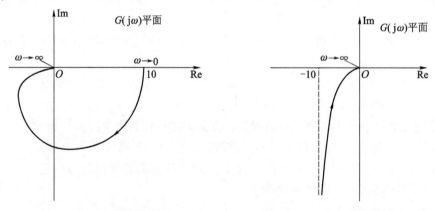

图 5 – 13 0 型系统的乃氏图 　　　　图 5 – 14 I 型二阶系统的乃氏图

例 5 – 3 设系统的开环传递函数为 $G_k(s) = \dfrac{10}{s^2(1+s)}$，试绘制其乃氏图。

解 该 II 型系统的开环频率特性为

$$G_k(j\omega) = \frac{10}{(j\omega)^2(1+j\omega)} = \frac{10}{\omega^2\sqrt{1+\omega^2}}e^{j\varphi(\omega)}$$

式中

$$\varphi(\omega) = -180° - \arctan\omega$$

当 $\omega = 0^+$ 时，$G_k(j0^+) = \infty \angle -180°$；当 $\omega \to \infty$ 时，$|G_k(j\infty)| = 0$、$\varphi(\infty) = -90° \times 3$。

表 5 – 1 中列出了不同 ω 值时频率响应的具体数据，据此画出如图 5 – 15 所示的乃氏图。表 5 – 2 列出了常见传递函数的乃氏图。

表 5 – 1　不同 ω 值时的频率响应

ω	$\mid G(\mathrm{j}\omega)\mid$	$\varphi(\omega)$
0	∞	$-180°$
0.5	35.7	$-206.6°$
1	7.07	-225
2	1.12	$-243.43°$
5	0.08	$-258.7°$
10	0.01	$-264.3°$
∞	0	$-270°$

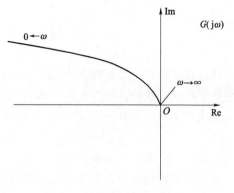

图 5 – 15　例 5 – 3 的乃氏图

表 5 – 2　常见传递函数的乃氏图

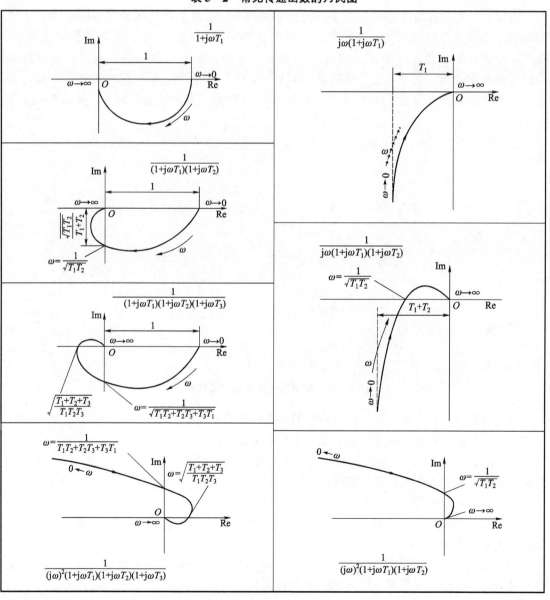

第三节　对数坐标图

对数频率特性曲线由两张图组成：一张是对数幅频特性图，另一张是相频特性图。为了描绘频率曲线特性的方便，常取对数化的形式。

对式 $G(j\omega) = A(\omega)e^{j\varphi(\omega)}$ 两边取对数，得

$$\lg G(j\omega) = \lg[A(\omega)e^{j\varphi(\omega)}] = \lg A(\omega) + j\,0.434\varphi(\omega) \tag{5-20}$$

这是对数频率特性的表达式。习惯上，不考虑 0.434 这个系数，而只用相角位移本身。

通常将对数幅频特性描绘在以 10 为底的对数坐标中。频率特性幅值的对数常用分贝（dB）表示，通常为了书写方便，把 $20\lg|G(j\omega)|$ 用符号 $L(\omega)$ 表示，即

$$L(\omega) = 20\lg|G(j\omega)|$$

这样，对数幅频特性的坐标图中横坐标的角频率 ω，为了在一张尺寸有限的图纸上同时能展示出频率特性的低频和高频部分，可对横坐标采用 $\lg\omega$ 分度。这里需要注意的是，在坐标原点处的 ω 值不得为零，而为一个非零的正值。至于它取何值，应视实际所要表示的频率范围而定。在以 $\lg\omega$ 分度的横坐标上，ω 每变化 10 倍，横坐标就增加一个单位长度，这个单位长度代表 10 倍频的距离，故称为十倍频程，用符号 dec 表示，如图 5-16 所示。

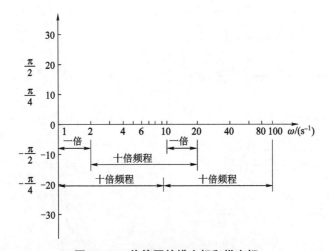

图 5-16　伯德图的横坐标和纵坐标

至于相频特性，其横坐标与幅频特性的横坐标相同，其纵坐标表示相角位移，采用线性分度，单位为度，由此构成的坐标系称为半对数坐标系。

为了纪念伯德（H. W. Bode）对经典控制理论所做出的贡献，对数坐标图又称伯德图。用伯德图表示的频率特性具有以下优点。

（1）把幅频特性的乘除运算转变为加减运算。

（2）在对系统做近似分析时，一般只需要画出对数幅频特性曲线的近似线，从而大大简化了图形的绘制。

（3）用实验方法，将测得系统（或环节）频率响应的数据画在对数坐标纸上。根据所作出的曲线，估计被测系统（或环节）的传递函数。

一、典型环节的伯德图

为了便于对频率特性作图，本章中的开环传递函数均以时间常数形式表示。与这种形式的开环传递函数相对应的开环频率特性 $G(\mathrm{j}\omega)\ H(\mathrm{j}\omega)$ 一般由下列五种典型环节组成。

（1）比例环节 K（$K>0$）；

（2）一阶环节 $(1+\mathrm{j}\omega T)^{\pm 1}$；

（3）积分和微分环节 $(\mathrm{j}\omega)^{\pm 1}$；

（4）二阶环节 $[1+2\zeta T_n\mathrm{j}\omega+(\mathrm{j}\omega T_n)^2]^{\pm 1}$；

（5）滞后环节 $\mathrm{e}^{-\mathrm{j}\tau\omega}$（这里不做详细介绍）。

熟悉上述典型环节的伯德图，将有助于正确理解系统的稳定性和相对稳定性。

1. 比例环节

比例环节频率特性

$$G(\mathrm{j}\omega)=K$$

对数幅频和相频表达式分别为

$$L(\omega)=20\lg|G(\mathrm{j}\omega)|=20\lg K$$
$$\varphi(\omega)=0°$$

如图 5-17 所示，改变开环频率特性表达式中 K 的大小，会使开环对数幅频特性升高或降低一个常量，但不影响相角的大小。

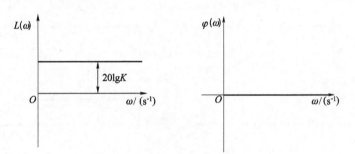

图 5-17　比例环节的伯德图

2. 积分、微分环节

积分环节频率特性

$$G(\mathrm{j}\omega)=(\mathrm{j}\omega)^{-1}$$

$\dfrac{1}{\mathrm{j}\omega}$ 的对数幅频和相频特性的表达式分别为

$$L(\omega)=-20\lg\omega$$
$$\varphi(\omega)=-90°$$

在伯德图中，频率比可以用倍频或十倍频程来表示。倍频程是频率从 ω_1 变到 $2\omega_1$ 的频带宽度，其中 ω_1 为任意频率值；十倍频程是频率从 ω_1 变到 $10\omega_1$ 的频带宽度，其中 ω_1 也是一个任意频率值。因为

$$-20\lg 10\omega=-20-20\lg\omega \tag{5-21}$$

所以该直线的斜率为 $-20\ \mathrm{dB/dec}$，表示频率每增加十倍频程，幅值衰减 $20\ \mathrm{dB}$。当 $\omega=1$ 时

$L(1) = 0$ 是对数幅频特性上的一个特殊点。半对数相频特性是一条 $-90°$ 的直线，它不随频率变化。

同理，微分环节 $j\omega$ 的对数幅频和相频特性表达式分别为

$$L(\omega) = 20\lg\omega$$

$$\varphi(\omega) = 90°$$

显然，它是一条斜率 $+20$ dB/dec 的直线，相角恒为 $90°$。图 5 – 18（a）和图 5 – 18（b）所示分别是 $1/j\omega$ 和 $j\omega$ 的对数幅频和相频曲线。

如果传递函数中包含因子 $(1/j\omega)^n$，则对数幅值和相角分别为

$$L(\omega) = 20\log|(j\omega)^{-n}| = -20n\log\omega \text{ (dB)}$$

$$\varphi(\omega) = -90° \times n$$

这是一条斜率为 $-20n$dB/dec，且在 $\omega = 1$（弧度/秒）处过零分贝线（ω 轴）的直线。其相频特性是一条与 ω 无关、值为 $-90° \times n$ 且与 ω 轴平行的直线。

同理，$(j\omega)^n$ 的对数幅值和相角分别为

$$L(\omega) = 20\log|(j\omega)^n| = 20n\log\omega \text{ (dB)}$$

$$\varphi(\omega) = 90° \times n$$

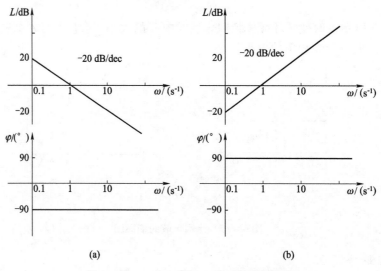

图 5 – 18 $(j\omega)^{-1}$ 和 $j\omega^{+1}$ 环节的伯德图

3. 一阶系统

（1）一阶惯性环节的频率特性为

$$G(j\omega) = (1 + j\omega T)^{-1}$$

其对数幅频和相频表达式分别为

$$L(\omega) = -20\lg\sqrt{1 + \left(\frac{\omega}{\omega_1}\right)^2} \tag{5-22}$$

$$\varphi(\omega) = -\arctan\frac{\omega}{\omega_1} = -\arctan T\omega \tag{5-23}$$

式中，$\omega_1 = \dfrac{1}{T}$。

当 $\omega \ll \omega_1$ 时，略去式（5-22）中的 $(\omega/\omega_1)^2$ 项，$L(\omega) \approx -20\lg 1 \, \text{dB} = 0 \, \text{dB}$，这表示 $L(\omega)$ 的低频渐进线为一条斜率为 0 的水平线（见图 5-19）。

当 $\omega \gg \omega_1$ 时，略去式（5-22）中的 1，则得 $L(\omega) \approx -20\lg \dfrac{\omega}{\omega_1}$，这表示 $L(\omega)$ 的高频渐进线为一条斜率为 -20 dB/dec 的直线，-20 dB/dec 表示当输入信号的频率每增加十倍频程时，对应输出信号的幅值便下降 20 dB。在 $\omega_1 = \dfrac{1}{T}$ 处，$L\left(\dfrac{1}{T}\right) = -20\lg\omega + 20\lg\dfrac{1}{T} = 0$。

不难看出，两条渐进线交点的频率 $\omega_1 = \dfrac{1}{T}$，这个频率称为转折频率，又名转角频率。由于渐进线易于绘制，且与精确曲线之间误差较小，所以初步设计时，$(1+j\omega T)^{-1}$ 环节的对数幅频曲线可用其渐进线表示。当需要绘制精确的对数幅频曲线时，转折频率点的幅值误差应予以修正。

图 5-19 所示为对数幅频特性表明该环节具有低通滤波器的特性。如果系统的输入信号中含有多种频率的谐波分量，那么在稳态时，系统的输出只能复现输入信号中的低频分量，其他高频分量的幅值将受到不同程度的衰减，频率越高的信号，其幅值的衰减量也越大。

（2）一阶微分环节的频率特性为

$$G(j\omega) = (1+j\omega T)^{+1}$$

由于 $(1+j\omega T)^{+1}$ 与 $(1+j\omega T)^{-1}$ 互为倒数，因而它们的对数幅频和相频特性只相差一个符号，则它们的幅频特性和相频特性分别关于横轴对称，所以将一阶惯性环节的频率特性曲线翻转画出，如图 5-19 所示。

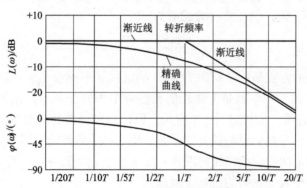

图 5-19　$(1+j\omega T)^{-1}$ 的对数幅频曲线、渐近线和相角曲线

4. 二阶振荡环节

当系统的传递函数中含有一对共轭极点时，就有下列的二阶环节存在，即

$$G(j\omega) = \frac{1}{1 - \dfrac{\omega^2}{\omega_n^2} + j2\zeta\dfrac{\omega}{\omega_n}} \tag{5-24}$$

式中，$\omega_n = \dfrac{1}{T_n}$。对数幅频特性为

$$L(\omega) = -20\lg\sqrt{\left(1 - \frac{\omega^2}{\omega_n^2}\right)^2 + \left(2\zeta\frac{\omega}{\omega_n}\right)^2} \tag{5-25}$$

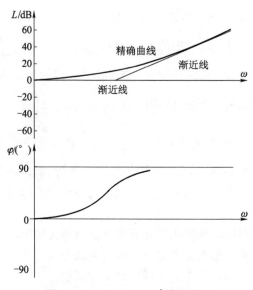

图 5 - 20 $(1 + j\omega T)^{+1}$的伯德图

在低频时，即当$\dfrac{\omega}{\omega_n}\ll 1$ 时，其对数幅值为

$$L(\omega) \approx -20\lg 1 = 0 \quad (\text{dB})$$

这表示低频渐近线为一条斜率为 0 的水平线。

在高频时，即当 $\omega \gg \omega_n$ 时，其对数幅值为

$$L(\omega) \approx -20\lg\left(\frac{\omega}{\omega_n}\right)^2 = -40\lg\frac{\omega}{\omega_n}$$

所以高频渐近线的方程是一条斜率为 – 40 的直线。不难看出，高频渐近线与低频渐近线在 $\omega = \omega_n$ 处相交。这个频率就是上述二阶振荡环节的转折频率。基于实际的对数幅频特性既与频率 ω 和 ω_n 有关，又与阻尼比 ζ 有关，因而这种环节的对数幅频特性曲线一般不能用其渐进线近似表示，不然会引起较大的误差。图 5 - 21 所示为不同 ζ 值精确的对数幅频曲线及其渐进线，它们之间的误差曲线如图 5 - 22 所示。由图可见，ζ 值越小，对数幅频曲线的峰值就越大，它与渐进线之间的误差也就越大。

下面分析式（5 - 24）在什么条件下，其幅值会有峰值出现，这个峰值和相应的频率应如何计算。

式（5 - 24）的幅频表达式为

$$|G(j\omega)| = \frac{1}{\left(1 - \dfrac{\omega^2}{\omega_n^2}\right)^2 + \left(2\zeta\dfrac{\omega}{\omega_n}\right)^2} \qquad (5 - 26)$$

令

$$g(\omega) = \left(1 - \frac{\omega}{\omega_n}\right)^2 + \left(\zeta 2\frac{\omega}{\omega_n}\right)^2 \qquad (5 - 27)$$

显然，在某一频率时，$g(\omega)$有最小值，则$|G(j\omega)|$有最大值。把式（5 - 27）改写为

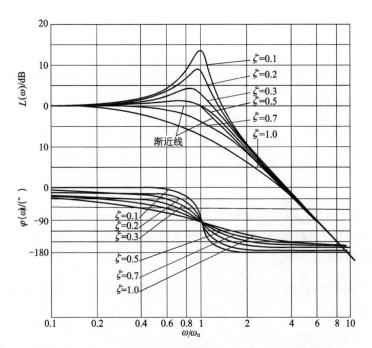

图 5 – 21 二阶环节的对数幅频曲线、渐进线和相频曲线

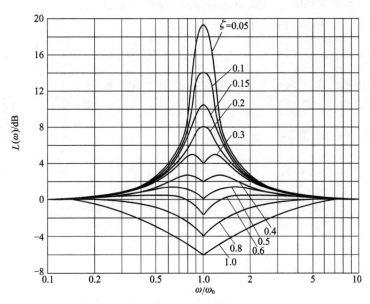

图 5 – 22 振荡环节对数幅频特性的误差曲线

$$g(\omega) = \left[\frac{\omega^2 - \omega_n^2 \ (2\zeta^2 - 1)}{\omega_n^2} \right]^2 + 4\zeta \ (1 - \zeta^2) \qquad (5-28)$$

由式（5 – 28）可见，当 $\omega = \omega_n \ \sqrt{1 - 2\zeta^2}$ 时，$g(\omega)$ 有最小值，$|G(j\omega)|$ 有最大值，这个最大值称为谐振峰值，用 M_r 表示。由式（5 – 28）求得 $|G(j\omega)|$ 的峰值 M_r 为

$$M_r = \frac{1}{2\zeta\sqrt{1-\zeta^2}} \quad\quad\quad (5-29)$$

M_r 与 ζ 间的关系曲线如图 5-23 所示。产生谐振峰值时的频率叫谐振频率，用 ω_r 表示，值为

$$\omega_r = \omega_n\sqrt{1-2\zeta^2}\left(0 < \zeta < \frac{1}{\sqrt{2}}\right) \quad\quad (5-30)$$

由式（5-30）可见，当 ζ 趋于零时，谐振频率 ω_r 就趋向于 ω_n。当 $0 \leqslant \zeta \leqslant 0.707$ 时，ω_r 总小于阻尼自然振荡频率 ω_d。当 $\zeta > 0.707$ 时，式（5-24）又可改写为

$$\zeta g(\omega) = \left[\frac{\omega^2 + \omega_n^2(2\zeta^2-1)}{\omega_n^2}\right]^2 + 4\zeta(1-\zeta^2)$$

不难看出，由于 $g(\omega)$ 随着 ω 的增大而增大，因而 $|W(j\omega)|$ 随 ω 的增大而单调减小。这意味着当 $\zeta > 0.707$ 时，幅值曲线不可能有峰值出现，即不会有谐振。

式（5-24）的相频特性表达式为

$$\varphi(\omega) = -\arctan\frac{2\zeta\omega/\omega_n}{1-\dfrac{\omega^2}{\omega_n^2}} \quad\quad (5-31)$$

相角 φ 是 ω 和 ζ 的函数。当 $\omega = 0$ 时，相角等于 $0°$；而当 $\omega = \omega_n$ 时，不管 ζ 值的大小如何，相角总是等于 $-90°$。当 $\omega \to \infty$ 时，相角等于 $-180°$。相角曲线对 $\varphi = -90°$ 的弯曲点而言是斜对称的，如图 5-23 所示。

二阶微分环节 $G(j\omega) = 1 - \dfrac{\omega^2}{\omega_n^2} + j2\zeta\dfrac{\omega}{\omega_n}$ 与上述振荡环节的频率特性互为倒数关系，因而它们的对数幅值和相角与上述的振荡环节都只差一个符号。

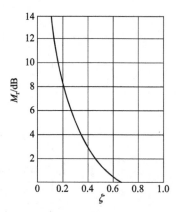

图 5-23 M_r 与 ζ 间的关系曲线

二、开环系统的伯德图

设系统的开环传递函数为

$$G(s)H(s) = \frac{K\displaystyle\prod_{\mu=1}^{m}(\tau_\mu s + 1)}{s^v\displaystyle\prod_{i=1}^{n-v}(T_i s + 1)}$$

则其对应的对数幅频和相频特性分别为

$$L(\omega) = 20\lg K + 20\sum_{\mu=1}^{m}\lg\sqrt{(\tau_\mu\omega)^2+1} - 20v\lg\omega - 20\sum_{i=1}^{n-v}\lg\sqrt{(T_i\omega)^2+1}$$

$$\varphi(\omega) = -v \times 90° + \sum_{\mu=1}^{m}\arctan(\tau_\mu\omega) - \sum_{i=1}^{n-v}\arctan(T_i\omega)$$

因此，只要作出 $G(j\omega)$ 所含各环节的对数幅频和相频特性曲线，然后对它们分别进行代数相加，就能画出开环系统的伯德图。显然，这样做既不便捷又费时间。为此，工程上常采用下述的方法，直接画出开环系统的伯德图，其步骤如下：

（1）写出开环频率特性表达式，将所含各环节的转折频率由大到小依次标在频率轴上。

（2）绘制开环对数幅频曲线的渐近线。渐近线由若干条分段直线组成，其低频段的斜率为 $20v$dB/dec。在 $\omega = 1$ 处，$L(\omega) = 20\lg K$。以低频段作为分段直线的起始段，沿着频率增大的方向，每遇到一个转折频率，就改变一次分段直线的斜率。如遇到 $(1 + j\omega T_1)^{-1}$ 环节的转折频率 $1/T_1$，当 $\omega \geq 1/T_1$ 时，分段直线斜率的变化量为 -20 dB/dec；如遇到 $(1 + j\omega T_2)^{+1}$ 环节的转折频率 $1/T_2$，当 $\omega \geq 1/T_2$ 时，分段直线斜率的变化量为 $+20$ dB/dec；其他环节用类同的方法处理。分段直线的最后一段是开环对数幅频曲线的高频渐近线，其斜率为 $-20(n - m)$ dB/dec，n 为极点数，m 为零点数。

（3）作出以分段直线表示的渐近线后，如果需要，再按典型环节的误差曲线对相应的分段直线进行修正。

（4）作相频特性曲线。根据表达式，在低频、中频和高频区域中各选择若干个频率进行计算，然后连成曲线。

例 5 - 4　已知一反馈控制系统的开环传递函数为 $G(s)\,H(s) = \dfrac{10(1 + 0.1s)}{s(1 + 0.5s)}$，试绘制开环系统的伯德图（幅频特性用分段直线表示）。

解　开环频率特性为

$$G(s)\,H(s) = \frac{10\,(1 + 0.1j\omega)}{j\omega\,(1 + 0.5j\omega)}$$

由此可知，该系统是由比例、积分、一阶比例微分和惯性环节所组成的。它的对数幅频特性为

$$L(\omega) = 20\lg 10 - 20\lg\omega - 20\lg\sqrt{1 + \left(\frac{\omega}{2}\right)^2} + 20\lg\sqrt{1 + \left(\frac{\omega}{10}\right)^2}$$

按上述的步骤，作出该系统对数幅频特性曲线的渐进线，其特点为

（1）由于 $\nu = 1$，因而渐进线低频段的斜率为 -20 dB/dec。在 $\omega = 1$ 处，其高度为 $20\lg 10 = 20$ dB。

（2）当 $\omega \geq 2$ 时，由于惯性环节对信号幅值的衰减作用，使分段直线的斜率由 -20 dB/dec 变为 -40 dB/dec，转折频率为 2。同理，当 $\omega \geq 10$ 时，由于微分环节对信号幅值的提升作用，使分段直线的斜率上升 20 dB/dec，即由 -40 dB/dec 变为 -20 dB/dec，转折频率为 10。

系统的相频特性按下式

$$\varphi(\omega) = -90° - \mathrm{ardtan}\,\frac{\omega}{2} + \mathrm{artan}\,\frac{\omega}{10}$$

进行计算，所求结果如表 5 - 3 所示，图 5 - 24 所示为该系统的伯德图。

表 5 - 3　相位 $\varphi(\omega)$ 的频率

ω/s^{-1}	0	0.5	1	2	5	10	20	∞
$\varphi/(°)$	-90	-101.18	-110.86	-123.69	-132.67	-123.7	-110.86	-90

三、由伯德图确定系统的传递函数

根据频率特性测试仪记录的数据，可以绘制出最小相位系统的对数频率特性曲线，然后可以由此频率特性确定系统的传递函数。

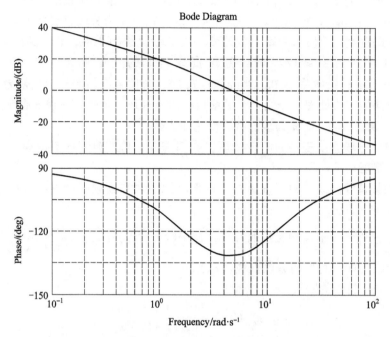

图 5 – 24　例 5 – 4 的伯德图

前面曾讨论过根据开环传递函数绘制伯德图，而在这里问题正好相反：由实验测得伯德图，经过分析和测算，确定出系统所包含的各个环节，从而建立起真实系统的数学模型，具体步骤如下：

（1）确定渐进线形式。对由实验测得伯德图进行分析，用斜率为 ± 20 的倍数的直线段来近似，即辨识出系统的对数频率特性的渐近线形式。

（2）确定转折频率，即确定典型环节。当 ω 处系统对数幅频特性渐近线的斜率发生变化时，此 ω 即为某个环节的转折频率。当斜率变化 20 时，可知此 ω 处加了一阶微分 $\tau s + 1$；当斜率变化 –20 时，可知此 ω 处加了一个惯性环节 $\dfrac{1}{Ts+1}$；当斜率变化 –40 时，可知此 ω 处加入了振荡环节 $\dfrac{1}{T^2s^2 + 2\xi Ts + 1}$ 或两个惯性环节 $\left(\dfrac{1}{Ts+1}\right)^2$。

（3）积分环节确定。伯德图低频段的斜率是由积分环节的数目 ν 决定的，当低频段的斜率为 -20ν 时，系统即为 ν 型系统。

（4）开环增益 K 的确定。低频段为一水平线时，即幅值为 $20\lg K$ dB，由此求得 K 值；低频段斜率为 –20 时，此线（或其延长线）与零分贝线交点处的 ω 值等于开环增益 K，或由 $\omega = 1$ rad/s 作零分贝线的垂线，与 –20 斜率线交点处的分贝数即可求得 K 值；当低频段斜率为 –40 时，此线（或其延长线）与零分贝线交点处的 ω 值等于 $\sqrt{K}$。

例 5 – 5　已知某系统为最小相位系统，其开环对数频率特性曲线如图 5 – 25 所示，求系统开环传递函数 $G_k(s)$。

解　由图 5 – 25 可知，系统为 0 型系统，由 $20\lg K = -10$ dB，求得 $K = 10^{-\frac{10}{20}} = 0.316$。在 $\omega = 2$ rad/s 处斜率变化 –20，为惯性环节。在 $\omega = 8$ rad/s 处斜率变化 –40，可认为是双惯性环节。

因此，

$$G_k(s) = \frac{K}{\left(\frac{s}{2}+1\right)\left(\frac{s}{8}+1\right)^2}$$

$$= \frac{0.316}{(0.5s+1)(0.125s+1)^2}$$

四、最小相位系统和非最小相位系统

如果系统的开环传递函数在右半 s 平面上没有极点和零点，则称为最小相位传递函数。具有最小相位传递函数的系统称为最小相位系统。反之，在右半 s 平面上有极点和（或）零点的传递函数称为非最小相位传递函数。具有非最小相位传递函数的系统称为非最小相位系统。

下面用一个简单的例子，说明这两种相频特性的差异。

设有 a 和 b 两个系统，它们的传递函数分别为

$$G_a(s) = \frac{1+T_1 s}{1+T_2 s}$$

$$G_b(s) = \frac{1-T_1 s}{1+T_2 s}$$

其中 $0 < T_1 < T_2$。这两个系统的极点完全相同，且位于 s 平面的左方，以保证系统稳定。它们的零点一个在 s 平面的左方，一个在 s 平面的右方，如图 5-26 所示。由于系统 a 的零极点都位于 s 的左半平面，因而它是最小相位系统；而系统 b 的零点位于 s 的右半平面，因而它是非最小相位系统。它们的频率特性分别为

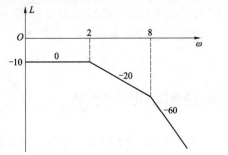

图 5-25 例 5-5 的系统 Bode 图

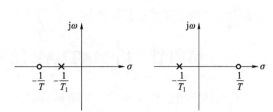

图 5-26 系统 a，b 的零极点分布

$$G_a(j\omega) = \frac{1+j\omega T_1}{1+j\omega T_2}$$

$$G_b(j\omega) = \frac{1-j\omega T_1}{1+j\omega T_2}$$

两个系统的幅频特性相同，它们的相频特性分别为

$$\varphi_a(\omega) = \arctan T_2\omega - \arctan T_1\omega$$

$$\varphi_b(\omega) = -\arctan T_2\omega - \arctan T_1\omega$$

不难看出，当 ω 由 $0 \to \infty$ 时，系统 a 的相位变化量为 $0°$，系统 b 的相位变化量为 $-180°$。

由此可见，最小相位系统的相变化量总小于非最小相位系统的相位变化量。两系统幅频特性和相频特性曲线如图 5-27 所示。由图可见，最小相位系统的对数幅频特性和相频特性的变化趋势基本一致，这表明它们之间有着一定的内在关系，即如果确定了最小相位系统的对数幅频特性，则对应的相频特性也就被唯一确定了。反之，亦然。因此对于最小相位系

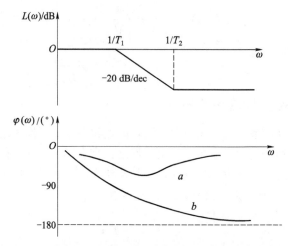

图 5 – 27 最小相位系统和非最小相位系统的伯德图

统，只要知道它的对数幅频特性曲线，就能估计出系统的传递函数。对于非最小相位系统，它的对数幅频和相频特性曲线的变化趋势并不完全一致，两者之间不存在唯一的对应关系。因此对于非最小相位系统，只有同时知道了它的对数幅频特性和相频特性曲线后，才能正确估计出系统的传递函数。当 $\omega\to\infty$ 时，虽然最小相位系统和非最小相位系统对数幅频特性的斜率均为 -20 $(n-m)$ dB/dec，但前者的相位 $\varphi_a(\omega)=-90°$ $(n-m)$，而后者相位 $\varphi_b(\omega)$ $\neq-90°$ $(n-m)$。这个特征一般可用于判断被测试的系统是否是最小相位系统，即当 $\omega\to\infty$ 时，若对数幅频特性的斜率为 -20 $(n-m)$ dB/dec，相位为 $-90°$ $(n-m)$，则该系统是最小相位系统，否则为非最小相位系统。

第四节 用 MATLAB 绘制伯德图和极坐标图

伯德图和乃氏图是频率响应法的两种重要图形。在对系统进行分析时，为了减少绘图的工作量，前者的幅频特性常用它的渐近线近似表示；后者根据实际的需要，一般也只画出它的示意图。本节介绍用 MATLAB 方便地绘制出这两种频率特性的精确图形的方法。

一、用 MATLAB 绘制伯德图

控制系统的伯德图是由对数幅频特性和相频特性两幅图形组成。用 MATLAB 绘制伯德图同样如此，其功能指令为

$$\text{bode(num,den)}$$

例 5 – 6 已知某反馈控制系统的开环传递函数 $G(s)H(s)=\dfrac{10(0.1s+1)}{s(0.5s+1)}$，试绘制开环系统的伯德图。

解 首先将传递函数中分子和分母的多项式分别改写为 s 的降幂形式排列，即

$$G(s)H(s)=\frac{\text{num}}{\text{den}}=\frac{10(0.1s+1)}{s(0.5s+1)}$$

并用分子、分母中各项 s 的系数构成下列的数组：

```
num = [0  1  10];
den = [0.5  1  0];
```

当输入绘制伯德图的功能指令 bode（num，den）后，屏幕上便显示相应系统的伯德图（见图 5-28）。本例中，由于没有明确给出频率 ω 的范围，故 MATLAB 能在系统频率响应的范围内自动选取 ω 值绘图。幅频和相频特性的横坐标均为 ω；前者的纵坐标为 $L(\omega)$，后者的纵坐标为 $\varphi(\omega)$。

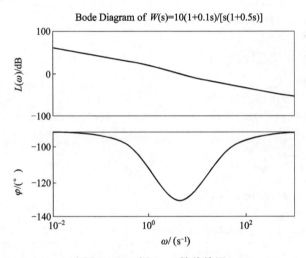

图 5-28　例 5-6 的伯德图

若具体地给出频率 ω 的范围，则可用指令 logspace 和 bode（num，den，w）来绘制系统的伯德图。其中指令 logspace（a，b，n）是产生频率响应的频率自变量的采样点，即在十进制数 10^a 和 10^b 之间，产生 n 个用十进制对数分度的等距离的点。采样点 n 的具体值由用户确定。例 5-6 的 MATLAB 程序和伯德图如下。

% MATLAB 程序 5-1

```
num = [0 1 10];
den = [0.5 1 0];
w = logspace( -2,3,100);
bode( num,den,w);
xlabel('w/s^-1');ylabel('φ(o)L(w) /dB')
title('Bode Diagram of W(s) =10(1 +0.1s) /[s(1 +0.5s)]')
```

程序中的频率范围 ω 值是由用户根据需要选定的，而伯德图的幅值范围和相角范围是自动确定的。当需要指定幅值范围和相角范围时，则需要下面的功能指令，即

$$[mag,phase,w] = bode(num,den,w)$$

指令左方变量 mag 和 phase 是指系统频率响应的幅值和相角，这些幅值和相角均由所选频率点的 ω 值计算得出。其中，幅值的单位为 dB，它的计算式为

$$magdB = 20 lg10(mag)$$

例 5 – 7 对于 $G(s) = \dfrac{30(0.2s+1)}{s(s^2+16s+100)}$ 的系统，要求 ω 为 $10^{-2} \sim 10^3 \mathrm{s}^{-1}$，试作出它的伯德图。

解 应用 MATLAB 程序 5 – 2，得到图 5 – 29 所示的伯德图。

% MATLAB 程序 5 – 2

```
num = [0 0 15 30];
den = [1 16 100 0];
w = logspace( -2,3,100);
[mag,phase,w] = bode(num,den,w);
subplot(211)
semilogx(w,20 * log10(mag));
grid on
xlabel('w/s^-1');ylabel('L(w)/dB')
title('Bode Diagram of W(s) =30(1 +0.2s) /[s(s^2 +16s +100]')
subplot(212)
semilogx(w,phase);
grid on
xlabel('w/s^-1');ylabel('φ(°)')
```

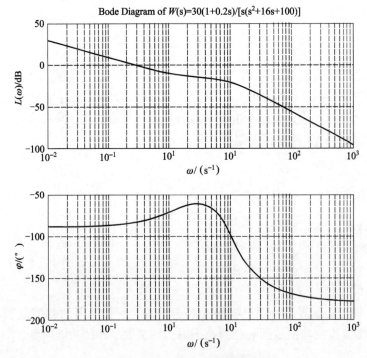

图 5 – 29 例 5 – 7 的伯德图

MATLAB 绘制伯德图是在一定频率范围内逐点读取 ω 的值，并计算相应的幅值和相角。当系统有位于虚轴上的极点时，如 $W(s) = \dfrac{1}{(s^2+1)}$，其极点为 $\pm \mathrm{j}$。当取 $\omega = 1\mathrm{s}^{-1}$ 时，计算

的幅值 $|W|$ 就变成无穷大，会使计算溢出告警。对此，可通过改变采样的频率点，避出 $\omega = 1$ 的奇点，这样就不会发生上述情况。

应用 MATLAB 功能指令还可方便地求解控制系统的相位裕量和增益裕量。相位裕量和增益裕量是衡量控制系统相对稳定性的重要指标，现举例说明。根据伯德图和乃奎斯特图用 MATLAB 求相位裕量和增益裕量的方法，应用 MATLAB 程序 5－3，就能画出图 5－30 所示的伯德图。

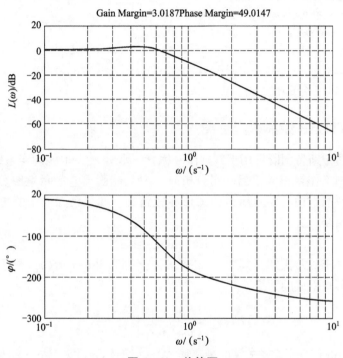

图 5－30　伯德图

% MATLAB 程序 5－3

```
% title('Bode diagram of W(s) = 0.5 /(s^3 + 2s^2 + s + 0.5)')
num = [0.5];
den = [1 2 1 0.5];
[mag,phase,w] = bode(num,den);
margin(mag,phase,w);
[Gm,Pm,Wcg,Wcp] = margin(mag,phase,w);
subplot(211)
semilogx(w,20 * log10(mag));
grid on
title(['Gain Margin =' num2str(Gm), 'Phase Margin =' num2str(Pm)])
xlabel('w/s^-1');ylabel('L(w)/dB');
subplot(212)
semilogx(w,phase);
grid on
xlabel('w/s^-1');ylabel('Φ(○)')
```

```
% Plot nyquist and compute Gain and Phase
% Margins for WH(s) =0.5/s^3 +2.5s^2 +s +0.5
num =[0.5]
den =[1 2.5 1 0.5]
[mag, phase, w] =bode (num, den);
[Gm, Pm,Wcg,Wcp] = margin (mag,phase, w);
% Gm =增益裕量,Pm =相位裕量,
Wcg =相位 -180°交界频率,Wcp =增益 0dB 频率
nyquist(num,den)
grid on
title(['Gain Margin ='num2str (Gm),'Phase Margin ='num2str(Pm)])
xlabel('Re'),ylabel('Im')
```

二、用 MATLAB 绘制极坐标图

控制系统的乃奎斯特图既可用于判别闭环系统的稳定性，也能确定系统的相对稳定性。由于乃氏图的绘制工作量很大，因此在分析时一般只能画出它的示意图。但如用 MATLAB 去绘制，则不仅快捷方便，而且所得的图形亦较精确。如果已知系统的传递函数，则应用 MATLAB 的功能指令

$$\text{nyquist （num, den）}$$

就能方便地画出系统的乃氏图。其中，num，den 分别为 $W(s)$ $H(s)$ 分子、分母多项式的系数按下式所示形式组成的数组：

$$G(s)H(s) \ = \frac{b_0 s^m + b_1 s^{m-1} + \cdots + b_m}{a_0 s^n + a_1 s^{n-1} + \cdots + a_n}$$

如果 $W(s)$ $H(s)$ 分子多项式 s 的最高阶次 m 小于其分母多项式 s 的最高阶次 n。对于这种情况，分子中所缺的 $(n-m)$ 项均用 0 元素补上。即

$$\text{num} = [\underbrace{0 \cdots 0}_{n-m} \quad b_0 \quad b_1 \cdots b_m]$$

$$\text{den} = [a_0 \quad a_1 \quad a_2 \cdots a_n]$$

通过执行 nyquist 绘图指令，就能在屏幕上自动地生成乃奎斯特图。

例 5 -8 已知控制系统的开环传递函数 $G(s)H(s) \ = \dfrac{1}{s^3 +1.8s^2 +1.8s +1}$，试用 MAT-LAB 绘制系统的乃氏图。

解 应用 MATLAB 程序 5 -4，就能得到图 5 -31 所示的乃氏图。

```
% MATLAB 程序 5 -4
num =[0 0 0 1];
den =[1 1.8 1.8 1];
nyquist(num,den)
v =[ -2 2 -2 2];axis(v);
grid on
title('nyquist of W(s) =1/(s^3 +1.8s^2 +1.8s +1)')
```

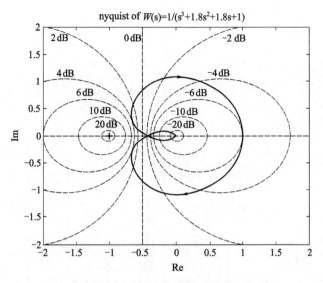

图 5 - 31　例 5 - 8 的乃氏图

当用户需要指定的频率 ω 时，可用指令 nyquist（num，den，w）。ω 的单位为 s^{-1}，系统的频率响应就是在那些指定的频率点上计算得到的。nyquist 指令还有两种等号左端含有变量的形式：

$$[\,Re,\ Im,\ w\,]=nyquist（num，den）$$

或　　　　　　　　　$$[\,Re,\ Im,\ w\,]=nyquist（num，den，w）$$

这两种指令都不直接在屏幕上产生乃氏图。若要产生乃氏图，则需加指令 plot（Re，Im），通过指令 plot 并根据已算好的 Re、Im 画出系统的乃氏图。

例 5 - 9　已知一控制系统如图 5 - 32 所示，试绘制该系统的乃氏图。

解　应用 MATLAB 程序 5 - 5，就能得到图 5 - 32 所示的乃氏图。由于用 nyquist 指令绘图时，GH 平面实轴和虚轴的范围都是自动确定的。在绘制乃氏图时，若要自行确定实轴和虚轴的范围，则需要用指令：v = [- x　x　- y　y] 及 axis（v）。因为 v 指令属最高层图形命令，改 axis（v）不能更改已设定的坐标。若要改变已设定的坐标范围，需要有 Re、Im 的数据，并调用 plot、v 和 axis（v）3 条指令，才能实现设置新的坐标范围，见 MATLAB 程序 5 - 5。

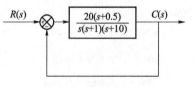

图 5 - 32　控制系统框图

% MATLAB 程序 5 - 5

```
num = [ 0 0 20 10 ];
den = [ 1 11 10 0 ];
w1 = 0.1:0.1:10;
w2 = 10:2:100;
w3 = 100:5:500;
w = [ w1 w2 w3 ];
[ Re,Im ] = nyquist(num,den,w)
plot(Re(:,:),Im(:,:),Re(:,:), - Im(:,:))
```

```
v = [ -3 3 -3 3 ];axis(v)
grid on
title('nyquist plot of W(s) =20
(s +0.5)/[s(s +1)(s +10)]')
xlabel('Re')
ylabel('Im')
```

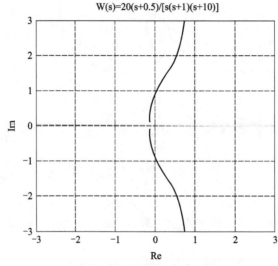

W(s)=20(s+0.5)/[s(s+1)(s+10)]

图 5 - 33　例 5 - 9 的乃氏图

用 MATLAB 绘制乃氏图时，坐标范围的选定是很重要的，因为它涉及图形的质量。若仅需要画出 ω 由 0 ~ ∞ 部分的乃氏图，则只要把 plot 指令括号中的函数内容做如下的修改，使之变为

$$\text{plot}(Re(:,:),Im(:,:))$$

例如对于例 5 - 7 的开环传递函数，应用 MATLAB 程序 5 - 6，就能画出图 5 - 34 所示的乃氏图。

% MATLAB 程序 5 - 6

```
num = [ 0 0 0 1 ];
den = [ 1 1.8 1.8 1 ];
w1 =0.1:0.1:10;
w2 =10:2:100;
w3 =100:5:500;
w = [ w1 w2 w3 ];
[Re,Im] =nyquist(num,den,w)
plot(Re(:,:),Im(:,:))
v = [ -2 2 -2 2 ];axis(v)
grid on
title('nyquist plot of W(s) =1/(s^3 +1.8s^2 +1.8s +1)')
xlabel('Re')
ylabel('Im')
```

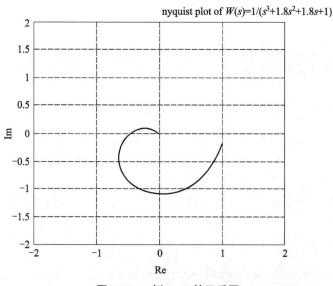

图 5 – 34 例 5 – 7 的乃氏图

第五节 乃奎斯特稳定判据

在第三章中，我们讨论了控制系统稳定性的定义和劳斯稳定判据，并得到一个重要结论：如果一个闭环系统能稳定工作，它的特征方程式根必须在复数平面的左半平面。但是在高阶情况下，高阶系统的特征方程直接求解比较困难，想要找出表示特征根与系统开环参数之间关系的解析式就更难。所以本节介绍判别系统稳定性的另一种判据——乃奎斯特稳定判据。乃氏判据不仅可用于判别系统的绝对稳定性，还能说明系统的相对稳定性，同时还会给出参数调整对系统稳定性、稳定程度的影响。这种方法无须求出闭环极点，因此得到广泛应用。

乃氏稳定判据是利用频率特性判别闭环系统稳定性的一种图解法，这种判据是根据开环频率特性判别闭环系统的稳定性，因此运用开环特性研究闭环的稳定性，首先应该明确开环特性和闭环特征式的关系。

一、闭环系统稳定性与开环传递函数的关系

图 5 – 35 所示为反馈控制系统的典型结构图。

设负反馈系统的开环传递函数为

$$G_k(s) = G(s) \, H(s) \qquad (5-32)$$

式中，$G(s)$ 为前向通道传递函数；$H(s)$ 为反馈通道传递函数。

令 $G(s) = \dfrac{M_1(s)}{N_1(s)}$，$H(s) = \dfrac{M_2(s)}{N_2(s)}$

其开环传递函数为

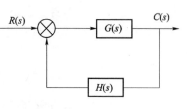

图 5 – 35 反馈控制系统

$$G_k(s) = G(s)H(s) = \frac{M_1(s)}{N_1(s)}\frac{M_2(s)}{N_2(s)} \tag{5-33}$$

其闭环传递函数为

$$\Phi(s) = \frac{G(s)}{1+H(s)G(s)} = \frac{M_1(s)N_2(s)}{M_1(s)M_2(s)+N_1(s)N_2(s)} \tag{5-34}$$

将闭环特征方程与开环特征方程之比构成一个辅助方程，得

$$F(s) = \frac{M_1(s)M_2(s)+N_1(s)N_2(s)}{N_1(s)N_2(s)} = 1 + \frac{M_1(s)}{N_1(s)} \cdot \frac{M_2(s)}{N_2(s)}$$

$$= 1 + G(s)H(s) = 1 + G_k(s) \tag{5-35}$$

显然，辅助方程即是闭环特征方程，其阶数为 n 阶，且分子分母同阶，则辅助方程可写成以下形式

$$F(s) = \frac{\prod_{i=1}^{n}(s-z_i)}{\prod_{i=1}^{m}(s-p_i)}$$

式中，$-z_i$，$-p_i$ 为 $F(s)$ 的零点和极点。

因此，(1) $F(s)$ 的极点就是开环极点。

(2) $F(s)$ 的零点是系统的闭环极点。

(3) 稳定条件是 $F(s)=0$ 的所有零点（即闭环极点）全部位于左半 s 平面。

乃奎斯特稳定判据正是将开环频率响应 $H(j\omega)G(j\omega)$ 与 $1+H(s)G(s)$ 在右半 s 平面内的零点数和极点数联系起来的判据。它依据的是系统的开环频率特性，由解析的方法和实验的方法得到的开环频率特性曲线，均可用来进行稳定性分析。

乃奎斯特稳定判据是建立在复变函数理论中的辐角原理基础上的。

二、辐角原理

设 $$F(s) = \frac{K_1(s-z_1)\cdots(s-z_n)}{(s-p_1)(s-p_2)\cdots(s-p_n)} \tag{5-36}$$

式中，$s = \sigma + j\omega$。

根据复变函数理论，除了在 s 平面上有限个奇点外的任一点 s，函数 $F(s)$ 总是复变量 s 的单值正则解析函数。因此，对于 s 平面上给定的一条不通过任何奇点的连续封闭曲线 C_s，在 $F(s)$ 平面上必存在一条封闭曲线 C_F 与之对应（见图 5-36）。若封闭曲线 C_s 沿顺时针方向运动，则与之对应的封闭曲线 C_F 可能沿顺时针方向运动，也可能沿逆时针方向运动，这决定于函数 $F(s)$ 本身。而系统的稳定性与曲线 C_F 包围原点的圈数和运动方向有关。所以 $F(s)$ 平面上的原点被封闭曲线包围的次数和方向，在下面的讨论中具有特别重要的意义。

由式（5-36）可知，$F(s)$ 的相角为

$$\arg F(s) = \sum_{i=1}^{n}\arg(s-z_i) - \sum_{l=1}^{n}\arg(s-p_l) \tag{5-37}$$

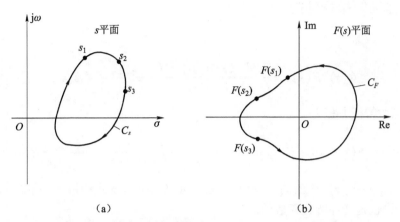

（a）   （b）

图 5 - 36 s 平面上的围线及其在 $F(s)$ 平面上的映射曲线

假设 s 平面上的闭合曲线 C_s 以顺时针方向围绕着 $F(s)$ 的一个零点 z_1，$F(s)$ 的其余零点和极点均位于闭合曲线 C_s 之外，当 s 沿着闭合曲线 C_s 走了一周时，向量 $(s - z_1)$ 的相角变化了 -2π，其余各向量的相角变化都为 $0°$，这表示在 $F(s)$ 平面上的映射曲线按顺时针方向围绕坐标原点旋转一周，如图 5 - 37 所示。由此推论，若 s 平面上的闭合曲线 C_s 以顺时针方向包围 $F(s)$ 的 Z 个零点，则在 $F(s)$ 平面上的映射曲线 C_F 将按顺时针方向绕着坐标原点旋转 Z 周。

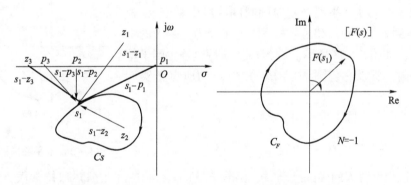

图 5 - 37 $Z = 1$、$P = 0$、$N = -1$、$\angle F~(s_1)~ = -2\pi$

同理，若 s 平面上的闭合曲线 C_s 以顺时针方向包围 $F(s)$ 的 P 个极点旋转一周，则在 $F(s)$ 平面上的映射曲线 C_F 将按逆时针方向绕着坐标原点旋转 P 周。

综上所述，得出下述幅角原理。

辐角原理：设除了有限个奇点外，$F(s)$ 是一个解析函数。如果 s 平面上的闭合曲线 C_s 以顺时针方向包围了包围 $F(s)$ 的 Z 个零点和 P 个极点，且此曲线不通过 $F(s)$ 的任何零点和极点，则在 $F(s)$ 平面上的映射曲线 C_F 将围绕着坐标原点旋转 N 周，其中 $N = Z - P$。若 $N > 0$，表示曲线 C_F 以顺时针方向围绕；若 $N < 0$，表示曲线 C_F 以逆时针方向围绕。

在控制系统应用中，由 $H(s)~G(s)$ 很容易确定 $F(s)~ = 1 + H(s)~G(s)$ 的 P 数。因此，如果 $F(s)$ 的轨迹图中确定了 N，则 s 平面上封闭曲线内的零点数很容易确定。

三、乃奎斯特稳定判据

开环传递函数为

$$G(s)\ H(s)\ =\frac{K\ (s-z_1)\ \cdots\ (s-z_m)}{(s-p_1)\ (s-p_2)\ \cdots\ (s-p_n)}\ (m<n)$$

其闭环传递函数特征方程为

$$F(s)\ =1+H(s)\ G(s)\ =\frac{K_1\ (s-z_1')\ \cdots\ (s-z_n')}{(s-p_1)\ (s-p_2)\ \cdots\ (s-p_n)} \quad\quad (5-38)$$

式中，$s=z_1'$、z_2'、$\cdots$、z_n' 是 $F(s)$ 的零点，也是闭环特征方程式的根；$s=p_1$、p_2、$\cdots$、p_n 是 $F(s)$ 的极点，也是开环传递函数的极点。

如果闭环系统是稳定的，其特征方程的根都必须位于 s 的左半平面内。虽然开环传递函数 $H(s)\ G(s)$ 的极点和零点可能位于 s 的右半平面内，但如果闭环传递函数的所有极点均位于 s 的左半平面内，则系统是稳定的。首先在 s 平面上选取封闭曲线，该封闭曲线为乃奎斯特轨迹（轨迹的方向为顺时针方向），因此当乃奎斯特轨迹选定后，就可以确定 C_F 绕原点的周数 N，而 $F(s)$ 位于右半 s 平面的极点数 P，即开环传递函数的极点数是已知的，由此可以求出 Z，进而可判定系统的稳定性。

1. $j\omega$ 轴上不存在 $F(s)$ 的极点和零点

当 $j\omega$ 轴上不存在 $F(s)$ 的极点和零点时，s 平面上的封闭曲线选取整个右半 s 平面。这时的封闭曲线由整个 $j\omega$ 轴（从 $\omega=-\infty$ 到 $\omega=+\infty$）和右半 s 平面上半径为无穷大的半圆轨迹构成，如图 5 – 38 所示。因为乃奎斯特轨迹包围了整个右半 s 平面，所以它包围了 $1+H(s)\ G(s)$ 的所有正实部的极点和零点。

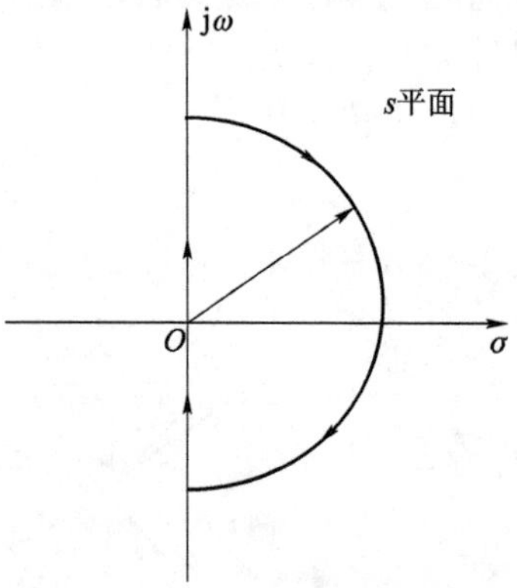

当 s 在无穷大半圆上变化时，有

$$\lim_{s\to\infty}\left[1+H(s)\ G(s)\right]\ =常数$$

图 5 – 38 s 平面内的封闭曲线

即当 s 沿半径为无穷大的半圆运动时，函数 $F(s)\ =1+H(s)\ G(s)$ 保持常数，为 $F(s)$ 平面上的一个点，对系统的稳定性分析没有提供任何有用的信息。因此，$F(s)$ 平面上的映射曲线 C_F 是否包围了坐标原点，可以考虑 s 平面上封闭曲线的一部分，即只考虑 $j\omega$ 轴。假设 $j\omega$ 轴上不存在 $F(s)$ 的极点和零点，则当 s 沿着 $j\omega$ 轴由 $-j\infty$ 变化到 $+j\infty$ 时，在 $F(j\omega)$ 平面上的映射 C_F 为

$$F(j\omega)\ =1+H(j\omega)\ G(j\omega)$$

设闭合曲线 C_s 以顺时针方向包围了 $F(s)$ 的 Z 个零点和 P 个极点，由幅角原理可知，在 $F(j\omega)$ 平面上的映射曲线 C_F 将以顺时针方向围绕坐标原点 N 周，其中

$$N=Z-P$$

由于

$$G(j\omega)H(j\omega) = [1 + G(j\omega)H(j\omega)] - 1$$

因而映射曲线 $F(j\omega)$ 对其坐标原点的围绕等价于开环频率特性曲线 $G(j\omega)H(j\omega)$ 在 GH 平面上的点 $(-1, j0)$ 的围绕,如图 5-39 所示。

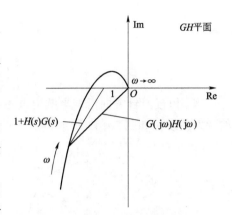

图 5-39　$G(j\omega)H(j\omega)$ 曲线与 $1 + G(j\omega)H(j\omega)$ 曲线的关系

于是,闭环系统的稳定性可通过开环频率响应曲线对点 $(-1, j0)$ 的包围与否来判别,这就是乃奎斯特稳定判据。

(1) 如果开环系统是稳定的,即 $P = 0$,则其闭环系统稳定的充要条件是 $G(j\omega)H(j\omega)$ 曲线不包括点 $(-1, j0)$。

(2) 如果开环系统不稳定,且一直有 P 个开环极点在 s 的右半平面,则其闭环系统稳定的充要条件是 $G(j\omega)H(j\omega)$ 曲线按逆时针方向围绕点 $(-1, j0)$ P 周。

显然,用乃氏判据判别闭环系统的稳定性时,首先要确定开环系统是否稳定,即知道 P 为多少;其次要作出乃氏曲线 $G(j\omega)H(j\omega)$,以确定 N;当知道 P 和 N 后,根据幅角原理确定 Z 是否为零。如果 $Z = 0$,表示闭环系统稳定;反之若 $Z \neq 0$,表示该闭环系统不稳定,Z 的具体数值等于闭环特征方程式的根在 s 右半平面上的个数。

2. $j\omega$ 上存在极点或零点

如果 $G(s)H(s)$ 含有位于 $j\omega$ 上极点或零点的特殊情况,例如

$$G(s)H(s) = \frac{K}{s(Ts+1)}$$

此时就不能应用图 5-38 所示的乃氏途径,因为幅角原理只适用于乃氏途径 C_s 不通过 $F(s)$ 的奇点的情况。为了研究在这种情况下系统的稳定性,就需要对 s 平面上的封闭曲线的形状加以改进。在原点附近采用半径为无穷小 ε 的半圆,如图 5-40 所示。变量 s 沿着 $j\omega$ 轴从 $-j\infty$ 运动到 $j0^-$,从 $j0^-$ 到 $j0^+$,变量 s 沿着半径为 ε $(\varepsilon \ll 1)$ 的半圆运动,再沿着正 $j\omega$ 轴从 $j0^+$ 运动到 $j\infty$。从 $j\infty$ 开始,轨迹为半径无穷大的半圆,变量沿着此轨迹返回到起始点。显然,图 5-38 与图 5-40 的区别是图 5-40 中多了一个半径无穷小的半圆 ABC,其余完全相同。因此,只研究图 5-40 中的 ABC 半圆部分在 GH 平面上的映射。

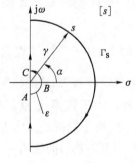

图 5-40　s 平面上的乃氏途径

设系统的开环传递函数

$$G(s)H(s) = \frac{K\prod\limits_{i=1}^{m}(1+\tau_i s)}{s^\nu \prod\limits_{l=1}^{n-\nu}(1+T_l s)}, n \geq m \qquad (5-39)$$

在半圆部分,令 $s = \varepsilon e^{j\theta}$,代入上式得

$$\lim_{\varepsilon \to 0} \frac{K \prod\limits_{i=1}^{m} (1 + \tau_i \varepsilon e^{j\theta})}{\varepsilon^\nu e^{j\nu\theta} \prod\limits_{l=1}^{n-\nu} (1 + T_l \varepsilon e^{j\theta})} = \lim_{\varepsilon \to 0} \frac{K}{\varepsilon^\nu} e^{-j\nu\theta} \qquad (5-40)$$

当 s 以反时针方向沿着半圆由点 A 移动到点 C 时，由式（5-40）求得其在 GH 平面上的映射曲线，如图 5-41 所示。

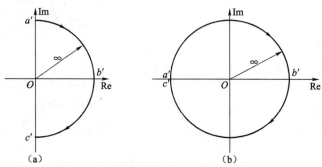

图 5-41 s 平面上的封闭曲线和 GH 平面上的 $G(s) H(s)$ 轨迹

(a) Ⅰ型系统；(b) Ⅱ型系统

$\nu = 1$ 的Ⅰ型系统，在 GH 平面上的映射曲线为一个半径无穷大的半圆，如图 5-41（a）所示，图中 $a'b'c'$ 分别为图 5-40 中 ABC 的映射点。

$\nu = 2$ 的Ⅱ型系统，在 GH 平面上的映射曲线为一个半径无穷大的圆，如图 5-41（b）所示，推而广之：对于包含环节 $\frac{1}{s^\nu}$，$\nu = 1$、2、3 的开环传递函数 $G(s) H(s)$，当变量 s 沿半径为 ε（$\varepsilon \ll 1$）的半圆运动时，$G(s) H(s)$ 的图形中将有 ν 个半径为无穷大的顺时针方向的半圆环绕原点。

把半径为无穷小 ε 的半圆在 GH 平面上的映射曲线和乃氏曲线 $G(j\omega) H(j\omega)$ 在 $\omega = j0^-$ 和 $\omega = j0^+$ 处相连接，就组成了一条封闭曲线。这样，乃奎斯特稳定判据就可以应用了。

例 5-10 一反馈控制系统的开环传递函数为 $G(s) H(s) = \dfrac{K}{s^2 (Ts + 1)}$，其中 $K > 0$，$T > 0$。试判别该系统的稳定性。

解 由于该系统为Ⅱ型系统，因而其乃氏途径应取图 5-42 所示的围线。由上述讨论可知，ABC 半圆部分在 GH 平面上的映射曲线为一半径无穷大的圆。

由开环传递函数得

$$|G(j\omega) H(j\omega)| = \frac{K}{\omega^2 \sqrt{1 + T^2 \omega^2}}$$

$$\varphi(\omega) = -180° - \arctan T\omega$$

由上述两式不难看出，当 ω 由 $0 \to \infty$ 变化时，幅值 $|G(j\omega) H(j\omega)|$ 不断地减小，相角 $\varphi(\omega)$ 也随之不断地滞后。当 $\omega \to \infty$ 时，$|G(j\infty) H(j\omega)| \to 0$，

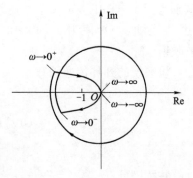

图 5-42 例 5-10 的乃氏图

φ（j∞）= $-270°$。据此，在 GH 平面上作出其映射曲线的示意图如图 5-42 所示。由图可见，不论 K 值的大小如何，G（jω）H（jω）曲线总是以顺时针方向绕（-1，j0）点旋转两周，即 $R=2$。由于 $P=0$，所以 $Z=2$，表示该闭环系统总是不稳定的。

例 5-11 设开环传递函数为 $G(s)\,H(s)=\dfrac{K\,(\tau s+1)}{s^2\,(Ts+1)}$，该系统的闭环稳定性取决于 T 和 τ 的相对大小。试画出该系统的乃奎斯特图，并确定系统的稳定性。

解 如图 5-43 所示，$T<\tau$ 时，$G(s)\,H(s)$ 的轨迹不包围 $-1+j0$，因此，系统是稳定的。当 $T=\tau$ 时，$G(s)\,H(s)$ 的轨迹通过（-1，j0）点，这表明闭环极点位于 jω 轴上。当 $T>\tau$ 时，$G(s)\,H(s)$ 的轨迹顺时针方向包围（-1，j0）点两次，因此系统有两个闭环极点位于右半 s 平面，系统是不稳定的。

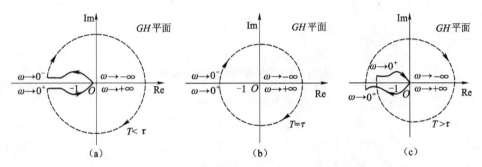

图 5-43 例 5-11 中的 G（jω）H（jω）乃氏图

例 5-12 设一个闭环系统具有下列开环传递函数：

$$G(s)H(s)=\frac{K}{s\,(Ts-1)}\quad T>0$$

试确定该闭环系统的稳定性。

解 $G(s)\,H(s)$ 在右半 s 平面内有一个极点（$s=1/T$），因此 $P=1$。图 5-44 中的乃奎斯特图表明，$G(s)\,H(s)$ 轨迹顺时针方向包围（-1，j0）点一次，因此，$N=1$，$Z=N+P=2$。这表明闭环系统有两个极点在右半 s 平面，因此系统是不稳定的。

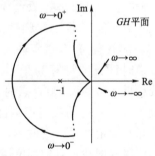

图 5-44 例 5-12 中的 G（jω） H（jω）乃氏图

第六节　相对稳定性分析

在工程应用中，环境温度的变化、元件的老化以及元件的更换等，会引起系统参数的改变，从而可能破坏系统的稳定性。因此在选择元件和确定系统参数时，不仅要考虑系统的稳定性，还要求系统有一定的稳定程度，这就是自动控制系统的相对稳定性问题。

现说明相对稳定性的概念。图 5-45（a）和（b）所示的两个最小相位系统的开环频率特性曲线（实线）没有包围（-1，j0）点的开环频率特性曲线，由乃氏判据知它们都是稳定的系统，但图 5-45（a）所示系统的频率特性曲线与负实轴的交点 A 距离点（-1，j0）较远，图 5-45（b）所示系统的频率特性曲线与负实轴的交点 B 距离点（-1，j0）较近。假定系统的开环放大系统因系统参数而改变，则图 5-45（a）中的 A 点移动到 A' 点，仍在点（-1, j0）右侧，系统还是稳定的；而图5-45（b）中的 B 点则移到点（-1, j0）的左侧（B'点），系统便不稳定了。前者较能适应系统参数的变化，即它的相对稳定性比后者好。

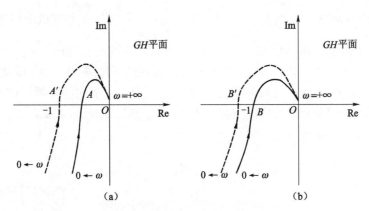

图5-45 闭环极点与相应的开环

可见，对于开环稳定的系统，度量其闭环系统相对稳定性的方法是通过开环频率特性曲线与点（-1, j0）的接近程度来表征的。图5-46所示为一典型 I 型系统的 $G(j\omega)H(j\omega)$ 曲线，它在频率 $\omega = \omega_g$ 处与负实轴相交，截距为 d。以坐标原点为圆心作一单位圆，使它与 $G(j\omega)H(j\omega)$ 曲线在频率 $\omega = \omega_c$ 处相交，求得向量 $G(j\omega_c)H(j\omega_c)$ 与负实轴间的夹角为 γ，该角从实轴负向以逆时针方向计算为正。显然，当 $G(j\omega)H(j\omega)$ 曲线趋近于（-1, j0）点时，d 值就接近于1，γ 角也趋近于0°，系统的相对稳定性大大降低。由此可见，系统的相对稳定性可以用截距 d 或角度 γ 来度量，这就是下面所述的增益裕量和相位裕量的思路。

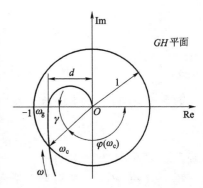

图5-46 I 型系统的乃氏图

一、增益裕量 K_g

在开环频率特性的相角 $\varphi(\omega_g) = -180°$ 时的频率 ω_g 处，开环幅值 $|G(j\omega_g)H(j\omega_g)|$ 的倒数称为增益裕量，用 K_g 表示，即

$$K_g = \frac{1}{|G(j\omega_g)H(j\omega_g)|} \tag{5-41}$$

式中，ω_g 称为相位交界频率。上式若用对数形式表示，则改写为

$$20\lg K_g = -20\lg|G(j\omega_g)H(j\omega_g)| \tag{5-42}$$

式（5-42）表示系统在变到临界稳定时，系统的增益还能增大多少。例如，在图5-46所示的乃氏图中，若 $d = 0.5$，则 $K_g = 1/d = 2$，表示该系统到临界稳定时，其增益还可以增加两倍。

由乃奎斯特稳定判据可知，对于最小相位系统，闭环系统稳定的充要条件是 $G(j\omega)H(j\omega)$ 曲线不包围点（-1, j0），即 $G(j\omega)H(j\omega)$ 曲线与其负实轴交点处的模小于1，此时

对应 $K_g > 1$。反之，对于不稳定的闭环系统，其 $K_g < 1$。

二、相位裕量 γ

描述系统相对稳定性的另一度量是相位裕量。对应于 $|G(j\omega_c) H(j\omega_c)| = 1$ 时的频率称为剪切频率 ω_c，又名增益交界频率。将在剪切频率 ω_c 处，使系统达到临界稳定状态时所能接受的附加相位滞后角，定义为相位裕量，用 γ 表示。对于任何系统，相位裕量 γ 的计算式为

$$\gamma = 180° + \varphi(\omega_c) \tag{5-43}$$

式中，$\varphi(\omega_c)$ 是开环频率特性在剪切频率 ω_c 处的相位。

不难理解，对于开环稳定的系统，若 $\gamma < 0°$，表示 $G(j\omega) H(j\omega)$ 曲线包围点（-1，$j0$），相应的闭环系统是不稳定的；反之，若 $\gamma > 0°$，则相应的闭环系统是稳定的。一般 γ 越大，系统的相对稳定性也就越好。在工程上通常要求 γ 为 $30° \sim 60°$，增益裕量大于 6 dB。这一要求的用意是使开环频率特性曲线不要太靠近点（-1，$j0$），这是完全有必要的。因为系统的参数并非绝对不变，如果 γ 和 K_g 太小，就有可能因参数的变化而使乃奎斯特曲线包围（-1，$j0$）点，即导致系统不稳定。

必须指出，对于开环不稳定的系统，不能用增益裕量和相位裕量来判别其闭环系统的稳定性。图 5-47 同时示出了用乃氏图和伯德图表示稳定和不稳定系统的相位裕量和增益裕量。

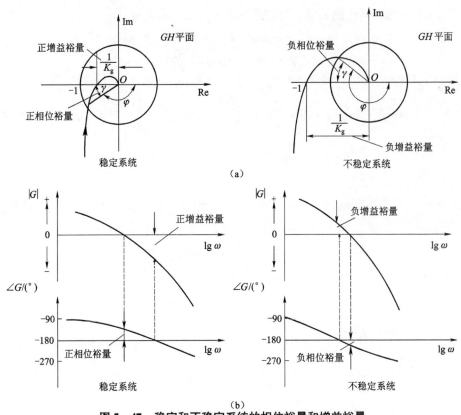

图 5-47 稳定和不稳定系统的相位裕量和增益裕量

(a) 乃氏图；(b) 伯德图

例 5 - 13 已知一单位反馈系统的开环传递函数为

$$G_k(s) = \frac{K}{s(1 + 0.2s)(1 + 0.05s)}$$

试求：（1）$K = 1$ 时系统的相位裕量和增益裕量；

（2）要求通过增益 K 的调整，使系统的增益裕量 $20\lg K_g = 20$ dB，相位裕量 $\gamma \geq 40°$。

解　（1）基于在 ω_g 处开环频率特性的相角为

$$\varphi(\omega_g) = -90° - \arctan 0.2\omega_g - \arctan 0.05\omega_g = -180°$$

即　　　　　　　　　　　$\arctan 0.2\omega_g + \arctan 0.05\omega_g = 90°$

对上式取正切，得　　　$\dfrac{0.2\omega_g + 0.05\omega_g}{1 - 0.2\omega_g \times 0.05\omega_g} = \infty$

则有　　　　　　　　　$1 - 0.2\omega_g \times 0.05\omega_g = 0$

解之，得 $\omega_g = 10$。

在 ω_g 处的开环对数幅值为

$$L(\omega_g) = 20\lg 1 - 20\lg 10 - 20\lg\sqrt{1 + \left(\frac{10}{5}\right)^2} - 20\lg\sqrt{1 + \left(\frac{10}{20}\right)^2}$$

$$= -20\lg 10 - 20\lg 2.236 - 20\lg 1.118 \approx -28 \ (\text{dB})$$

则　　　　　　　　$20\lg K_g = -L(\omega_g) = 28 \text{ dB}$

根据 $K = 1$ 时的开环传递函数，可知系统的 $\omega_c = 1$，据此得

$$\varphi(\omega_c) = -90° - \arctan 0.2 - \arctan 0.05 = -104.17°$$

$$\gamma = 180° + \varphi(\omega_c) \approx 76°$$

（2）由题意得 $K_g = 10$，即 $|G_k(j\omega_g)| = 0.1$。在 $\omega_g = 10$ 处的对数幅频为

$$20\lg K - 20\lg 10 - 20\lg\sqrt{1 + \left(\frac{10}{5}\right)^2} - 20\lg\sqrt{1 + \left(\frac{10}{20}\right)^2} = 20\lg 0.1$$

上式简化后为　　$20\lg\dfrac{K}{10 \times 2.236 \times 1.118} = 20\lg 0.1$

解之，得 $K = 2.5$。

根据 $\gamma = 40°$ 的要求，则得 $\varphi(\omega_c) = -90° - \arctan 0.2\omega_c - \arctan 0.05\omega_c = -140°$

即

$$\arctan 0.2\omega_c + \arctan 0.05\omega_c = 50°$$

对上式取正切，得

$$\frac{0.25\omega_c}{1 - 0.2 \times 0.05\omega_c^2} = 1.2$$

解之，得 $\omega_c = 4$。于是有

$$L(\omega_c) = 20\lg K - 20\lg 4 - 20\lg\sqrt{1 + \left(\frac{4}{5}\right)^2} - 20\lg\sqrt{1 + \left(\frac{4}{20}\right)^2} = 20\lg 1$$

即　　　　　　　　$20\lg\dfrac{K}{4 \times 1.28 \times 1.02} = 20\lg 1$

求解上式得 $K = 5.22$。不难看出，K 取 2.5 就能同时满足 K_g 和 γ 的要求。

第七节　频域性能指标与时域性能指标间的关系

频率响应法是通过系统的开环频率特性和闭环频率特性的一些特征量间接地表征系统瞬态响应的性能，因而这些特征量又被称为频域性能指标。常用的频域性能指标有相位裕量、增益裕量、谐振峰值、频带宽度和谐振频率等。虽然这些性能指标不像时域性能指标那样能给人一个直观的感觉，但在二阶系统中，它们与时域性能指标间有着确定的对应关系；在高阶系统中，也有着近似的对应关系。

一、闭环频率特性及其特征量

由于开环和闭环频率特性间有着确定的关系，因而可以通过开环频率特性求取系统的闭环频率特性。对于单位反馈系统，其闭环传递函数为

$$\Phi(s) = \frac{G(s)}{1 + G_k(s)}$$

对应的闭环频率特性为

$$\Phi(j\omega) = \frac{G(j\omega)}{1 + G_k(j\omega)} = M(\omega)e^{j\alpha(\omega)} \tag{5-44}$$

式（5-44）描述了开环频率特性与闭环频率特性之间的关系。如果已知 $G_k(j\omega)$ 曲线上的一点，就可由式（5-44）确定闭环频率特性曲线上相应的一点。用这种方法逐点绘制闭环频率特性曲线，显然是既烦琐又很费时间。为此，过去工程上用图解法去绘制闭环频率特性曲线的工作，现在已由计算机 MATLAB 软件去实现，大大提高了绘图的效率和精度。

1. 闭环幅频特性的零频值

设单位反馈系统的开环传递函数为

$$G_k(s) = \frac{K\prod_{j=1}^{m}(\tau_j s + 1)}{s^\nu \prod_{i=1}^{n-\nu}(T_i s + 1)}$$

令

$$G_0(s) = \frac{\prod_{j=1}^{m}(\tau_j s + 1)}{\prod_{i=1}^{n-\nu}(T_i s + 1)}$$

$$G_k(s) = \frac{KG_0(s)}{s^\nu}$$

式中，K 为系统的开环放大系数；ν 为系统的无差度，即开环传递函数中积分环节的重数；$G_0(s)$ 为开环传递函数 $G_k(s)$ 中除开环放大系数 K 和积分项 $\frac{1}{s^\nu}$ 以外的表达式，它满足 $\lim_{s\to 0}G_0(s) = 1$。

由上式得系统开环频率特性为

$$G_k(j\omega) = \frac{KG_0(j\omega)}{(j\omega)^\nu}$$

对于单位反馈系统，闭环频率特性为

$$\frac{C(j\omega)}{R(j\omega)} = \frac{KG_0(j\omega)}{s^\nu + KG_0(j\omega)}$$

即

$$\frac{G(j\omega)}{R(j\omega)} = \frac{K\dfrac{G_0(j\omega)}{(j\omega)^\nu}}{1 + K\dfrac{G_0(j\omega)}{(j\omega)^\nu}} = \frac{KG_0(j\omega)}{(j\omega)^\nu + KG_0(j\omega)}$$

由此得到系统闭环幅频特性的零频值是

$$M(0) = \lim_{\omega \to 0} \left| \frac{C(j\omega)}{R(j\omega)} \right| = \lim_{\omega \to 0} \left| \frac{KG_0(j\omega)}{(j\omega)^\nu + KG_0(j\omega)} \right|$$

其中

$$\lim_{\omega \to 0} G_0(j\omega) = 1$$

当 $\nu = 0$ 时，闭环幅频特性的零频值为

$$M(0) = \lim_{\omega \to 0} \left| \frac{KG_0(j\omega)}{(j\omega)^0 + KG_0(j\omega)} \right| = \frac{K}{1+K} < 1 \qquad (5-45)$$

当 $\nu \geq 1$ 时，闭环幅频特性的零频值为

$$M(0) = \lim_{\omega \to 0} \left| \frac{KG_0(j\omega)}{(j\omega)^\nu + KG_0(j\omega)} \right| = 1 \qquad (5-46)$$

0 型与 Ⅰ 型及 Ⅰ 型以上系统 $M(0)$ 的差异，反映了它们跟随阶跃输入时稳态误差的不同，前者有稳态误差存在，后者没有稳态误差产生。

2. 频域性能指标

图 5-48 所示为 $M(0) = 1$ 时闭环对数幅频特性的一般形状。

谐振峰值 M_r 是指系统闭环频率特性幅值的最大值，它反映了系统的相对稳定性。一般而言，M_r 值越大，则系统阶跃响应的超调量也越大。谐振频率 ω_r 产生谐振峰值对应的频率，在一定程度上反映了系统暂态响应的速度，ω_r 越大，则暂态响应越快。

当幅频值下降到低于零频率值以下 3 dB 时，对应的频率 ω_b 称为截止频率，即有

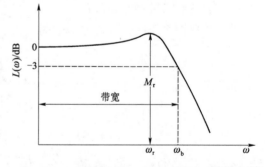

图 5-48　表示截止频率 ω_b 和带宽的对数坐标图

$$\left| \frac{C(j\omega_b)}{R(j\omega_b)} \right| \leq \left| \frac{C(j0)}{R(j0)} \right| - 3\text{dB}$$

对应于闭环幅频值不低于 -3dB 的频率范围 $0 \leq \omega \leq \omega_b$，通常称为系统的频带宽度。系统的频带宽度反映了系统复现输入信号的能力，具有宽的带宽的系统，其瞬态响应的速度快，调整的时间也小。对此，举例说明如下。

例 5-14　设有二个控制系统，它们的传递函数分别为

系统 Ⅰ：$\dfrac{C(s)}{R(s)} = \dfrac{1}{s+1}$

系统 Ⅱ：$\dfrac{C(s)}{R(s)} = \dfrac{1}{3s+1}$

试比较两个系统带宽的大小，并验证具有较大带宽的系统比具有较小带宽的系统响应速

度快，对输入信号的跟随性能好。

解 图 5-49（a）所示为上述两系统的闭环对数幅频曲线（图中虚线为其渐进线）。由图可见，系统 I 的带宽为 $0 \leqslant \omega \leqslant 1$，系统 II 的带宽为 $0 \leqslant \omega \leqslant 0.33$，即系统 I 的带宽是系统 II 的带宽的 3 倍。图 5-49（b）和图 5-49（c）分别表示两系统的阶跃响应和斜坡响应曲线。显然，系统 I 较系统 II 具有较快的阶跃响应，并且前者跟踪斜坡输入的性能也明显优于后者。

需要指出，宽的带宽虽然能提高系统响应的速度，但也不能过大，否则会降低系统抑制高频噪声的能力。因此在设计系统时，对于频带宽度的确定必须兼顾系统的响应速度和抗高频干扰的要求。

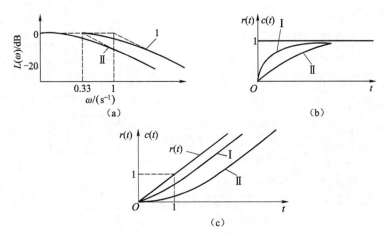

图 5-49 两系统动态特性的比较

二、二阶系统时域响应与频域响应的关系

对于二阶系统，其时域响应与频域响应之间有着确定的对应关系，如图 5-50 所示。二阶系统的闭环传递函数为

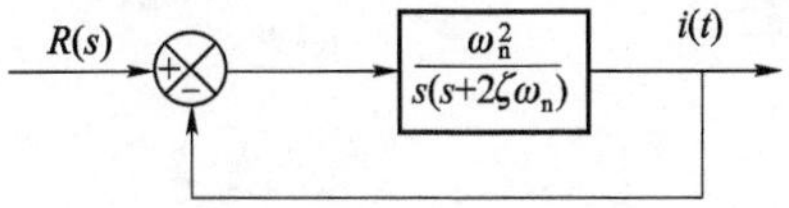

图 5-50 二阶系统

$$\frac{C(s)}{R(s)} = \frac{\omega_n^2}{s^2 + 2\zeta\omega_n s + \omega_n^2}$$

对应的闭环频率特性为

$$\frac{C(j\omega)}{R(j\omega)} = \frac{1}{\left(1 - \dfrac{\omega^2}{\omega_n^2}\right) + j2\zeta\dfrac{\omega}{\omega_n}} = Me^{j\alpha}$$

式中

$$M = \frac{1}{\sqrt{\left(1 - \dfrac{\omega^2}{\omega_n^2}\right)^2 + \left(2\zeta\dfrac{\omega}{\omega_n}\right)^2}} \qquad \alpha = -\arctan\frac{2\zeta\dfrac{\omega}{\omega_n}}{1 - \dfrac{\omega^2}{\omega_n^2}}$$

1. 谐振峰值 M_r 与系统超调量 M_p 的关系

当 $0 \leqslant \zeta \leqslant \dfrac{1}{\sqrt{2}}$ 时，系统有谐振产生，其谐振频率和谐振峰值分别为

$$\omega_r = \omega_n \sqrt{1 - 2\zeta^2} \tag{5-47}$$

$$M_r = \frac{1}{2\zeta \sqrt{1-\zeta^2}} \qquad (5-48)$$

由式（5-48）得
$$\zeta = \sqrt{\frac{1 - \sqrt{1 - 1/M_r^2}}{2}} \qquad (5-49)$$

为了便于对 M_r 和 M_p 作比较，把 M_r 和 M_p 与 ζ 的关系曲线都画在图 5-51 中。由图可见，M_p 和 M_r 均随着 ζ 的减小而增大。显然，对于同一个系统，若在时域内的 M_p 大，则在频域中的 ζ 必然也是大的；反之亦然。为了使系统具有良好的相对稳定性，在设计系统时，通常取 ζ 值为 $0.4 \sim 0.7$，对应的 M_r 将坐落在 $1 \sim 1.4$。在 $0 < \zeta < 0.707$ 的情况下，M_r 和 M_p 的值是逐一对应的；而当 $\zeta > 0.707$ 时，M_r 不再存在。

把式（5-49）代入式 $M_p = e^{-\frac{\zeta\pi}{\sqrt{1-\zeta^2}}}$，得
$$M_p = \exp\left(-\pi\sqrt{\frac{M_r - \sqrt{M_r^2-1}}{M_r + \sqrt{M_r^2-1}}}\right) \qquad (5-50)$$

如果已知 M_r，由上式可求得对应的 M_p。

2. 谐振频率 ω_γ 及系统带宽 ω_b 与时域性能指标的关系

结合第三章第一节导出的二阶系统的上升时间 t_p 和调整时间 t_s

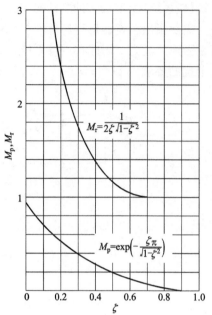

图 5-51　二阶系统的 M_r 和 M_p

$$t_p = \frac{\pi}{\omega_n \sqrt{1-\zeta^2}} \qquad (5-51)$$

$$t_s = \frac{1}{\zeta\omega_n}\ln\frac{1}{\Delta\sqrt{1-\zeta^2}} \qquad (5-52)$$

并考虑到式（5-47），得

$$\omega_r t_p = \pi\sqrt{\frac{1-2\zeta^2}{1-\zeta^2}} \qquad (5-53)$$

$$\omega_r t_s = \zeta\sqrt{1-2\zeta^2}\ln\frac{1}{\Delta\sqrt{1-\zeta^2}} \qquad (5-54)$$

当 $\omega = \omega_b$ 时，二阶系统的幅频为

$$\frac{\omega_n^2}{\sqrt{(\omega_n^2 - \omega_b^2)^2 + (2\zeta\omega_b\omega_n)^2}} = \frac{1}{\sqrt{2}}$$

求解上式，得带宽频率为

$$\omega_b = \omega_n\sqrt{1 - 2\xi^2 + \sqrt{(1-2\xi^2)^2 + 1}} \qquad (5-55)$$

可以看出，对于给定的 ζ、t_p 和 t_s 均与 ω_b、ω_γ 成反比。这就是说，ω_γ 越高或 ω_b 越大，

则系统响应的速度就越快。

3. 相位裕度 γ、剪切频率 ω_c 与阻尼比 ζ 的关系

下面研究二阶系统的相位裕量 γ、剪切频率 ω_c 与阻尼比 ζ 间的关系。

当 $\omega = \omega_c$ 时，$|G(j\omega_c)| = 1$，即

$$\frac{\omega_n^2}{\sqrt{\omega_c^4 + 4\zeta^2\omega_c^2\omega_n^2}} = 1$$

求解上式，得截止频率为

$$\omega_c = \omega_n\sqrt{\sqrt{4\zeta^4 + 1} - 2\zeta^2} \qquad (5-56)$$

据此求得 $G(j\omega_c)$ 的相角为

$$\varphi(\omega_c) = -90° - \arctan\frac{\omega_c}{2\zeta\omega_n} = -90° - \arctan\frac{\sqrt{\sqrt{1 + 4\zeta^2} - 2\zeta^2}}{2\zeta} \qquad (5-57)$$

由相位裕量的定义得相位裕度为

$$\gamma = \arctan\frac{2\zeta}{\sqrt{\sqrt{4\zeta^4 + 1} - 2\zeta^2}} \qquad (5-58)$$

三、高阶系统时域响应与频域响应的关系

对于高阶系统，系统的频率响应与时域响应间的对应关系是通过傅氏积分相联系的，

即
$$C(t) = \frac{1}{2\pi}\int_{-\infty}^{\infty} C(j\omega)e^{j\omega t}d\omega \qquad (5-59)$$

由于这种积分变换较复杂，因而不可能像二阶系统那样简单地描述频域响应与时域响应间的对应关系，且其实用的意义也不大。如果高阶系统中有一对共轭主导极点，则上述二阶系统的时域响应与频域响应间的对应关系就可近似地应用于高阶系统。

在工程应用和初步设计时，由式（5-56）～式（5-58）可以得出一些近似关系，在实际应用时经常用到。如对于二阶系统，当 $\zeta = 0.4$ 时，$\omega_b = 1.61\omega_c$；当 $\zeta = 0.5$ 时，$\omega_b = 1.62\omega_c$；当 $\zeta = 0.6$ 时，$\omega_b = 1.6\omega_c$；当 $\zeta = 0.7$ 时，$\omega_b = 1.56\omega_c$。对于高阶系统，初步设计时，一般近似地取 $\omega_b = 1.6\omega_c$。

小　结

（1）频率特性是线性系统（或部件）在正弦输入信号作用下的稳态输出与输入之比。它和传递函数、微分方程一样能反映系统的动态性能，因而它是线性系统（或部件）的又一形式的数学模型。

（2）传递函数的极点和零点均在 s 平面左方的系统称为最小相位系统。由于这类系统的幅频特性和相频特性之间有着唯一的对应关系，因而只要根据它的对数幅频特性曲线就能写出对应系统的传递函数。

（3）乃奎斯特稳定判据是根据开环频率特性曲线围绕点（-1，j0）的情况（即 N 等于多少）和开环传递函数在 s 右半平面的极点数 P 来判别对应闭环系统的稳定性的。这种判据能从图形上直观地看出参数的变化对系统性能的影响，并提示改善系统性能的信息。

（4）考虑到系统内部参数和外界环境变化对系统稳定性的影响，要求系统不仅能稳定地工作，而且还需要有足够的稳定裕量。稳定裕量通常用相位裕量 γ 和增益裕量 K_g 来表示。在控制工程中，一般要求系统的相位裕量 γ 为 $30° \sim 60°$，这是十分必要的。

习　题

1．设一单位反馈控制系统的开环传递函数为

$$G_k(s) = \frac{9}{s+1}$$

试求系统在下列输入信号作用下的稳态输出。

（1）$r(t) = \sin(t+30°)$；

（2）$r(t) = 2\cos(2t-45°)$；

（3）$r(t) = \sin(t+30°) - 2\cos(2t-45°)$。

2．已知系统开环传递函数

$$G(s)H(s) = \frac{10}{s(2s+1)(s^2+0.5s+1)}$$

试分别计算 $\omega = 0.5$ 和 $\omega = 2$ 时开环频率特性的幅值 $A(\omega)$ 和相角 $\varphi(\omega)$

3．画出下列开环传递函数对应的伯德图。

（1）$G_k(s) = \dfrac{10}{s(1+0.5s)(0.1s+1)}$；

（2）$G_k(s) = \dfrac{75(1+0.2s)}{s(s^2+16s+100)}$。

4．用乃氏判据判别下列开环传递函数对应的闭环系统的稳定性。如果系统不稳定，问有几个根在 s 平面的右方。

（1）$G(s)H(s) = \dfrac{1+4s}{s^2(1+s)(1+2s)}$；

（2）$G(s)H(s) = \dfrac{1}{s(1+s)(1+2s)}$；

（3）$G(s)H(s) = \dfrac{1}{s^2+100}$。

5．已知系统开环传递函数 $G_k(s) = \dfrac{K}{s(Ts+1)(s+1)}$；（$K, T > 0$），试根据乃氏判据，确定其闭环稳定的条件。

（1）$T = 2$ 时，K 值的范围；

（2）$K = 10$ 时，T 值的范围；

（3）K, T 值的范围。

6．试用乃氏判据或对数稳定判据判断下列开环传递函数对应的闭环系统的稳定性，并确定系统的相角裕度和幅值裕度。

（1）$G_k(s) = \dfrac{100}{s(0.2s+1)}$；

(2) $G_k(s) = \dfrac{50}{(0.2+1)\ (s+2)\ (s+0.5)}$;

(3) $G_k(s) = \dfrac{10}{s(0.25s+1)\ (0.1s+1)}$;

(4) $G_k(s) = \dfrac{100\left(\dfrac{s}{2}+1\right)}{s\ (s+1)\ \left(\dfrac{s}{10}+1\right)\left(\dfrac{s}{20}+1\right)}$。

7. 已知 $G_1(s)$、$G_2(s)$ 和 $G_3(s)$ 均为最小相角传递函数，其近似对数幅频特性曲线如图 5 – 52 所示。试概略绘制传递函数的对数幅频、对数相频和幅相特性曲线。

$$G_4(s) = \frac{G_1(s)\ G_2(s)}{1+G_2(s)\ G_3(s)}$$

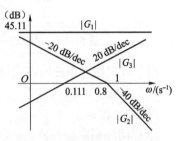

图 5 – 52 对数幅频特性曲线

8. 单位反馈系统的开环传递函数为

$$G_k(s) = \frac{K}{s\ (1+s)\ (1+0.1s)}$$

求：(1) 系统谐振峰值 $M_r = 1.4$ 时的 K 值；

(2) 系统增益裕量 $K_g = 20\text{dB}$ 时的 K 值；

(3) 系统相位裕量 $r = 60°$ 时的 K 值。

9. 设单位反馈控制系统的开环传递函数为

$$G_k(s) = \frac{as+1}{s^2}$$

试确定相位裕度为 45° 时的 a 值。

10. 在已知系统中

$$G(s) = \frac{10}{s(s-1)}, \quad H(s) = 1+K_h s$$

试确定闭环系统临界稳定时的 K_h。

11. 某最小相角系统的开环对数幅频特性如图 5 –53 所示。

(1) 写出系统开环传递函数；

(2) 利用相角裕度判断系统的稳定性；

(3) 将其对数幅频特性向右平移十倍频程，试讨论对系统性能的影响。

12. 对于高阶系统，要求时域指标 $M_p = 18\%$，$t_s = 0.05\ \text{s}$，试将其转换成频域指标。

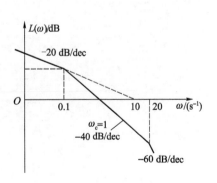

图 5 – 53 11 题图

13. 已知系统方块图如图 5 – 54 所示：

(1) 试用渐近线划出开环频率特性的伯德图（令 $K = 1$）；

(2) 近似计算出幅频特性曲线与 0 dB 的交点频率 ω_g；

(3) 计算 $K = 1$ 时该系统的相位裕量；

(4) 判断 $K = 1$ 时该闭环系统的稳定性；

(5) 根据 Bode 图，分析 K 值变化对系统稳定性影响。

14. 某控制系统，其结构图如图 5 – 55 所示，图中

$$G_1(s) = \frac{10\ (1+s)}{1+8s}$$

$$G_2(s) = \frac{4.8}{s\left(1+\dfrac{s}{20}\right)}$$

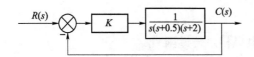

图 5 – 54   某控制系统结构图   图 5 – 55   某控制系统结构图

试按以下数据估算系统时域指标 M_p 和 t_s。

（1）γ 和 ω_c；

（2）M_r 和 ω_c；

（3）闭环幅频特性曲线形状。

第六章　控制系统的校正

前面几章中讨论了控制系统的几种基本分析方法。掌握了这些基本方法，就可以对控制系统进行定性分析和定量计算。本章讨论另一命题，即如何根据系统预先给定的性能指标，去设计一个能满足性能要求的控制系统。基于一个控制系统可视为由控制器和被控对象两大部分组成，当被控对象确定后，对系统的设计实际上归结为对控制器的设计，这项工作称为对控制系统的校正。

在实际过程中，既要有理论指导，也要重视实践经验，往往还要配合许多局部和整体的试验。所谓校正，就是在系统中加入一些其参数可以根据需要而改变的机构或装置，使系统整个特性发生变化，从而满足给定的各项性能指标。工程实践中常用的校正方法有串联校正、反馈校正和复合校正。

第一节　系统校正的基本概念

一、系统校正方式

按照校正装置在系统中的连接方式，控制系统常用的校正方式可分为串联校正、反馈（并联）校正和复合校正三种。

1. 串联校正

如果校正装置 $G_c(s)$ 与系统的不可变部分 $G_0(s)$ 串联连接，则称这种校正为串联校正，如图 6 – 1 所示。

2. 并联（反馈）校正

如果校正装置 $G_c(s)$ 是接在系统的局部反馈通道中，则称这种校正为反馈校正（并联校正），如图 6 – 2 所示。

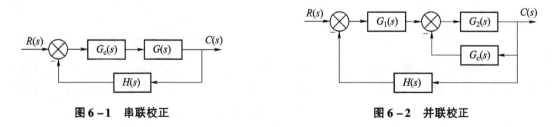

图 6 – 1　串联校正　　　　　　　　　　图 6 – 2　并联校正

3. 复合控制

复合控制有给定补偿和扰动补偿两种方式，如图 6 – 3 所示。

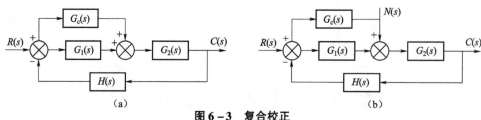

图 6 - 3 复合校正

（a）给定补偿；（b）扰动补偿

二、基本控制规律

确定校正装置的具体形式时，应先了解校正装置所需提供的控制规律，以便选择相应的元件。包含校正装置在内的控制器，常常采用比例、微分、积分等基本控制规律，或者采用这些基本控制规律的某些组合，如比例—微分、比例—积分、比例—积分—微分等组合控制规律，以实现对被控对象的有效控制。

1. 比例（P）控制规律

具有比例控制规律的控制器，称为 P 控制器，如图 6 - 4 所示。其中 K_p 称为 P 控制器增益。

$$m(t) = K_p e(t) \tag{6-1}$$

P 控制器实质上是一个具有可调增益的放大器。在信号变换过程中，P 控制器只改变信号的增益而不影响其相位。在串联校正中，加大控制器增益 K_p，可以提高系统的开环增益，减小系统稳态误差，从而提高系统的控制精度，但同时也会降低系统的相对稳定性，甚至可能造成闭环系统不稳定。因此，在系统校正设计中，很少单独使用比例控制规律。

2. 比例—微分（PD）控制规律

具有比例—微分控制规律的控制器，称为 PD 控制器，其输出 $m(t)$ 与输入 $e(t)$ 的关系为

$$m(t) = K_p e(t) + K_p T_d \frac{de(t)}{dt} \tag{6-2}$$

式中，K_p 为比例系数；T_d 为微分时间常数。K_p 与 T_d 都是可调的参数。PD 控制器如图 6 - 5 所示。

图 6 - 4 P 控制器　　　　　　**图 6 - 5 PD 控制器**

PD 控制器中的微分控制规律，能反应输入信号的变化趋势，产生有效的早期修正信号，以增加系统的阻尼程度，从而改善系统的稳定性。在串联校正时，可使系统增加一个 $-1/T_d$ 的开环零点，使系统的相位裕量提高，因而有助于系统动态性能的改善。

需要指出，因为微分控制作用只对动态过程起作用，而对稳态过程没有影响，且对系统噪声非常敏感，所以 PD 控制器在任何情况下都不宜与被控对象串联起来单独使用。

3. 积分（I）控制规律

具有积分控制规律的控制器，称为 I 控制器。I 控制器的输出信号 m（t）与其输入信号 $e(t)$ 的积分成比例，即

$$m(t) = K_\mathrm{i} \int_0^t e(t)\,\mathrm{d}t \qquad\qquad (6-3)$$

式中，K_i 为可调比例系数。当输入 $e(t)$ 消失后，输出信号 m（t）有可能是一个不为零的常量。

在串联校正中，采用 I 控制器可以提高系统的型别（无差度），有利于提高系统稳态性能，但积分控制增加了一个位于原点的开环极点，使信号产生 90° 的相角滞后，于系统的稳定不利，因此不宜采用单一积分控制。I 控制器如图 6-6 所示。

4. 比例—积分（PI）控制规律

具有比例—积分控制规律的控制器，称为 PI 控制器。其输出信号 m（t）同时与其输入信号 $e(t)$ 及其积分成比例，即

$$m(t) = K_\mathrm{p} e(t) + \frac{K_\mathrm{p}}{T_\mathrm{i}} \int_0^t e(t)\,\mathrm{d}t \qquad\qquad (6-4)$$

式中，K_p 为可调比例系数，T_i 为可调积分时间系数。PI 控制器如图 6-7 所示。

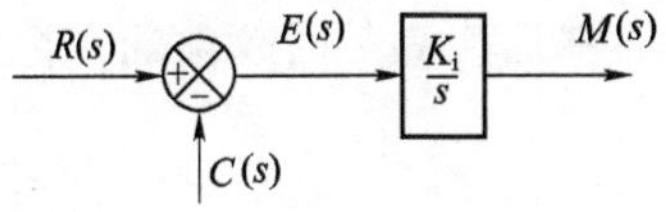

图 6-6　I 控制器 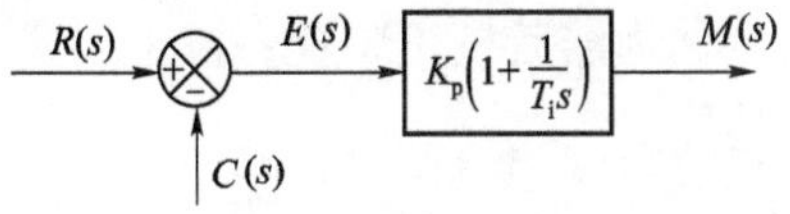　　　　　　　　　图 6-7　PI 控制器

在串联校正时，PI 控制器相当于在系统中增加了一个位于原点的开环极点，同时也增加了一个位于 s 左半平面的开环零点。位于原点的极点可以提高系统的型别，减小稳态误差。而增加的负实零点则用来提高系统的阻尼程度，缓和 PI 控制器极点对系统稳定性产生的不利影响。只要积分时间常数 T_i 足够大，PI 控制器对系统的不利影响可大为减小。在控制实践中，PI 控制器主要用来改善控制系统的稳态性能。

5. 比例—积分—微分（PID）控制规律

具有比例—积分—微分控制规律的控制器，称为 PID 控制器。这种组合具有三种基本控制规律各自的特点，其运动方程为

$$m(t) = K_\mathrm{p} e(t) + \frac{K_\mathrm{p}}{T_\mathrm{i}} \int_0^t e(t)\,\mathrm{d}t + K_\mathrm{p} T_\mathrm{d} \frac{\mathrm{d}e(t)}{\mathrm{d}t} \qquad\qquad (6-5)$$

相应的传递函数为

$$G_\mathrm{c}(s) = K_\mathrm{p}\left(1 + \frac{1}{T_\mathrm{i}s} + T_\mathrm{d}s\right) = \frac{K_\mathrm{p}}{T_\mathrm{i}}\left(\frac{T_\mathrm{i}T_\mathrm{d}s^2 + T_\mathrm{i}s + 1}{s}\right) = \frac{K_\mathrm{p}(\tau_1 s + 1)(\tau_2 s + 1)}{T_\mathrm{i}\ s} \qquad (6-6)$$

其中，$\tau_1 = \dfrac{1}{2}T_\mathrm{i}\left(1 + \sqrt{1 - \dfrac{4T_\mathrm{d}}{T_\mathrm{i}}}\right)$；$\tau_2 = \dfrac{1}{2}T_\mathrm{i}\left(1 + \sqrt{1 - \dfrac{4T_\mathrm{d}}{T_\mathrm{i}}}\right)$。

PID 控制器如图 6-8 所示。

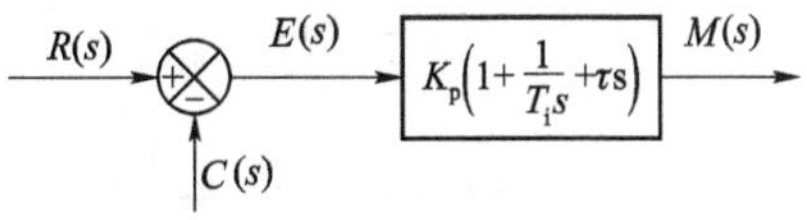

如果 $4T_\mathrm{d}/T_\mathrm{i} < 1$，由式（6-6）可见，当利用 PID 控制器进行串联校正时，除可使系统的型别提高一级外，还将提供两个负实零点。与 PI 控制器相比，除了同样具有提高系统的稳态性能的优点外，还多提供了

图 6-8　PID 控制器

一个负实零点，从而在提高系统动态性能方面具有更大的优越性。因此，在控制领域广泛使用 PID 控制器。PID 控制器各部分参数的选择要在系统现场调试中最后确定，通常应使 I 部分发生在系统频率特性的低频段，以提高系统的稳态性能；使 D 发生在系统频率特性的中频段，以改善系统的动态性能。

第二节　常用校正装置及其特性

校正装置是由电气的、机械的、气动的、液压的或其他形式的元件所组成。电气的校正装置有无源的和有源的两种。常见的无源校正装置有 RC 校正网络和微分变压器等，应用这种校正装置时，必须注意它在系统中与前后级部件的阻抗匹配问题，不然难以收到良好的校正效果。有源校正通常是指由运算放大器和电阻、电容所组成的各种调节器，这类校正装置一般不存在与系统中其他部件的阻抗匹配问题，其参数可以根据需要调整。在自动化设备中，经常采用由电动（或气动）单元构成的 PID 控制器，可以实现各种要求的控制规律，应用起来更为方便。这里我们重点介绍无源校正装置。

校正装置的输出量超前于输入量的，就称为超前校正装置；校正装置的输出量滞后于输入量的，则称为滞后校正装置；校正装置的输出量低频时滞后、高频时超前的，称为滞后—超前校正装置。

一、超前校正装置

一般而言，当控制系统的开环增益增大到满足其静态性能所要求的数值时，系统有可能不稳定，即使能稳定，其动态性能一般也不会理想。在这种情况下，需要在系统的前向通路中增加超前校正装置，以实现在开环增益不变的前提下，系统的动态性能亦能满足设计的要求。

图 6-9 所示为常用的无源超前网络，图 6-10 所示为其零、极点分布图。假设该网络信号源的阻抗很小，可以忽略不计，而输出负载的阻抗为无穷大，则其传递函数为

$$\frac{U_c(s)}{U_r(s)} = G_c(s) = \frac{R_2}{R_2 + \dfrac{1}{\dfrac{1}{R_1} + s}} = \frac{R_2\ (1 + R_1 Cs)\ /\ (R_2 + R_1)}{(R_2 + R_1 + R_1 R_2 Cs)\ /\ (R_2 + R_1)}$$

其中，令

$$T = \frac{R_1 R_2 C}{R_2 + R_1}, \quad a = \frac{R_1 + R_2}{R_2}$$

式中，T 称时间系数，a 称分度系数。上式可写为

$$G_c(s) \quad \frac{1}{a}\frac{1 + aTs}{1 + Ts} \tag{6-7}$$

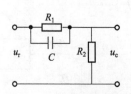

图 6-9　无源超前网络

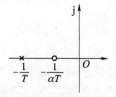

图 6-10　零、极点分布图

采用无源超前网络进行串联校正时，整个系统的开环增益要下降 a 倍，因此需要提高放大器增益加以补偿，如图 6-11 所示。此时的传递函数

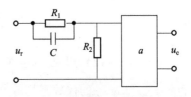

$$aG_c(s) = \frac{1 + aTs}{1 + Ts} \qquad (6-8)$$

图 6-11　带有附加放大器的无源超前校正网络

由于 $a > 1$，故超前网络的负实零点总是位于负实极点之右（见图 6-10），两者之间的距离由常数 a 决定。可知改变 a 和 T（即电路的参数 R_1、R_2、C）的数值，超前网络的零极点可在 s 平面的负实轴任意移动。

根据式（6-8），可以画出无源超前网络 $aG_c(s)$ 的对数频率特性，如图 6-12 所示。

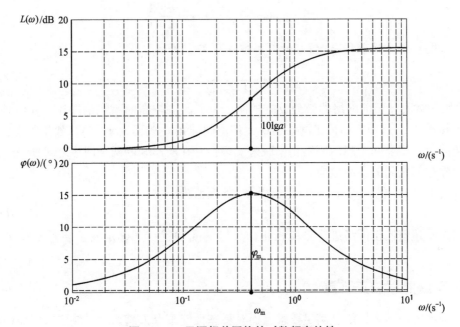

图 6-12　无源超前网络的对数频率特性

$$20\lg|aG_c(s)| = 20\lg\sqrt{1 + (aT\omega)^2} - 20\lg\sqrt{1 + (T\omega)^2} \qquad (6-9)$$

$$\varphi_c(\omega) = \arctan aT\omega - \arctan T\omega \qquad (6-10)$$

显然，超前网络对频率在 $1/aT$ 至 $1/T$ 之间的输入信号有明显的微分作用，在该频率范围内输出信号相角比输入信号相角超前，超前网络的名称由此而得。图 6-12 表明，在最大超前角频率 ω_m 处，具有最大超前角 φ_m，且 ω_m 正好处于频率 $1/aT$ 和 $1/T$ 的几何中心。证明如下。

由式（6-10），超前网络（6-9）的相角

$$\varphi_c(\omega) = \arctan aT\omega - \arctan T\omega$$
$$= \arctan \frac{(a-1)T\omega}{1 + a(T\omega)^2} \qquad (6-11)$$

将上式对 ω 求导并令其为零，得最大超前角频率

$$\omega_m \frac{1}{\sqrt{aT}} = \sqrt{\frac{1}{T}\frac{1}{aT}} \tag{6-12}$$

由式（6-12）可见，ω_m 是 $G_c(s)$ 零点和极点的几何平均值，或者说 ω_m 是以 $\lg\omega$ 为坐标的 $\lg\frac{1}{T}$ 与 $\lg\frac{1}{aT}$ 的代数平均值，即

$$\frac{1}{2}\left(\lg\frac{1}{aT} + \lg\frac{1}{T}\right) = \frac{1}{2}\lg\frac{1}{aT^2} = \frac{1}{2}\lg\omega_m^2 = \lg\omega_m$$

故在最大超前角频率处 ω_m，具有最大超前角 φ_m，φ_m 正好处于频率 $\frac{1}{aT}$ 与 $\frac{1}{T}$ 的几何中心。

将式（6-12）代入式（6-11），得最大超前角

$$\varphi_m = \arctan\frac{a-1}{2\sqrt{a}} = \arcsin\frac{a-1}{a+1}$$

上式表明：最大超前角 φ_m 仅与分度系数 a 有关。

$$a = \frac{1+\sin\varphi_m}{1-\sin\varphi_m} \tag{6-13}$$

a 值选得越大，超前网络的微分效应越强。为了保持较高的系统信噪比，实际选用的 a 值一般不超过 20。这种超前校正网络的最大相位超前角一般不大于 65°。如果需要大于 65° 的相位超前角，则要两个超前网络相串联来实现，并在所串联的两个网络之间加一隔离放大器，以消除它们之间的负载效应。

将式（6-12）代入式（6-9），求得 ω_m 处幅值为

$$20\lg|aG_c(s)|_{\omega=\omega_m} = 10\lg a \tag{6-14}$$

采用无源超前校正网络进行系统校正，关键的问题就在于确定校正装置 a 和 T 这两个参数。

二、串联滞后校正装置

当控制系统的动态性能已满足要求，而其稳态性能不令人满意时，就要求所加的校正装置既要使系统的开环增益有较大的增大，又要使系统的动态性能不发生明显的变化。采用滞后校正能达到上述目的。

无源滞后网络的电路如图 6-13 所示。图 6-14 所示为零、极点分布图。如果输入信号源的内部阻抗为零，负载阻抗为无穷大，则滞后网络的传递函数为

$$G_c(s) = \frac{1+bTs}{1+Ts} \tag{6-15}$$

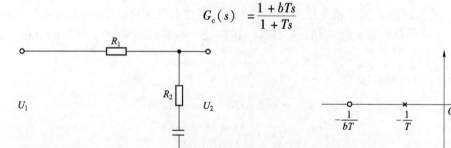

图 6-13　无源滞后网络的电路　　　　图 6-14　零、极点分布图

式中

$$b = \frac{R_2}{R_1 + R_2} < 1 \; ; \quad T = (R_1 + R_2) \, C$$

通常，b 称为滞后网络的分度系数，表示滞后深度；T 表示时间常数。

由图 6 – 15 可知，滞后网络在 $\omega < /T$ 时，对低频信号不产生衰减，在 $1/T < \omega < 1bT$ 时，对信号有积分作用，呈滞后特性；在 $\omega > 1/T$ 时，对高频噪声信号有削弱作用，b 越小，这种衰减作用越强，通过网络的噪声电平越低。在高频段的幅值衰减量为 $20\lg b$。

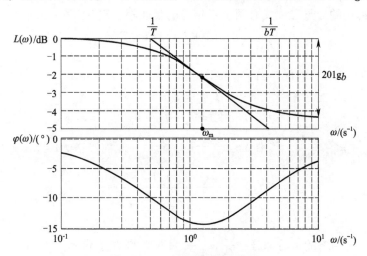

图 6 – 15　无源滞后网络特性

同超前网络类似，最大滞后角 φ_m 发生在 $1/T$ 与 $1/bT$ 几何中心，称为最大滞后角频率，计算公式为

$$\omega_m = \frac{1}{T\sqrt{b}} \tag{6 – 16}$$

$$\omega_m = \arcsin \frac{1 - b}{1 + b} \tag{6 – 17}$$

采用无源滞后网络进行串联校正时，主要是利用其高频幅值衰减的特性来降低系统的开环截止频率，提高系统的相位裕度。因此，应力求避免最大滞后角发生在已校正系统开环截止频率 ω''_c 附近。选择滞后网络参数时，通常使网络的交接频率 $1/bT$ 远小于 ω''_c，一般取

$$\frac{1}{bT} = \frac{\omega''_c}{10} \tag{6 – 18}$$

此时，滞后网络在 ω''_c 处产生的相位滞后按下式确定。

$$\varphi_c(\omega''_c) \approx \arctan bT\omega''_c - \arctan T\omega''_c = \frac{(b - 1)\, T\omega''_c}{1 + b\,(T\omega''_c)^2}$$

将式（6 – 18）代入上式，得

$$\varphi_c(\omega''_c) \approx \arctan [0.1\,(b - 1)] \tag{6 – 19}$$

三、无源滞后—超前网络

超前校正是用于提高系统的稳定裕量，加快系统的瞬态相应；滞后校正则用于提高系统

的开环增益，改善系统的稳态性能。若把这两种校正结合起来应用，必然会同时改善系统的动态和稳态性能，这就是滞后—超前校正。

滞后—超前网络的电路如图 6-16 所示。

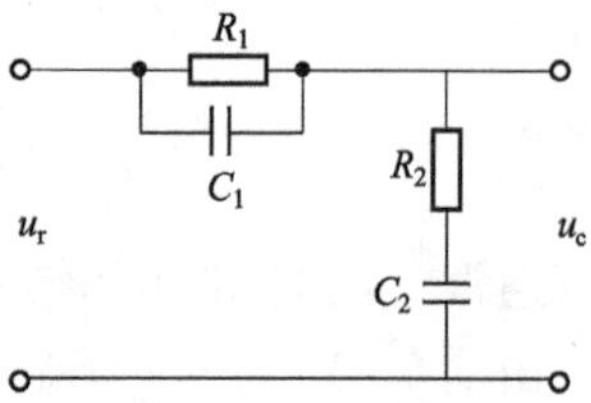

$$G_c(s) = \frac{(1+T_a s)(1+T_b s)}{T_a T_b s^2 + (T_a + T_b + T_{ab}) s + 1} \qquad (6-20)$$

图 6-16 滞后-超前电路

式中，$T_a = R_1 C_1$，$T_b = R_2 C_2$，$T_{ab} = R_1 C_2$

令式（6-20）的分母二项式有两个不相等的负实根，则式（6-20）可以写为

$$G_c(s) = \frac{(1+T_a s)(1+T_b s)}{(1+T_1 s)(1+T_2 s)} \qquad (6-21)$$

比较式（6-20）及式（6-21），可得

$$T_1 T_2 = T_a T_b$$
$$T_1 + T_2 = T_a + T_b + T_{ab}$$

设 $T_1 > T_a$，$\dfrac{T_2}{T_b} = \dfrac{T_a}{T_1} = \dfrac{1}{\alpha}$，其中 $\alpha > 1$，于是，滞后—超前网络的传递函数可表示为

$$G_c(s) = \frac{(1+T_a s)(1+T_b s)}{(1+\alpha T_a s)\left(1+\dfrac{T_b}{\alpha}s\right)} \qquad (6-22)$$

式中，$\dfrac{(1+T_a s)}{(1+\alpha T_a s)}$ 为网络的滞后部分；$\dfrac{(1+T_b s)}{\left(1+\dfrac{T_b}{\alpha}s\right)}$ 为网络的超前部分。

通过上面的分析，归纳超前校正与滞后校正网络的适用范围和特点如下：

（1）超前校正是利用超前网络的相角超前特性，而滞后校正则是利用滞后网络的高频幅值衰减特性，滞后—超前网络兼有超前校正和滞后校正的优点。

（2）为了满足严格的稳态性能要求，当采用无源校正网络时，超前校正需要增加一个附加的放大器，以补偿超前校正网络对系统增益的衰减，而滞后校正一般不需要附加增益。

第三节 频率法的串联校正

在频域内进行系统设计，是一种间接设计方法，因为设计结果满足的是一些频域指标，而不是时域指标。然而，在频域内进行设计又是一种简便的方法，在伯德图上虽然不能严格定量地给出系统的动态性能，但却能方便地根据频域指标确定校正网络的参数，特别是对校正系统的高频特性有要求时，采用频域法校正比其他方法更为方便。频域设计的这种简便性，与开环系统的频率特性和闭环系统的时间响应有关。

一般地说，用频率法对系统进行超前校正的基本思路是，通过所加校正网络改变系统开环频率特性的形状，即要求校正后系统的开环频率特性具有以下特点。

（1）低频段的增益充分大，满足稳态精度的要求。

（2）中频段的幅频特性的斜率为 -20 dB/dec，并具有较宽的频带。这一要求让系统具有满意的动态性能，对此举例说明。设最小相位系统的开环对数幅频特性如图 6-17 所示。

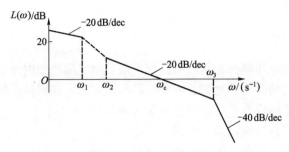

图 6 – 17　最小相位系统的开环对数幅频特性

（3）高频部分的幅值要求能迅速衰减，以抑制高频噪声的影响。

令 $\omega < \omega_1$ 低频段部分的斜率为 -20 dB/dec，$\omega > \omega_3$ 高频段部分的斜率为 -40 dB/dec，且设 $\dfrac{\omega_c}{\omega_2} = \dfrac{\omega_3}{\omega_c} = 3$，则有：

①　当 $\omega_2 < \omega < \omega_3$，斜率为 -20 dB/dec；$\omega_1 < \omega < \omega_2$，斜率为 -40 dB/dec 时，则对应系统的开环频率特性为

$$G_0(j\omega) = \frac{K\left(1 + j\,\dfrac{\omega}{\omega_2}\right)}{j\omega\left(1 + j\,\dfrac{\omega}{\omega_1}\right)\left(1 + j\,\dfrac{\omega}{\omega_3}\right)}$$

它在 ω_c 处的相角为

$$\varphi(\omega_c) = 90° - \arctan\frac{\omega_c}{\omega_1} + \arctan\frac{\omega_c}{\omega_2} + \arctan\frac{\omega_c}{\omega_3}$$

式中，ω_1 虽然未确定，但角度 $\arctan\dfrac{\omega_c}{\omega_1}$ 的变化范围是在 $72° \sim 90°$，由上式求得

$$\varphi(\omega_c) = -90° - (72° \sim 90°) + 72° - 18° = -108° \sim -126°$$

即相位裕量 γ 在 $72° \sim 54°$ 之间。

②　当 $\omega_2 < \omega < \omega_3$，斜率为 -20 dB/dec；$\omega_1 < \omega < \omega_2$，斜率为 -60 dB/dec 时，则对应系统的开环频率特性为

$$G_0(j\omega) = \frac{K\left(1 + j\,\dfrac{\omega}{\omega_2}\right)^2}{j\omega\left(1 + j\,\dfrac{\omega}{\omega_1}\right)^2\left(1 + j\,\dfrac{\omega}{\omega_3}\right)}$$

同理求得在 ω_c 处的相角，再求得系统的相位裕量 γ 在 $72° \sim 36°$。

③　$\omega > \omega_2$，斜率为 -40 dB/dec；$\omega_1 < \omega < \omega_2$，斜率为 -60 dB/dec 时，则对应系统的开环频率特性为

$$G_0(j\omega) = \frac{K\left(1 + j\,\dfrac{\omega}{\omega_2}\right)}{j\omega\left(1 + j\,\dfrac{\omega}{\omega_1}\right)^2}$$

同理此时求得系统的相位裕量 γ 在 $-18° \sim 18°$。

上述计算的结果说明了开环对数幅频特性若在 ω_c 处中频段的斜率为 -20 dB/dec，系统

就有可能稳定并具有较大的相位裕量。

一、串联超前校正

用频率法对系统进行超前校正的基本原理，是利用超前校正网络的相位超前特性来增大系统的相位裕度，以达到改善系统瞬态响应的目的。为此，在设计超前校正网络时，应让它产生的最大相位超前角出现在系统的截止频率（剪切频率）处。

用频率法对系统进行串联超前校正的一般步骤为：

（1）根据稳态误差的要求，确定开环增益 K。

（2）根据所确定的开环增益 K，画出未校正系统的伯德图，计算未校正系统的相位裕度 γ。

（3）根据截止频率 ω''_c 的要求，计算超前网络参数 a 和 T。

在本步骤中，关键是选择最大超前角频率等于要求的系统截止频率，即 $\omega_m = \omega''_c$，以保证系统的响应速度，并充分利用网络的相角超前特性。显然，$\omega_m = \omega''_c$ 成立的条件是

$$-L_o(\omega''_c) = L_c(\omega_c) = 10\lg a \qquad (6-23)$$

根据上式不难求出 a 值，然后由 $T = \dfrac{1}{\omega_m \sqrt{a}}$ 确定 T 值。

（4）验算已校正系统的相位裕度 r''。

由给定的相位裕度值 γ，计算超前校正网络提供的相位超前量 φ，即

$$\varphi = \varphi_m = \gamma'' - \gamma + \varepsilon \qquad (6-24)$$

式中，ε 是用于补偿因超前校正网络的引入，使系统截止频率 ω_c 增大而增加的相角滞后量。ε 值通常是这样估计的：如果未校正系统的开环对数幅频特性在截止频率处的斜率为 -40 dB/dec，一般取 $\varepsilon = 5° \sim 10°$；如果为 -60 dB/dec，则取 $\varepsilon = 15° \sim 20°$。

（5）根据确定的最大相位超前角 φ_m，按式（6-13）算出相应的 a 值，即

$$a = \frac{1 + \sin\varphi_m}{1 - \sin\varphi_m} \qquad (6-25)$$

（6）计算校正网络在 ω_m 处的幅值 $10\lg a$（见图 6-11）。由未校正系统的对数幅频特性曲线，求得其幅值为 $-10\lg a$ 处的频率，该频率 ω_m 就是校正后系统的开环截止频率 ω''_c。

根据确定的 ω''_c 值，求得超前校正网络的转折频率

$$\omega_1 = \frac{\omega_m}{\sqrt{a}}$$

$$\omega_2 = \omega_m \sqrt{a}$$

（7）画出校正后系统的伯德图，并验算相位裕度是否满足要求。如果不满足，则需增大 ε 值，从第三步开始重新进行计算。

例 6-1 某一单位反馈系统的开环传递函数为 $G_0(s) = \dfrac{4K}{s\ (s+2)}$

试设计一个超前校正网络，使校正后系统的静态速度误差系数 $K_v = 20s^{-1}$，相位裕度 $\gamma = 50°$，幅值裕度 $20\lg K_g$ 不大于 10 dB。

解（1）根据对静态速度误差系数的要求，确定系统的开环增益 K。

$$K_v = \lim_{s \to 0} s \frac{4K}{s\ (s+2)} = 2K = 20$$

由此求得 $K=10$，这样未校正系统的开环频率特性为

$$G_0(j\omega) = \frac{40}{j\omega(j\omega+2)} = \frac{20}{\omega\sqrt{1+\left(\frac{\omega}{2}\right)^2}} \angle -90° - \arctan\frac{\omega}{2}$$

（2）绘制未校正系统的伯德图，如图 6-18 所示。由该图可知，校正前系统的相位裕度 $\gamma = 17°$。

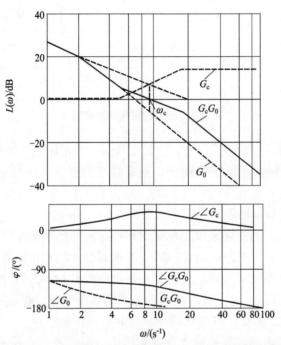

图 6-18 校正网络、校正前系统、校正后系统的伯德图

G_c—校正网络；G_0—校正前系统；G_cG_0—校正后系统

（3）根据相位裕度的要求，确定超前校正网络的相位超前角

$$\varphi = \varphi_m = \gamma - \gamma_1 + \varepsilon = 50° - 17° + 5° = 38°$$

（4）由式（6-13）得

$$a = \frac{1+\sin\varphi_m}{1-\sin\varphi_m} = \frac{1+\sin38°}{1-\sin38°} = 4.2$$

（5）超前校正网络在 ω_m 处的幅值为

$$10\lg a = 10\lg4.2 = 6.2 \text{ dB}$$

据此，在未校正系统的开环对数幅值为 -6.2 dB 所对应的频率 $\omega = \omega_m = 9 \text{ s}^{-1}$，这一频率就是校正后系统的截止频率 ω_c。也可通过计算求得

$$20\lg20 - 20\lg\omega - 20\lg\sqrt{1+\frac{\omega^2}{4}} = -6.2$$

$$\omega = 8.93 \approx 9 \text{ s}^{-1}$$

（6）计算超前校正网络的转折频率

$$\omega_1 = \frac{\omega_m}{\sqrt{a}} = \frac{9}{4.2} = 4.4$$

$$\omega_2 = \omega_m \sqrt{a} = 9\sqrt{4.2} = 18.4$$

$$G_c(s) = \frac{s+4.4}{s+18.2} = 0.238\frac{1+0.227s}{1+0.054s}$$

为了补偿因超前校正网络的引入而造成系统开环增益的衰减，必须使附加放大器的放大倍数为 $a = 4.2$。

（7）校正后系统的框图如图 6-19 所示，其开环传递函数为

$$G_c(s)\ G_0(s) = \frac{4.2\times40\ (s+4.4)}{s\ (s+18.2)\ (s+2)} = \frac{20\ (1+0.227s)}{s\ (1+0.5s)\ (1+0.0542s)}$$

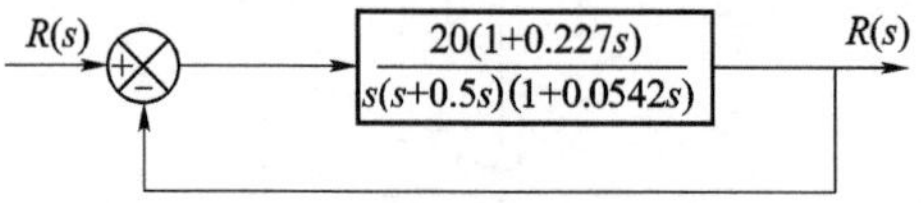

图 6-19 校正后系统框图

对应的伯德图如图 6-18 所示标注。由该图可见，校正后系统的相位裕度和幅值裕度分别为 50° 和 $+\infty$ dB，这样该系统不仅能满足稳态精度的要求，而且也能满足相对稳定性的要求。

基于上述分析，可知串联超前校正有如下特点：

（1）超前校正主要是利用超前校正网络的相位超前特性对未校正系统中频段进行校正，使校正后中频段渐进线的斜率为 -20 dB/dec，并有足够大的相位裕度。

（2）超前校正会使系统瞬态响应的速度变快。由例 6-1 可知，校正后系统的截止频率由未校正前的 6.3 增大到 9。这意味着校正后系统的频带变宽，瞬态响应速度变快；但系统抗高频噪声的能力变差。对此，在校正网络设计时必须注意。

（3）超前校正一般虽能较有效地改善动态性能，但未校正系统的相频特性曲线在截止频率 ω_c 附近急剧下降时，若用单级超前校正网络去校正，收效不大。这是因为校正后系统的截止频率会向高频段移动。在新的截止频率处，由于未校正系统的相角滞后量过大，所以用单级的超前校正网络难以获得所要求的相位裕度。

二、串联滞后校正

由于滞后校正网络具有低通滤波器的特性，因而当它与系统的不可变部分串联相连时，会使系统开环频率特性的中频和高频段增益降低及截止频率 ω_c 减小，从而有可能使系统获得足够大的相位裕度和增强系统抗高频扰动的功能，但不影响系统低频段特性。这就意味着滞后校正在一定的条件下，也能使系统同时满足动态和稳态性能的要求。

采用滞后校正的实质就是利用校正装置的滞后特性，造成系统中、高频段频率特性衰减，从而降低开环截止频率，增加相位裕量，提高系统的暂态性能；如果系统的暂态性能满足要求，而稳态精度不够，采用串联滞后校正，只提高系统低频段特性的高度，而不改变中高频段特性的幅值。因此，采用滞后校正应避免其最大滞后角发生在截止频率附近，应设在低频段，远离截止频率；此外，在系统响应速度要求不高，而抑制噪声电平性能要求较高的情况下，应采用串联滞后校正。

用频率法对系统进行串联滞后校正的一般步骤为：

（1）根据稳态性能要求，确定开环增益 K。

（2）利用已确定的开环增益，画出未校正系统对数频率特性曲线，确定未校正系统的截止频率 ω_c、相位裕度 r 和幅值裕度 K_g。

（3）选择不同的 ω''_c，计算或查出不同的 r 值，在伯德图上绘制 γ（ω''_c）曲线。

（4）根据相位裕度 r'' 要求，选择已校正系统的截止频率 ω''_c。

考虑到滞后网络在新的截止频率 ω''_c 处会产生一定的相角滞后 $\varphi_c(\omega''_c)$，因此，下式成立。

$$\gamma'' = \gamma（\omega''_c）+ \varphi_c(\omega''_c) \tag{6-26}$$

式中，r'' 是指标要求值；$\varphi_c(\omega''_c)$ 在确定 ω''_c 前可取为 $-6°$。于是，根据式（6-27）的计算结果，在 γ（ω''_c）曲线上可查出相应的 ω''_c 值。

（5）根据下述关系确定滞后网络参数 b 和 T。

$$20\lg b + L'（\omega''_c）= 0 \tag{6-27}$$

$$\frac{1}{bT} = 0.1\omega''_c \tag{6-28}$$

式（6-28）成立的原因是显然的，因为要保证已校正系统的截止频率为上一步所选的 ω''_c 值，就必须使滞后网络的衰减量 $20\lg b$ 在数值上等于未校正系统在新截止频率 ω''_c 上的对数幅频值 $L'（\omega''_c）$，该值在未校正系统的对数幅频曲线上可以查出，于是由式（6-27）可以算出 b 值。

根据式（6-28），由已确定的 b 值立即可以算出滞后网络的 T 值。如果求得的 T 值过大，难以实现，则可将式（6-28）中的系数 0.1 适当加大，如在 0.1~0.25 范围内选取，而 $\varphi_c(\omega''_c)$ 的估计值应在 $-6°$~$14°$ 确定。

（6）验算已校正系统的相位裕度和幅值裕度。

例6-2 控制系统如图 6-20 所示。若要求校正后的静态速度误差系数等于 30 s^{-1}，则相位裕度应不低于 40°，幅值裕度应不小于 10 dB，截止频率应不小于 2.3 rad/s，试设计串联校正网络。

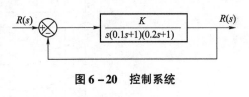

图6-20 控制系统

解 （1）首先确定开环增益 K。由于 $K_v = \lim\limits_{s\to 0}sG(s)$

$$K = 30$$

故未校正系统开环传递函数应取

$$G_0(s) = \frac{30}{s(0.1s+1)(0.2s+1)}$$

画出未校正系统的对数幅频特性，如图 6-15 所示。由图可得 $\omega'_c = 12$ rad/s，即

$$\gamma = 180° - 90° - \arctan\omega'_c \times 0.1 - \arctan\omega'_c \times 0.2 = -27.6°$$

说明未校正系统不稳定，且截止频率远大于要求值。在这种情况下，采用串联超前校正是无效的。可以证明，当超前网络的 a 取到 100 时，系统的相位裕度仍不满 30°，而截止频率却增至 26 rad/s。考虑到本例对系统截止频率值要求不大，故选用串联滞后校正可以满足需要的性能指标。

（2）现在做如下计算：

$$\gamma(\omega''_c) = 90° - \arctan(0.1\omega''_c) - \arctan(0.2\omega''_c)$$

并将 $\gamma(\omega''_c)$ 曲线绘在图 6-21 上。根据 $\gamma \geqslant 40°$ 的要求和 $\varphi_c(\omega''_c) = -6°$ 估值，按式（6-27）求得

$$\gamma(\omega''_c) = \gamma'' - \varphi(\omega''_c) = 40° - (-6°) = 46°$$

于是，由 $\gamma(\omega''_c)$ 曲线（图中标记）查得 $\omega''_c = 2.7$ rad/s。由于指标要求 $\omega''_c \geqslant 2.3$，故 ω''_c 值可在 $2.3 \sim 2.7$ 范围内任取。考虑到 ω''_c 取值较大时，已校正系统响应速度较快，且滞后网络时间常数 T 值较小，便于实现，故选取 $\omega''_c = 2.7$。然后，在图 6-19 上查出 $L'(\omega''_c) = 21$dB，故可由式（6-27）求出 $b = 0.09$，再由式（6-28）算出

$$T = \frac{1}{0.1\omega''_c b} = 41.1s$$

则滞后网络的传递函数为

$$G_c(s) = \frac{1 + bTs}{1 + Ts} = \frac{1 + 3.7s}{1 + 41s}$$

将校正网络 $L_c(\omega)$ 和已校正系统 $L''(\omega)$ 曲线绘于 6-21 图中。

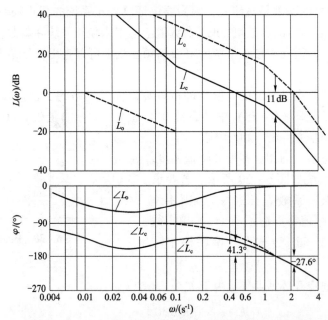

图 6-21 校正网络、校正前系统、校正后系统的伯德图

[$L_c(\omega)$——校正网络；$L'(\omega)$——校正前系统；$L''(\omega)$——校正后系统]

（3）最后验算指标（相位裕度和幅值裕度）。

$$\varphi_c(\omega''_c) \approx \arctan[0.1(b-1)] = -5.2°$$
$$\gamma'' = \gamma(\omega''_c) + \varphi(\omega''_c) = 46.5° - 5.2° = 41.3° > 40°$$

满足指标要求。

未校正前的相位穿越频率 ω_g，由

$$\varphi(\omega_g) = -180°$$

得

$$1 - 0.1\omega_g \times 0.2\omega_g = 0$$
$$\omega_g = 7.07 \text{ rad/s}$$

已校正系统后的相位穿越频率为

$$\omega'_g = 6.8 \text{ rad/s}$$

$$20\lg K_g = -20\lg \left| G_c \left(j\omega_g \right) \; G_0 \left(j\omega_g \right) \right| = 11 \text{ dB} > 10 \text{ dB}$$

求出的已校正系统的幅值裕度完全符合要求。

（4）通过两个例题的分析，将串联超前校正和串联滞后校正方法的特点归纳如下：

① 对同一系统超前校正系统的频带宽度一般总大于滞后校正系统，因此，如果要求校正后的系统具有宽的频带和良好的瞬态响应，则采用超前校正。当噪声电平较高时，显然频带越宽的系统抗噪声干扰的能力也越差。对于这种情况，宜对系统采用滞后校正。

② 用频率法进行超前校正，旨在提高开环对数幅频渐进线在截止频率处的斜率（-40 dB/dec 提高到 -20 dB/dec）和相位裕度，并增大系统的频带宽度。频带的变宽意味着校正后的系统响应变快，调整时间缩短。滞后校正虽然能改善系统的静态精度，但它促使系统的频带变窄，瞬态响应速度变慢。在有些应用方面，采用滞后校正可能得出时间常数大到不能实现的结果。

三、串联滞后—超前校正

这种校正方法兼有滞后校正和超前校正的优点。当校正系统不稳定，且要求校正后系统的响应速度、相位裕度和稳态精度较高时，以采用串联滞后—超前校正为宜。其基本原理是利用滞后—超前网络的超前部分来增大系统的相角裕度，同时利用滞后部分来改善系统的稳态性能。滞后—超前校正设计步骤如下：

（1）根据稳态性能要求确定开环增益 K。

（2）绘制待校正系统的对数幅频特性，求出待校正系统的截止频率 ω''_c、相位裕度 γ 及幅值裕度 h（dB）。

（3）在待校正系统对数幅频特性上，选择斜率从 -20 dB/dec 变为 -40 dB/dec 的交接频率作为校正网络超前部分的交接频率 ω_b。ω_b 的这种选法，可以降低已校正系统的阶次，且可保证中频区斜率为期望的 -20 dB/dec，并占据较宽的频带。

（4）根据响应速度要求，选择系统的截止频率 ω''_c 和校正网络衰减因子 $1/\alpha$。要保证已校正系统的截止频率为所选的 ω''_c，下列等式应成立：

$$-20\lg a + L'\left(\omega''_c\right) + 20\lg T_b \omega''_c = 0 \tag{6-29}$$

式中，$T_b = \omega_b$；$L'\left(\omega''_c\right) + 20\lg T_b\omega''_c$ 可由待校正系统对数幅频特性的 -20 dB/dec 延长线在 ω''_c 处的数值确定。因此，由式（6-29）可以求出 α 值。

（5）根据相位裕度要求，估算校正网络滞后部分的交接频率 ω_α。

（6）校验已校正系统的各项性能指标。

小　结

（1）如果系统给定的性能指标是时域形式，则宜用根轨迹法对系统进行校正；如果给定的性能指标是频域形式，则用频率响应法校正较为方便。两种方法虽不相同，但只要设计合理，都能取得良好的校正效果。

（2）超前校正是利用超前校正装置的相位超前特性对系统进行校正，使校正后系统的稳定裕量和剪切频率 ω_c 都增大。ω_c 的增大意味着系统的频带变宽、瞬态响应变快、调整时间缩短。超前校正装置在改变开环对数幅频渐近线中频段斜率的同时，也提高了其高频段的增益，这不利于对高频噪声信号的抑制。

（3）滞后校正是利用了滞后校正装置的高频幅值衰减特性，而不是它的相位滞后作用。这种校正由于降低了高频区的增益，致使剪切频率处 ω_c 减小。ω_c 的减小意味着稳定裕量的增大、带宽变窄、瞬态响应变慢、调整时间增加，但有利于抑制高频噪声。利用滞后校正装置的高频幅值衰减特性，能较大地提高系统的低频增益，从而改善了系统的稳态性能。

（4）如果系统既要有足够的稳定裕量和快速的瞬态响应，又要有高的稳态精度，则应采用滞后—超前校正。

（5）控制系统的校正除了上述三种方法外，在控制工程中有时还采用反馈校正和状态反馈。反馈校正是以校正装置 $G_c(s)$ 包围系统中某个需要改变性能的环节，从而达到改变系统的结构和参数的目的。由于这种校正装置的设计更依赖于设计者的经验，因而限制了它的广泛应用。状态反馈是用系统中众多的状态变量进行反馈，因而它更优于上述的校正方法。

习　题

1. 已知一单位反馈控制系统前向通道的传递函数为

$$G_0(s) = \frac{10}{s(0.1s+1)(0.5s+1)}$$

若对系统进行串联校正，令校正装置的传递函数为

$$G_c(s) = \frac{1+0.23s}{1+0.023s}$$

试求校正后系统的相位裕量和增益裕量。

2. 设单位反馈系统的开环传递函数为

$$G(s) = \frac{K}{s(s+1)}$$

试设计一串联超前校正装置，使系统满足如下指标：

（1）在单位斜坡输入下的稳态误差 $e_{ss} < 1/15$；

（2）截止频率 $\omega_c \geq 7.5$ rad/s；

（3）相位裕度 $\gamma \geq 45°$。

3. 设单位反馈系统的开环传递函数为

$$G(s) = \frac{K}{s(s+1)(0.25s+1)}$$

要求校正后系统的静态速度误差系数 $K_v \geq 5$ rad/s，相位裕度 $\gamma \geq 45°$，试设计串联滞后校正装置。

4. 已知一单位反馈控制系统如 6-22 所示。为使系统在阶跃输入时无稳态误差存在，选择校正装置 $G_c(s) = \frac{s+a}{s}$。若要求校正后系统的超调量近似于 5%，调整时间为 1 s，试确定参数 K 和 a。

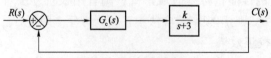

图 6-22　系统框图

5. 设单位反馈系统的开环传递函数为

$$G(s) = \frac{40}{s(0.2s+1)(0.0625s+1)}$$

(1) 若要求校正后系统的相位裕度为 30°，幅值裕度为 10 ~ 12 dB，试设计串联超前校正装置；

(2) 若要求校正后系统的相位裕度为 50°，幅值裕度为 30 ~ 40 dB，试设计串联滞后校正装置。

6. 已知一单位反馈控制系统，其被控对象 $G_0(s)$ 和串联校正装置 $G_c(s)$ 的对数幅频特性分别如图 6 – 23（a）~ 图 6 – 23（c）中的 L_0 和 L_c 所示。要求：

(1) 写出校正后各系统的开环传递函数；

(2) 分析各 $G_c(s)$ 对系统的作用，并比较其优缺点。

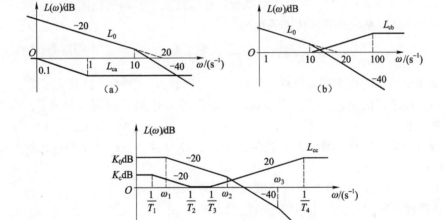

图 6 – 23　幅频特性图

7. 设单位反馈系统的开环传递函数

$$G(s) = \frac{K}{s(s+1)(0.025s+1)}$$

要求校正后系统的静态速度误差系数 $K_v \geqslant 5$ rad/s，截止频率 $\omega_c \geqslant 2$ rad/s，相位裕度 $\gamma \geqslant 45°$，试设计串联校正装置。

8. 已知一单位反馈控制系统如图 6 – 24 所示。其中 $G_c(s)$ 为滞后—超前校正装置，它的传递函数为

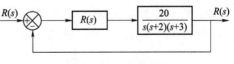

图 6 – 24　系统框图

$$G_c(s) = \frac{(s+0.15)(s+0.7)}{(s+0.015)(s+7)}$$

试证明校正后系统的相位裕度为 75°，增益裕量为 24 dB。

9. 某系统的开环对数幅频特性如图 6 – 25 所示，其中虚线表示校正前的，实线表示校正后的。要求：

(1) 确定所用的是何种串联校正方式，并写出校正装置的传递函数 $G_c(s)$；

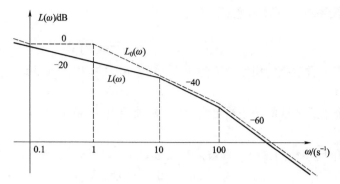

图 6 – 25 幅频特性图

(2) 确定使校正后系统稳定的开环增益范围;

(3) 当开环增益 $K = 1$ 时,求校正后系统的相位裕度 γ 和幅值裕度 h。

10. 设单位反馈系统的开环传递函数为

$$G(s) = \frac{K}{s \ (s+3) \ (s+9)}$$

(1) 如果要求系统在单位阶跃输入作用下的超调量 $M_p = 20\%$,试确定 K 值;

(2) 根据所求得的 K 值,求出系统在单位阶跃输入作用下的调节时间 t_s,以及静态速度误差系数 K_v;

(3) 设计一串联校正装置,使系统的 $K_v \geqslant 20$,$M_p \leqslant 17\%$,t_s 减小到校正前系统调节时间的一半以内。

11. 图 6 – 26 所示为三种推荐的串联校正网络的对数幅频特性,它们均由最小相角环节组成。若原控制系统为单位反馈系统,其开环传递函数

$$G(s) = \frac{400}{s^2 \ (0.01s+1)}$$

试问:

(1) 这些校正网络中,哪一种可使校正后系统的稳定程度最好?

(2) 为了将 12 Hz 的正弦噪声削弱 1/10 左右,应采用哪种校正网络?

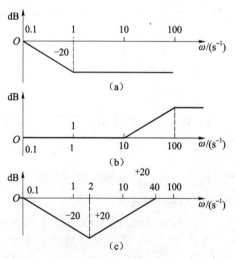

图 6 – 26 幅频特性图

12. 已知一控制系统如图 6 – 27 所示,其中 $G_c(s)$ 为 PID 调节器,它的传递函数为

$$G_c(s) \ = K_p + \frac{K_i}{s} + K_d s$$

要求校正后系统的闭环极点为 $-10 + j10$ 和 -100,试确定 PID 调节器的参数 K_p、K_i、K_d。

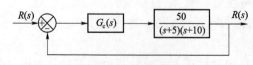

图 6 – 27 系统框图

第七章　转速反馈控制的直流调速系统

蓄电池叉车调速控制系统可分为直流调速控制系统和交流调速控制系统。交流调速控制技术在我国尚处于起步阶段，我军后方仓库的大部分叉车仍采用直流串励或他励电动机。直流调速控制系统能为叉车牵引系统提供低速大转矩，具有较大的启动能力和过载能力，速度控制相对简单，能实现较宽范围内的无级调速。本章主要介绍直流调速控制系统。

第一节　转速反馈控制的直流调速系统

调速范围和静差率是一对互相制约的性能指标，如果既要提高调速范围，又要降低静差率，唯一的办法是减少负载所引起的转速降落 Δn_N。但是在转速开环的直流调速系统中，$\Delta n_N = \dfrac{RI_N}{C_e}$ 是由直流电动机的参数决定的，无法改变。解决矛盾的有效途径是采用反馈控制技术，构成转速闭环的控制系统。转速闭环控制可以减小转速降落，降低静差率，扩大调速范围。蓄电池叉车调速控制系统大部分采用典型的转速反馈控制，对测速反馈的方法，有的采用测速发电机法和光电编码盘法，有的采用测量电动机电枢电流来估计电动机转速的方法。

根据自动控制原理，将系统的被调节量作为反馈量引入系统，与给定量进行比较，用比较后的偏差值对系统进行控制，可以有效地抑制甚至消除扰动造成的影响，而维持被调节量很少变化或不变，这就是反馈控制的基本作用。在负反馈基础上的"检测误差，用以纠正误差"这一原理组成的系统，其输出量反馈的传递途径构成一个闭合的环路，因此被称作闭环控制系统。

一、转速反馈控制直流调速系统的静特性

图 7－1 所示为带转速负反馈的直流电动机调速系统原理框图，被调量是转速 n，给定量是给定电压 U_n^*，在电动机轴上安装测速发电机用以得到与被测转速成正比的反馈电压 U_n。U_n^* 与 U_n 相比较后，得到转速偏差电压 ΔU_N，经过比例放大器 A，产生电力电子变换器 UPE 所需的控制电压 U_c。在调速系统中，比例放大器又称作比例（P）调节器。从 U_c 开始一直到直流电动机，系统的结构与开环调速系统相同，闭环控制系统和开环控制系统的主要差别就在于转速 n 经过测量元件反馈到输入端参与控制。

开环控制系统中各环节的稳态关系如下：

电力电子变换器　$U_{d0} = K_s U_c$

直流电动机　$n = \dfrac{U_{d0} - I_d R}{C_e}$

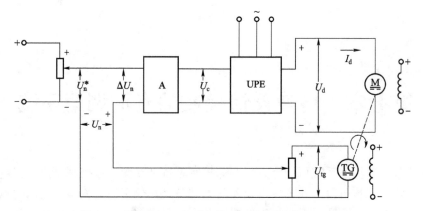

图 7 – 1   带转速负反馈的闭环直流调速系统原理框图

在图 7 – 1 所示的闭环调速系统中又增加了以下环节。

电压比较环节　$\Delta U_n = U_n^* - U_n$

比例调节器　$U_c = K_p \Delta U_n$

测速反馈环节　$U_n = an$

上述各关系式中新出现的系数:

K_p——比例调节器的比例系数;

α——转速反馈系数 (V·min/r)。

从上述五个关系式中消去中间变量并整理后, 即得到转速负反馈闭环直流调速系统的静特性方程式

$$n = \frac{K_p K_s U_n^* - I_d R}{C_e\ (1 + K_p K_s \alpha / C_e)} = \frac{K_p K_s U_n^*}{C_e\ (1 + K)} - \frac{R I_d}{C_e\ (1 + K)} \tag{7 – 1}$$

式中, K 为闭环系统的开环放大系数, $K = \dfrac{K_p K_s a}{C_e}$, 它相当于在转速采样电位器的输出端, 把反馈回馈断开, 等于从放大器输入端到转速采样电位器输出端之间各环节放大系数的乘积。

闭环调速系统的静特性表示闭环系统电动机转速与负载电流 (或转矩) 间的稳态关系, 它在形式上与开环机械特性相似, 但本质上却有很大不同, 故定义为 "静特性", 以示区别。

根据各环节的稳态关系式可以画出闭环系统的稳态结构框图, 如图 7 – 2 (a) 所示, 图中各方框内的文字符号代表该环节的放大系数。运用结构框图运算法同样可以推出式 (7 – 1) 所表示的静特性方程式, 方法如下: 将给定量 U_n^* 和扰动量 $-I_d R$ 看成是两个独立的输入量, 先按它们分别作用下的系统 [见图 7 – 2 (b) (c)] 求出各自的输出与输入关系式, 由于已认为系统是线性的, 故把二者叠加起来即得系统的静特性方程式。

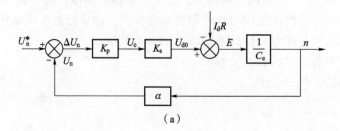

(a)

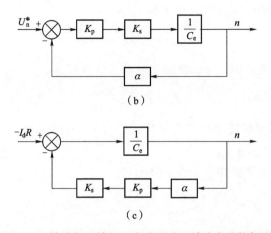

图7-2　转速负反馈闭环直流调速系统稳态结构框图

(a) 闭环调速系统；(b) 只考虑给定作用 U_n^* 时的闭环系统；

(c) 只考虑扰动作用 $-I_dR$ 时的闭环系统

二、转速反馈控制直流调速系统的动态数学模型

一个带有储能环节的线性物理系统的动态过程可以用线性微分方程描述，微分方程的解即系统的动态过程，它包括两部分：动态响应和稳态解。在动态过程中，从施加给定输入值的时刻开始到输出达到稳态值以前，是系统的动态响应；系统达到稳态后，即可用稳态解来描述系统的稳态特性。

转速反馈控制直流调速系统的静特性反映了电动机转速与负载电流（或转矩）的稳态关系，它是运动方程的稳态解。

如果要分析系统的动态性能，需求出动态响应，为此必须先建立描述系统动态物理规律的数学模型。以图7-1所示的转速反馈控制直流调速系统为例，构成该系统的功率主电路是电力电子变换器和直流电动机。电力电子变换器、晶闸管触发和PWM控制器与变换器的传递函数的表达式是相同的，都是式（7-2），只是参数 K_s 和 T_s 的数值不同而已。

$$W_s(s) \approx \frac{K_s}{T_s s + 1} \tag{7-2}$$

图7-3所示为他励直流电动机在额定励磁下的等效电路，其中电枢回路总电阻 R 和电感 L 包含电力电子变换器内阻、电枢电阻和电感及可能在主电路中接入的其他电阻和电感，规定的正方向如图7-3所示。

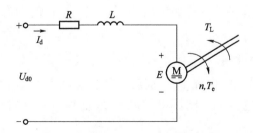

图7-3　他励直流电动机在额定励磁下的等效电路

假定主电路电流连续，动态电压方程为

$$U_{d0} = RI_d + L\frac{dI_d}{dt} + E \tag{7-3}$$

忽略黏性摩擦及弹性转矩，电动机轴上的动力学方程为

$$T_e - T_L = \frac{GD^2}{375}\frac{dn}{dt} \tag{7-4}$$

式中，T_L 为包括电动机空载转矩在内的负载转矩（N·m）；GD^2 为电力拖动装置折算到电动机轴上的飞轮惯量（N·m²）。

额定励磁下的感应电动势和电磁转矩分别为

$$E = C_e n \tag{7-5}$$

$$T_e = C_m I_d \tag{7-6}$$

式中，C_m 为电动机额定励磁下的转矩系数（N·m/A），$C_m = \frac{30}{\pi}C_e$。

定义下列时间常数：

T_l——电枢回路电磁时间常数（s），$T_l = \frac{L}{R}$；

T_m——电力拖动系统机电时间常数（s），$T_m = \frac{GD^2 R}{375 C_e C_m}$。

代入式（7-2）和式（7-3），并考虑式（7-4）和式（7-5），整理后得

$$U_{d0} - E = R\left(I_d + T_l\frac{dI_d}{dt}\right) \tag{7-7}$$

$$I_d - I_{dL} = \frac{T_m}{R}\frac{dE}{dt} \tag{7-8}$$

式中，I_{dL} 为负载电流（A），$I_{dL} = \frac{T_L}{C_m}$。

在零初始条件下，取等式两侧的拉普拉斯变换，得到电压与电流间的传递函数为

$$\frac{I_d(s)}{U_{d0}(s) - E(s)} = \frac{\frac{1}{R}}{T_l s + 1} \tag{7-9}$$

电流与电动势间的传递函数为

$$\frac{E(s)}{I_d(s) - I_{dL}(s)} = \frac{R}{T_m s} \tag{7-10}$$

式（7-9）和式（7-8）的动态结构图分别画在图7-4（a）和图7-4（b）中。将两图合在一起，考虑到 $n = \frac{E}{C_e}$，即得额定励磁下直流电动机的动态结构图，如图7-4（c）所示。

由图7-4（c）可以看出，直流电动机有两个输入量，一个是施加在电枢上的理想空载电压 U_{d0}，另一个是负载电流 I_{dL}。前者是控制输入量，后者是扰动输入量。如果不需要在结构图中显现出电流 I_d，则可将扰动量 I_{dL} 的综合点移前，再进行等效变换，得图7-5。

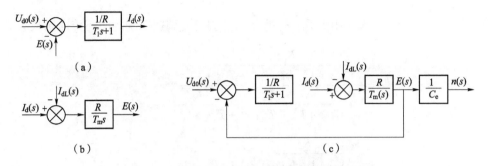

图 7 - 4 额定励磁下直流电动机的动态结构框图

(a) 电压电流间的结构框图；(b) 电流电动势间的结构框图；

(c) 直流电动机的动态结构框图

由图 7 - 5 可以看出，额定励磁下的直流电动机是一个二阶线性环节，T_m 和 T_l 两个时间常数分别表示机电惯性和电磁惯性。若 $T_m > 4T_l$，则 $U_{d0} \sim n$ 间的传递函数可以分解成两个惯性环节，突加给定时，转速呈单调变化；若 $T_m < 4T_l$，则直流电动机是一个二阶振荡环节，机械和电磁能量互相转换，使电动机的运动过程带有振荡的性质。

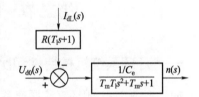

图 7 - 5 直流电动机动态框图的变换

在图 7 - 1 的转速反馈控制直流调速系统中还有比例放大器和测速反馈环节，它们的响应都可以认为是瞬时的，因此它们的传递函数就是它们的放大系数，即

放大器
$$W_a\ (s)\ = \frac{U_c\ (s)}{\Delta U_n\ (s)} = K_p \tag{7-11}$$

测速反馈
$$W_{fn}\ (s)\ = \frac{U_n\ (s)}{n\ (s)} = a \tag{7-12}$$

知道了各环节的传递函数后，把它们按在系统中的相互关系组合起来，就可以画出闭环直流调速系统的动态结构图，如图 7 - 6 所示。由图 7 - 6 可见，将电力电子变换器按一阶惯性环节处理后，带比例放大器的转速反馈控制直流调速系统可以近似看作是一个三阶线性系统。

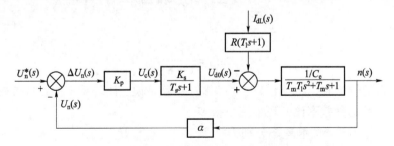

图 7 - 6 转速反馈控制直流调速系统的动态结构框图

由图 7 - 6 可见，转速反馈控制直流调速系统的开环传递函数是

$$W\ (s)\ = \frac{U_n(s)}{\Delta U_n(s)} = \frac{K}{(T_s s + 1)\ (T_m T_l s^2 + T_m s + 1)} \tag{7-13}$$

式中，$K = K_p K_s a / C_e$。

设 $I_{dL} = 0$，从给定输入作用上看，转速反馈控制直流调速系统的闭环传递函数为

$$W_{cl}(s) = \frac{n(s)}{U_n^*(s)} = \frac{\dfrac{K_p K_s / C_e}{(T_s s + 1)(T_m T_1 s^2 + T_m s + 1)}}{1 + \dfrac{K_p K_s \alpha / C_e}{(T_s s + 1)(T_m T_1 s^2 + T_m s + 1)}}$$

$$= \frac{\dfrac{K_p K_s}{C_e(1+K)}}{\dfrac{T_m T_1 T_s}{1+K}s^3 + \dfrac{T_m(T_1 + T_s)}{1+K}s^2 + \dfrac{T_m + T_s}{1+K}s + 1} \tag{7-14}$$

第二节 比例控制的直流调速系统

一、开环系统机械特性和比例控制闭环系统静特性的关系

如果把图 7-1 闭环直流调速系统中的反馈回路断开，则该系统的开环机械特性为

$$n = \frac{U_{d0} - I_d R}{C_e} = \frac{K_p K_s U_n^*}{C_e} - \frac{R I_d}{C_e} = n_{0op} - \Delta n_{op} \tag{7-15}$$

式中，n_{op} 为开环系统的理想空载转速；Δn_{op} 为开环系统的稳态速降。

闭环时，比例控制直流调速系统的静特性可写成

$$n = \frac{U_{d0} - I_d R}{C_e} = \frac{K_p K_s U_n^*}{C_e(1+K)} - \frac{R I_d}{C_e(HK)} = n_{0cl} - \Delta n_{cl} \tag{7-16}$$

式中，n_{0cl} 为闭环系统的理想空载转速；Δn_{cl} 为闭环系统的稳态速降。

比较式（7-15）和式（7-16）不难得出以下的论断。

（1）闭环系统静特性可以比开环系统机械特性硬得多。

在同样的负载扰动下，开环系统和闭环系统的转速降落分别为

$$\Delta n_{op} = \frac{R I_d}{C_e} \text{和} \ \Delta n_{cl} = \frac{R I_d}{C_e(1+K)}$$

它们的关系是

$$\Delta n_{cl} = \frac{\Delta n_{op}}{1+K} \tag{7-17}$$

显然，当 K 值较大时，Δn_{cl} 比 Δn_{op} 小得多，也就是说，闭环系统的特性要硬得多。

（2）闭环系统的静差率比开环系统小得多。

闭环系统和开环系统的静差率分别为

$$s_{cl} = \frac{\Delta n_{cl}}{n_{0cl}} \text{和} \ s_{op} = \frac{\Delta n_{op}}{n_{0op}}$$

蓄电池车辆空载转速相同的情况下，即当 $n_{0op} = n_{0cl}$ 时，

$$s_{cl} = \frac{s_{op}}{1+K} \tag{7-18}$$

（3）如果静差率一定，蓄电池车辆采用闭环系统可以提高调速范围。

如果电动机的最高转速都是 n_N，对最低速静差率的要求相同，那么由表示调速范围、静差率和额定速降关系的式可得

开环时
$$D_{op} = \frac{n_N s}{\Delta n_{op} (1-s)}$$

闭环时
$$D_{cl} = \frac{n_N s}{\Delta n_{cl} (1-s)}$$

再考虑式（7-18），得

$$D_{cl} = (1+K) D_{op} \tag{7-19}$$

把以上三点概括起来，可得出下述结论：蓄电池车辆直流调速系统采用比例控制，可以获得比开环调速系统硬得多的稳态特性，从而保证一定静差率的要求下，能够提高调速范围。

通过分析，可以看出蓄电池车辆直流调速控系统采用比例控制的反馈控制系统具有以下三个特点。

（1）比例控制的反馈控制系统是被调量有静差的控制系统。

比例控制反馈控制系统的开环放大系数值越大，系统的稳态性能越好。但只要比例放大系数 K_p = 常数，开环放大系数 $K \neq \infty$，反馈控制就只能减小稳态误差，而不能消除它，这样的控制系统叫作有静差控制系统。

（2）反馈控制系统的作用是：抵抗扰动，服从给定。

反馈控制系统具有良好的抗扰性能，它能有效地抑制一切被负反馈环所包围的前向通道上的扰动作用，对于给定作用的变化唯命是从。

（3）系统的精度依赖于给定和反馈检测的精度。

反馈控制系统无法鉴别是对给定电压的正常调节还是不应有的给定电压的电源波动。直流调速系统采用测速发电机作为反馈检测装置，其反馈信号的误差比较大。目前交流调速系统的发展趋势是用数字给定和数字测速来提高调速系统的精度。

二、比例控制闭环直流调速系统的动态稳定性

在比例控制的反馈系统中，比例系数 K_p 越大，稳态误差越小，稳态性能就越好。但是蓄电池车辆是否能够安全可靠运行，还要看系统的动态稳定性。

由转速反馈直流调速系统的闭环传递函数式可知，比例控制闭环系统的特征方程为

$$\frac{T_m T_l T_s}{1+K}s^3 + \frac{T_m (T_l + T_s)}{1+K}s^2 + \frac{T_m + T_s}{1+K}s + 1 = 0 \tag{7-20}$$

一般表达式为

$$a_0 s^3 + a_1 s^2 + a_2 s + a_3 = 0$$

根据三阶系统的劳斯—赫尔维茨判据，系统稳定的充分必要条件是

$$a_0 > 0, \ a_1 > 0, \ a_2 > 0, \ a_3 > 0, \ a_1 a_2 - a_0 a_3 > 0$$

因此稳定条件就只有

$$\frac{T_m (T_l + T_s)}{1+K} \cdot \frac{T_m + T_s}{1+K} - \frac{T_m T_l T_s}{1+K} > 0$$

整理后得

$$K < \frac{T_{\mathrm{m}} \left(T_1 + T_{\mathrm{s}} \right) + T_{\mathrm{s}}^{2}}{T_1 T_{\mathrm{s}}} \tag{7-21}$$

K_{er} 为临界放大系数，当 $K > K_{\mathrm{er}}$ 时，系统将不稳定。

以上分析表明，比例控制闭环直流调速系统的稳态误差小与系统的稳定性是矛盾的，对于自动控制系统来说，稳定性是蓄电池车辆能否正常工作的首要条件，是必须保证的。

第三节　比例积分控制的无静差直流调速系统

一、积分调节器和积分控制规律

在比例控制直流 V - M 调速系统中，稳态性能和动态稳定性的要求常常是互相矛盾的。根据自动控制原理，要解决这个矛盾，必须恰当地设计动态校正装置，用它来改造系统。在电力拖动自动控制系统中，常用串联校正和反馈校正。蓄电池叉车采用的直流闭环调速系统，传递函数阶次较低，一般采用 PID 调节器的串联校正方案就能完成动态校正的任务。

PID 调节器包括比例（P）控制、积分（I）控制和微分（D）控制，现在先讨论积分控制的作用。在输入转速误差信号 ΔU_{n} 的作用下，积分调节器的输入输出关系为

$$U_{\mathrm{c}} = \frac{1}{\tau} \int_0^t \Delta U_{\mathrm{n}} \mathrm{d}t \tag{7-22}$$

其传递函数是

$$W_{\mathrm{I}} \left(s \right) = \frac{1}{\tau s} \tag{7-23}$$

式中，τ 为积分时间常数。

在采用比例调节器的调速系统中，调节器的输出是电力电子变换器的控制电压 $U_{\mathrm{c}} = K_{\mathrm{p}} \Delta U_{\mathrm{n}}$。只要蓄电池叉车在工作，控制系统就必须输出 PWM 脉冲，使牵引电动机的控制电压为 U_{c}，因而也必须有转速偏差电压 ΔU_{n}，这正是此类调速系统有静差的根本原因。

如果采用积分调节器，则控制电压 U_{c} 是转速偏差电压 ΔU_{n} 的积分，$U_{\mathrm{c}} = \frac{1}{\tau} \int_0^t \Delta U_{\mathrm{n}} \mathrm{d}t$。当 ΔU_{n} 是阶跃函数时，U_{c} 按线性规律增长，每一时刻 U_{c} 的大小和 ΔU_{n} 与横轴所包围的面积成正比，如图 7 - 7（a）所示，图中 U_{cm} 是积分调节器的输出限幅值。对于闭环系统中的积分调节器，ΔU_{n} 不是阶跃函数，而是随着转速不断变化的。当电动机启动后，随着转速的升高，ΔU_{n} 不断减少，但积分作用使 U_{c} 仍继续增长，只不过 U_{c} 的增长不再是线性的了，每一时刻 U_{c} 的大小仍和 ΔU_{n} 与横轴所包围的面积成正比，如图 7 - 7（b）所示。在动态过程中，当 ΔU_{n} 变化时，只要其极性不变，即只要仍是 $U_{\mathrm{n}}^{*} > U_{\mathrm{n}}$，积分调节器的输出 U_{c} 便一直增长；只有达到 $U_{\mathrm{n}}^{*} = U_{\mathrm{n}}$，$\Delta U_{\mathrm{n}} = 0$ 时，U_{c} 才停止上升，达到其终值 U_{cf}。在这里，值得特别强调的是，当 $\Delta U_{\mathrm{n}} = 0$ 时，U_{c} 并不是零，而是一个终值 U_{cf}，如果 ΔU_{n} 不再变化，这个终值便保持恒定而不再变化，这是积分控制不同于比例控制的特点。正因为如此，积分控制才可以使系统在无静差的情况下保持恒速运行，实现无静差调速。

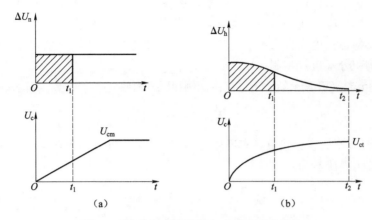

图7-7 积分调节器的输入和输出动态过程

蓄电池叉车调速系统除了给定输入量 U_n^* 以外，还存在一个扰动输入量 I_{dL}，为分析扰动输入量 I_{dL} 对积分控制调速系统的影响，先假定系统已进入稳定运行状态，$U_n^* = U_n$，$\Delta U_n = 0$，$I_d = I_{dL1}$，$U_c = U_{c1}$。突加负载引起动态速降时，产生 ΔU_n，U_c 从 U_{c1} 不断上升，使电枢电压也由 U_{d1} 不断上升，从而使转速 n 在下降到一定程度后又回升。达到新的稳态时，ΔU_n 又恢复为零，但 U_c 已从 U_{c1} 上升到 U_{c2}，使电枢电压由 U_{d1} 上升到 U_{d2}，以克服负载电流增加的压降。系统的动态过程曲线如图 7-8 所示，按照 U_c 的大小与 ΔU_n 和横轴所包围的面积成正比的关系，图中 ΔU_n 的最大值对应于 $U_c(t)$ 的拐点。在这里，U_c 的改变并非仅仅依靠 ΔU_n 本身，而是依靠 ΔU_n 在一段时间内的积累。

积分控制规律和比例控制规律的根本区别：比例调节器的输出只取决于输入偏差量的现状，而积分调节器的输出则包含了输入偏差量的全部历史。积分调节器在稳态时 $\Delta U_n = 0$，只要历史上有过 ΔU_n，其积分就有一定数值，足以产生稳态运行所需要的控制电压。

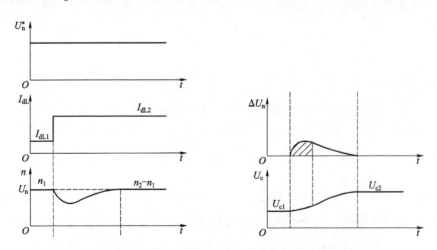

图7-8 积分调节器无静差调速系统突加负载时的动态过程

二、比例积分控制规律

上一小节从无静差的角度突出地表明了积分控制优于比例控制的地方，但是从另一方面看，在控制的快速性上，积分控制却又不如比例控制。同样在阶跃输入作用之下，比例调节器的输出可以立即响应，而积分调节器的输出却只能逐渐地变化（见图7-7和图7-8）。那么，如果既要稳态精度高，又要动态响应快，只要把比例和积分两种控制结合起来就行了，这便是比例积分（PI）控制。

比例积分调节器（PI调节器）的输出由比例和积分两部分叠加而成，其输入—输出关系为

$$U_{ex} = K_p U_{in} + \frac{1}{\tau}\int_0^t U_{in}\mathrm{d}t \tag{7-24}$$

为了使PI调节器的表达式更具有通用性，用U_{in}表示PI调节器的输入，用U_{ex}表示PI调节器的输出。其传递函数为

$$W_{PI}(s) = K_p + \frac{1}{\tau s} = \frac{K_p \tau s + 1}{\tau s} \tag{7-25}$$

式中，K_p为PI调节器的比例放大系数；τ为PI调节器的积分时间常数。

令$\tau_1 = K_p\tau$，则PI调节器的传递函数也可写成

$$W_{PI}(s) = K_p\frac{\tau_1 s + 1}{\tau_1 s} \tag{7-26}$$

式中，τ_1为微分项中的超前时间常数。

式（7-26）表明，PI调节器也可用积分和比例微分两个环节表示。

采用模拟控制时，可用运算放大器来实现PI调节器，其线路图如图7-9所示。图7-9中所示的极性表明调节器的输入极性U_{in}和输出极性U_{ex}是反相的；R_{bal}为运算放大器同相输入端的平衡电阻，一般取反相输入端各电路电阻的并联值，按照运算放大器的输入—输出关系，可得

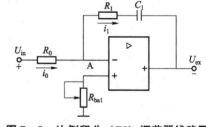

图7-9　比例积分（PI）调节器线路图

$$\begin{aligned}U_{ex} &= \frac{R_1}{R_0}U_{in} + \frac{1}{R_0 C_1}\int U_{in}\mathrm{d}t \\ &= K_p U_{in} + \frac{1}{\tau}\int U_{in}\mathrm{d}t\end{aligned} \tag{7-27}$$

式中，$K_p = \dfrac{R_1}{R_0}$；$\tau = R_0 C_1$。

依据式（7-24）可以画出PI调节器在U_{in}为方波输入时的输出特性，如图7-10所示。当$t=0$突加输入U_{in}时，由于比例部分的作用，输出量立即响应，突跳到$U_{ex}(t) = K_p U_{in}$，实现了快速响应；随后$U_{ex}(t)$按积分规律增长，$U_{ex}(t) = K_p U_{in} + \dfrac{t}{\tau}U_{in}$；在$t = t_1$时，输入突降到零，$U_{in} = 0$，$U_{ex} = \dfrac{t_1}{\tau}U_{in}$，使电力电子变换器的稳态输出电压足以克服负载电流压降，实现稳态转速无静差。由此可见，比例积分控制综合了比例控制和积分控制两种规律的优点，又克服了各自的缺点，扬长避短，互相补充。比例部分能迅速响应控制作用，积分部分则最终消除稳态偏差。

在闭环调速系统中，负载扰动同样引起ΔU_n的变化，图7-11绘出了比例积分调节器的输入和输出动态过程。假设输入偏差电压ΔU_n的波形如图7-11所示，则输出波形中比例部分①和ΔU_n成正比，积分部分②是ΔU_n的积分曲线，而PI调节器的输出电压U_c是这

两部分之和，即①＋②。可见，U_c 既具有快速响应性能，又足以消除调速系统的静差。除此以外，比例积分调节器还是提高系统稳定性的校正装置，因此，它在调速系统和其他控制系统中获得了广泛的应用。

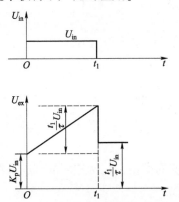

图 7 - 10　PI 调节器的输入输出特性　　　图 7 - 11　闭环系统中 PI 调节器的输入和输出动态过程

　　蓄电池叉车的调速控制系统以微处理器为控制核心，能对车辆的状态进行实时的监控，具有完整的故障诊断和保护功能。但微处理器的有限字长和 A/D、D/A 转换器存在误差，导致了控制精度的下降。单纯用 PID 控制，并不能获得理想的控制效果，必须充分发挥计算机运算速度快、逻辑能力强和编制程序灵活等优势，建立出许多 PID 控制器难以实现的特殊控制规律。

第四节　直流调速系统的稳态误差分析

　　对于稳定系统，稳态误差是衡量系统稳态性能的指标，它根据对典型信号的误差控制来表征系统控制的准确度和抑制干扰的能力。蓄电池叉车直流调速系统的动态结构图如图 7 - 12 所示，图中的转速调节器用 ASR 来表示，它可以是比例调节器、积分调节器或比例积分调节器。

　　在使用比例调节器时，系统的开环传递函数如式（7 - 13）所示，重写如下：

$$W\ (s)\ =\frac{K}{(T_s s+1)\ (T_m T_1 s^2+T_m s+1)}$$

式中，$K=K_p K_s \alpha/C_e$。

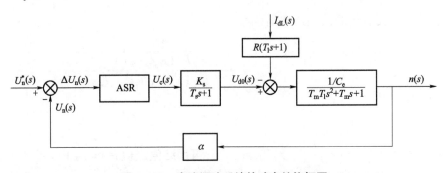

图 7 - 12　直流调速系统的动态结构框图

在使用积分调节器时，系统的开环传递函数为

$$W(s) = \frac{K}{s\,(T_s s + 1)\,(T_m T_1 s^2 + T_m s + 1)} \tag{7-28}$$

式中，$K = \dfrac{K_s \alpha}{\tau C_e}$。

在使用比例积分调节器时，系统的开环传递函数为

$$W(s) = \frac{K\,(K_p \tau s + 1)}{s\,(T_s s + 1)\,(T_m T_1 s^2 + T_m s + 1)} \tag{7-29}$$

式中，$K = \dfrac{K_s \alpha}{\tau C_e}$。

根据系统开环传递函数中积分环节的数目划分控制系统的类型，比例控制的调速系统是 0 型系统，积分控制、比例积分控制的调速系统是 I 型系统。

稳态误差定义为输入量和反馈量的差值，即

$$\Delta U_n\,(t)\ = U_n^*(t)\ - U_n(t) \tag{7-30}$$

衡量系统控制的准确度的是系统对给定输入 U_n^* 的跟随能力；衡量系统抑制干扰能力的是系统抑制负载电流 I_{dL} 的抗扰能力。

一、阶跃给定输入的稳态误差

在分析阶跃给定输入的稳态误差时，令 $I_{dL}=0$。比例调节器系统的误差传递函数为

$$\Delta U_n(s)\ = U_n^*(s)\ \cdot \frac{1}{1 + \dfrac{K}{(T_s s + 1)\,(T_m T_1 s^2 + T_m s + 1)}} \tag{7-31}$$

式中，$K = \dfrac{K_p K_s \alpha}{C_e}$。

积分调节器系统的误差传递函数为

$$\Delta U_n(s)\ = U_n^*(s)\ \cdot \frac{1}{1 + \dfrac{K}{s\,(T_s s + 1)\,(T_m T_1 s^2 + T_m s + 1)}} \tag{7-32}$$

式中，$K = \dfrac{K_s \alpha}{C_e \tau}$。

比例积分调节器系统的误差传递函数为

$$\Delta U_n(s)\ = U_n^*(s)\ \cdot \frac{1}{1 + \dfrac{K\,(K_p \tau s + 1)}{s\,(T_s s + 1)\,(T_m T_1 s^2 + T_m s + 1)}} \tag{7-33}$$

式中，$K = \dfrac{K_s \alpha}{C_e \tau}$。

阶跃给定输入 $U_n^*(s) = \dfrac{U_n^*}{s}$，对稳定系统，可用终值定理 $t \to \infty$ 时的误差 ΔU_n。

由式（7-31）可求得比例控制的调速系统的阶跃给定输入稳态误差为

$$\Delta U_n = \lim_{s \to 0} s \cdot \Delta U_n(s) = \lim_{s \to 0} s \cdot \frac{U_n^*}{s} \cdot \frac{1}{1 + \dfrac{K}{(T_s s + 1)(T_m T_1 s^2 + T_m s + 1)}} = \frac{U_n^*}{1 + K}$$

$$(7-34)$$

由式（7-32）可求得积分控制的调速系统的阶跃给定输入稳态误差为

$$\Delta U_n = \lim_{s \to 0} s \cdot \Delta U_n(s) = \lim_{s \to 0} s \cdot \frac{U_n^*}{s} \cdot \frac{1}{1 + \dfrac{K}{s(T_s s + 1)(T_m T_1 s^2 + T_m s + 1)}} = 0 \qquad (7-35)$$

由式（7-33）可求得比例积分控制的调速系统的阶跃给定输入稳态误差为

$$\Delta U_n = \lim_{s \to 0} s \cdot \Delta U_n(s) = \lim_{s \to 0} s \cdot \frac{U_n^*}{s} \cdot \frac{1}{1 + \dfrac{K(K_p \tau s + 1)}{s(T_s s + 1)(T_m T_1 s^2 + T_m s + 1)}} = 0 \qquad (7-36)$$

在系统稳定的情况下，0 型系统对于阶跃给定输入稳态有差，被称作有差调速系统；Ⅰ型系统对于阶跃给定输入稳态无差，被称作无静差调速系统。

二、扰动引起的稳态误差

在分析由扰动引起的稳态误差时，令 $U_n^*(s) = 0$。系统的误差为

比例调节器

$$\Delta U_n(s) = I_{dL}(s) \cdot \frac{\dfrac{R(T_1 s + 1) \cdot \alpha}{C_e(T_m T_1 s^2 + T_m s + 1)}}{1 + \dfrac{K_p \cdot K_s \cdot \alpha / C_e}{(T_s s + 1)(T_m T_1 s^2 + T_m s + 1)}} \qquad (7-37)$$

积分调节器

$$\Delta U_n(s) = I_{dL}(s) \cdot \frac{\dfrac{R(T_1 s + 1) \cdot \alpha}{C_e(T_m T_1 s^2 + T_m s + 1)}}{1 + \dfrac{K_s \cdot \alpha / \tau \cdot C_e}{s(T_s s + 1)(T_m T_1 s^2 + T_m s + 1)}} \qquad (7-38)$$

比例积分调节器

$$\Delta U_n(s) = I_{dL}(s) \cdot \frac{\dfrac{R(T_1 s + 1) \cdot \alpha}{C_e(T_m T_1 s^2 + T_m s + 1)}}{1 + \dfrac{K(K_p \tau s + 1)}{s(T_s s + 1)(T_m T_1 s^2 + T_m s + 1)}} \qquad (7-39)$$

当扰动为阶跃信号时，$I_{dL}(s) = \dfrac{I_{dL}}{s}$，可用终值定理 $t \to \infty$ 时的误差 ΔU_n。

由式（7-37）所得的阶跃扰动引起稳态误差为

$$\Delta U_n = \lim_{s \to 0} s \cdot \Delta U_n(s) = \lim_{s \to 0} s \cdot \frac{I_{dL}}{s} \cdot \frac{\dfrac{R(T_1 s + 1) \cdot \alpha}{C_e(T_m T_1 s^2 + T_m s + 1)}}{1 + \dfrac{K}{(T_s s + 1)(T_m T_1 s^2 + T_m s + 1)}} = \frac{R I_{dL} \cdot \alpha}{C_e(1 + K)}$$

$$(7-40)$$

由式（7-38）所得的阶跃扰动引起稳态误差为

$$\Delta U_{n} = \lim_{s \to 0} s \cdot \Delta U_{n}(s) = \lim_{s \to 0} s \cdot \frac{I_{dL}}{s} \cdot \frac{\dfrac{R(T_{1}s+1) \cdot \alpha}{C_{e}(T_{m}T_{1}s^{2}+T_{m}s+1)}}{1+\dfrac{K}{s(T_{s}s+1)(T_{m}T_{1}s^{2}+T_{m}s+1)}} = 0$$

$$(7-41)$$

由式（7-39）所得的阶跃扰动引起稳态误差为

$$\Delta U_{n} = \lim_{s \to 0} s \cdot \Delta U_{n}(s) = \lim_{s \to 0} s \cdot \frac{I_{dL}}{s} \cdot \frac{\dfrac{R(T_{1}s+1)}{C_{e}(T_{m}T_{1}s^{2}+T_{m}s+1)}}{1+\dfrac{K(K_{p}\tau s+1)}{s(T_{s}s+1)(T_{m}T_{1}s^{2}+T_{m}s+1)}} = 0$$

$$(7-42)$$

由扰动引起的稳态误差取决于误差点与扰动加入点之间的传递函数。对于比例控制的蓄电池叉车调速控制系统，该传递函数无积分环节，故存在扰动引起的稳态误差，称作有静差调速系统；积分控制或比例积分控制的调速系统，该传递函数具有积分环节，所以由阶跃扰动引起的稳态误差为 0，称作无静差调速系统。

在蓄电池车辆调速控制系统中，除了考虑稳态性能以外，还需要考虑和时间相关的动态性能指标。

第八章　汽车液压控制系统的电液伺服阀

汽车液压控制系统在整车中的应用非常广泛，涉及车辆转向系统、制动系统、悬架系统等多个方面，其技术的发展是衡量车辆使用性能、设计及制造水平的重要标志。本章介绍汽车控制系统中常用的电液伺服阀。

第一节　力反馈两级电液伺服阀

力反馈两级电液伺服阀的结构如图 8 – 1 所示，这是目前广泛应用的一种结构形式。

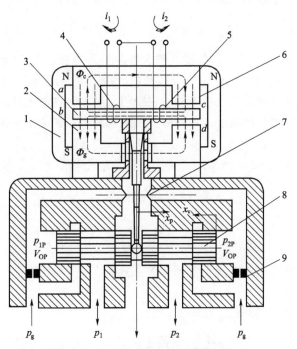

图 8 – 1　力反馈两级电液伺服阀的结构

1—永久磁铁；2—下导磁体；3—衔铁；4—线圈；
5—弹簧管；6—上导磁体；7—喷嘴；8—滑阀；9—固定截流孔

一、工作原理

无控制电流时，衔铁由弹簧管支撑在上、下导磁体的中间位置，挡板也处于两个喷嘴的中间位置，滑阀阀芯在反馈杆小球的约束下处于中位，阀无液压输出。当有差动控制电流输入时，在衔铁上产生逆时针方向的电磁力矩，使衔铁挡板组件绕弹簧转动中心逆时针方向偏转，弹簧管和反馈杆产生变形，挡板偏离中位。这时，喷嘴挡板阀右间隙减小而左间隙增大，引起滑阀左腔控制压力增大，右腔控制压力减小，推动滑阀阀芯左移。同时带动反馈杆端部小球左移，使反馈杆进一步变形。当反馈杆和弹簧管变形产生的反力矩与电磁力矩相平衡时，衔铁挡板组件便处于一个平衡位置。在反馈杆端部左移进一步变形时，挡板的偏移减小，趋于中位，使右腔控制压力降低，左腔控制压力增高，当阀芯两端的液压力与反馈杆变形对阀芯产生的反作用力与滑芯的液动力相平衡时，阀芯停止运动，其位移与控制电流成比例。在负载压差一定时，阀的输出流量也与控制电流成比例。所以这是一种流量控制伺服阀。

二、基本方程和框图

1. 力矩马达运动方程

力矩马达工作时包含两个动态过程，一个是电的动态过程，另一个是机械的动态过程。电的动态过程可用电路的基本电压方程表示，机械的动态过程可用衔铁挡板组件的运动方程表示。

通过对力矩马达每个线圈回路的电压推导，基本电压方程为

$$2K_u u_g = (R_c + r_p) \Delta i + 2N_c \frac{d\Phi_a}{dt} \tag{8-1}$$

式中，K_u 为放大器每边的增益；u_g 为输入放大器的信号电压；R_c 为每个线圈的电阻；r_p 为每个线圈回路中的放大器内阻；N_c 为每个线圈的匝数；Φ_a 为衔铁磁通。

这就是力矩马达电路的基本电压方程。它表明，经放大器放大后的控制电压 $2K_u u_g$ 一部分消耗在线圈电阻和放大器内阻上，另一部分用来克服衔铁磁通变化在控制线圈中所产生的反电动势。

将衔铁磁通表达式代入式（8-1），得力矩马达电路基本电压方程的最后形式，即

$$2K_u U_g = (R_c + r_p) \Delta i + 2K_b \frac{d\theta}{dt} + 2L_c \frac{d\Delta I}{dt} \tag{8-2}$$

其拉氏变换式为

$$2K_u U_g = (R_c + r_p) \Delta i + 2K_b s\theta + 2L_c s\Delta I \tag{8-3}$$

式中，K_b 为每个线圈的反电动势常数，$K_b = 2\frac{a}{l_g}N_c\Phi_g$；$\tag{8-4}$

L_c 为每个线圈的自感系数，$L_c = \frac{N_c^2}{R_g}$。$\tag{8-5}$

方程式（8-3）左边为放大器加在线圈上的总控制电压，右边第一项为电阻上的电压降，第二项为衔铁运动时在线圈内产生的反电动势，第三项是线圈内电流变化所产生的感应电动势，它包括线圈的自感和两个线圈之间的互感。由于两个线圈对信号电流 i 来说是串联的，并且是紧密耦合的，因此互感等于自感。所以每个线圈的总电感为 $2L_c$。

式（8-3）可以改写为

$$\Delta I = \frac{2K_u U_g}{(R_e + r_p)\left(1 + \frac{s}{\omega_a}\right)} - \frac{2K_b s\theta}{(R_c + r_p)\left(1 + \frac{s}{\omega_a}\right)} \tag{8-6}$$

式中，ω_a 为控制线圈回路的转折频率，

$$\omega_a = \frac{R_c + r_P}{2L_C} \tag{8-7}$$

2. 衔铁挡板组件的运动方程

力矩马达输出的电磁力矩为

$$T_d = K_i \Delta i + K_M \theta \tag{8-8}$$

在电磁力矩 T_d 的作用下，衔铁挡板组件的运动方程为

$$T_d = J_a \frac{d^2\theta}{dt^2} + B_a \frac{d\theta}{dt} + K_a\theta + T_{L1} + T_{L2} \tag{8-9}$$

式中，J_a 为衔铁挡板组件的转动惯量；B_a 为衔铁挡板组件的黏性阻尼系数；K_a 为弹簧管刚度；T_{L1} 为喷嘴对挡板的液流力产生的负载力矩；T_{L2} 为反馈杆变形对衔铁挡板组件产生的负载力矩。

衔铁挡板组件受力如图 8-2 所示。

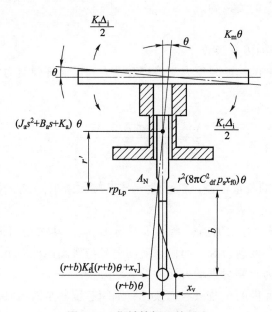

图 8-2　衔铁挡板组件受力

作用在挡板上的液流力对衔铁挡板组件产生的负载力矩为

$$T_{L1} = rp_{LP}A_N - r^2 \left(8\pi C_{df}^2 p_s x_{f0}\right)\theta \tag{8-10}$$

式中，A_N 为喷嘴孔的面积；p_{LP} 为两个喷嘴腔的负载压差；r 为喷嘴中心至弹簧回转中心（弹簧管薄壁部分的中心）的距离；C_{df} 为喷嘴与挡板间的流量系数；x_{f0} 为喷嘴与挡板间的零位间隙。

反馈杆变形对衔铁挡板组件产生的负载力矩为

$$T_{L2} = (r+b) K_f \left[(r+b)\theta + x_v\right] \tag{8-11}$$

式中，b 为反馈杆小球中心到喷嘴中心的距离；K_f 为反馈杆刚度；x_v 为阀芯位移。

将式（8-8）~式（8-11）合并，经拉氏变换得衔铁挡板组件的运动方程为

$$K_t \Delta I = (J_a s^2 + B_a s + K_{mf}) \theta + (r + b) K_f x_v + r p_{LP} A_N \qquad (8-12)$$

式中，K_{mf} 为力矩马达的总刚度（综合刚度），$K_{mf} = K_{an}(r+b)^2 K_f$； $\qquad (8-13)$

K_{an} 为力矩马达的净刚度，$K_{an} = K_a - K_m - 8\pi C_{df}^2 p_s x_{f0} r^2$。 $\qquad (8-14)$

式（8-12）可改写为

$$\theta = \frac{\dfrac{1}{K_{mf}}}{\dfrac{s^2}{\omega_{mf}^2} + \dfrac{2\xi_{mf}}{\omega_{mf}}s + 1} \left[K_t \Delta I - K_f (r+b) x_v - r A_N p_{LP} \right] \qquad (8-15)$$

式中，ω_{mf} 为力矩马达的固有频率，$\omega_{mf} = \sqrt{\dfrac{K_{mf}}{J_a}}$； $\qquad (8-16)$

ξ_{mf} 为力矩马达的机械阻尼比，$\xi_{mf} = \dfrac{B_a}{2\sqrt{J_a K_{mf}}}$。 $\qquad (8-17)$

3. 挡板位移与衔铁转角的关系

挡板位移与衔铁转角的关系为

$$X_f = r\theta \qquad (8-18)$$

4. 喷嘴挡板至滑阀的传递函数

忽略阀芯移动所受到的黏性阻尼力、稳态液动力和反馈杆弹簧力，则挡板位移至滑阀位移的传递函数为

$$\frac{X_V}{X_f} = \frac{\dfrac{K_{qp}}{A_v}}{s\left(\dfrac{s^2}{\omega_{hp}^2} + \dfrac{2\xi_{hp}}{\omega_{hp}}s + 1\right)} \qquad (8-19)$$

式中，K_{qp} 为喷嘴挡板阀的流量增益；A_v 为滑阀阀芯端面面积；ω_{hp} 为滑阀的液压固有频率。

5. 阀控液压缸的传递函数

在式（8-15）中包含有喷嘴挡板阀的负载压力 p_{LP}，其大小与滑阀受力情况有关。滑阀受力包括惯性力、稳态液动力等，而稳态液动力又与滑阀输出的负载压力有关，即与液压执行元件的运动有关。为此要写出动力元件的运动方程。

为简单起见，动力元件的负载只考虑惯性，则阀芯位移至液压缸位移的传递函数为

$$\frac{x_p}{x_v} = \frac{\dfrac{K_q}{A_p}}{s\left(\dfrac{s^2}{\omega_h^2} + \dfrac{2\xi_h}{\omega_h}s + 1\right)} \qquad (8-20)$$

6. 作用在挡板上的压力反馈

略去滑阀阀芯运动时所受的黏性阻尼力和反馈杆弹簧力，只考虑阀芯的惯性力和稳态液动力，则喷嘴挡板阀的负载压力为

$$p_{Lp} = \frac{1}{A_v}\left[m_v \frac{\mathrm{d}^2 x_v}{\mathrm{d}^2 t} + 0.43 (p_s - p_L) x_v \right] \qquad (8-21)$$

式（8-21）中的稳态液动力是 p_L 和 X_v 两个变量的函数，需将上式在 x_{vo} 和 p_{L0} 处线性化。因液压缸的负载为纯惯性，所以稳态时的 $p_{L0} = 0$，得线性化增量方程的拉氏变换形式为

$$p_{\text{Lp}} = \frac{1}{A_{\text{v}}} \left(m_{\text{v}} s^2 x_{\text{v}} + 0.43 W p_{\text{s}} x_{\text{v}} - 0.43 W x_{\text{v0}} p_{\text{L}} \right)$$

滑阀负载压力为

$$p_{\text{L}} = \frac{1}{A_{\text{p}}} m_{\text{t}} s^2 x_{\text{p}} \qquad (8-22)$$

由式（8-6）、式（8-5）、式（8-18）～式（8-22）可画出力反馈两级电液伺服阀的框图，如图8-3所示。

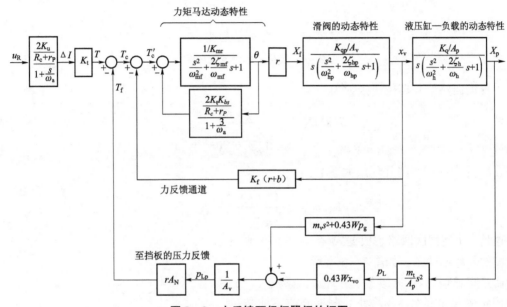

图8-3　力反馈两级伺服阀的框图

三、力反馈伺服阀的稳定性分析

由图8-3可见，伺服阀的框图包含两个反馈回路，一个是滑阀位移的力反馈回路，这是个主要回路，另一个是作用在挡板上的压力反馈回路，这是个次要回路。这两个回路都存在稳定性问题，下面主要对滑阀位移的力反馈回路加以研究。

力反馈两级伺服阀的性能主要由力反馈回路决定。由图8-3可见，力反馈回路包含力矩马达和滑阀两个动态环节。首先求出力矩马达小闭环的传递函数。为避免伺服放大器特性对伺服阀特性的影响，通常采用电流负反馈伺服放大器，以使控制线圈回路的转折频率 ω_{a} 很高，$\frac{1}{\omega_{\text{a}}} \approx 0$，则力矩马达小闭环的传递函数为

$$\Phi_1(s) = \frac{\theta}{T_{\text{e}}'} = \frac{\dfrac{1}{K_{\text{mf}}}}{\dfrac{s^2}{\omega_{\text{mf}}^2} + \dfrac{2\,\xi_{\text{mf}}'}{\omega_{\text{mf}}} s + 1} \qquad (8-23)$$

式中，ω_{mf} 为衔铁挡板组件的固有频率，$\omega_{\text{mf}} = \sqrt{\dfrac{K_{\text{mf}}}{J_{\text{a}}}}$；$\xi_{\text{mf}}'$ 为由机械阻尼和电磁阻尼产生的阻

尼比，$\xi'_{mf} = \xi_{mf} + \dfrac{K_t K_b}{K_{mf}(R_c + r_p)}\omega_{mf}$。

滑阀的固有频率很高，故滑阀动态可以忽略。简化后的力反馈回路框图如图8-4所示。

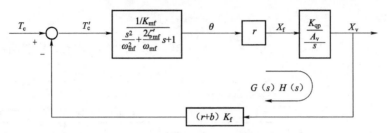

图8-4　简化后的力反馈框图

力反馈回路的开环传递函数为

$$G(s)H(s) = \frac{K_{vf}}{s\left(\dfrac{s^2}{\omega_{mf}^2} + \dfrac{2\zeta_{mf}}{\omega_{mf}}s + 1\right)} \qquad (8-24)$$

式中，K_{vf}为力反馈回路开环放大系数，

$$K_{Vf} = \frac{r(r+b)K_f K_{qp}}{A_v\left[K_{an} + K_f(r+b)^2\right]} \qquad (8-25)$$

这是个I型伺服回路。根据式（8-25）可画出力反馈的开环伯德图，如图8-5所示。

回路穿越频率ω_c近似等于开环放大系数K_{Vf}，力反馈回路的稳定条件为ω_{mf}处的谐振峰值不能超过0 dB线，即

$$K_{Vf} < 2\zeta'_{mf}\omega_{mf} \qquad (8-26)$$

在设计时可取

$$\frac{K_{Vf}}{\omega_{mf}} \leqslant 0.25 \qquad (8-27)$$

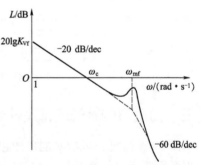

图8-5　力反馈回路的开环伯德图

这一关系具有充分的稳定储备。

四、力反馈伺服阀的传递函数

在一般情况下，$\omega_a \gg \omega_{hp} \gg \omega_{mf}$，力矩马达控制线圈的动态和滑阀的动态可以忽略。作用在挡板上的压力反馈的影响比力反馈小得多，压力反馈回路也可以忽略。这样，力反馈伺服阀的框图可简化成图8-6所示的形式。

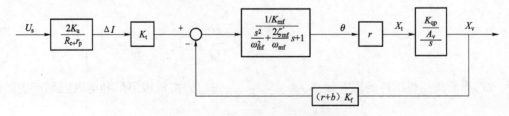

图8-6　力反馈伺服阀的简化框图

伺服阀的简化框图 8 - 6 与图 8 - 4 相比较，只是增加了放大器和力矩马达的增益 $\dfrac{2K_{\mathrm{u}}K_{\mathrm{t}}}{R_{\mathrm{c}}+r_{\mathrm{p}}}$。因此，力反馈伺服阀的传递函数为

$$\frac{X_{\mathrm{v}}}{U_{\mathrm{g}}}=\frac{\dfrac{2K_{\mathrm{u}}K_{\mathrm{t}}}{(R_{\mathrm{c}}+R_{\mathrm{p}})~(r+b)~K_{\mathrm{f}}}}{\left(\dfrac{s}{K_{\mathrm{vf}}}+1\right)\left(\dfrac{s^2}{\omega_{\mathrm{mf}}^2}+\dfrac{2~\zeta'_{\mathrm{mf}}}{\omega_{\mathrm{mf}}}s+1\right)} \tag{8-28}$$

式中，K_{XV} 为伺服放大器增益，$K_{\mathrm{XV}}=\dfrac{K_{\mathrm{t}}}{(r+b)~K_{\mathrm{f}}}$。

在大多数电液伺服系统中，伺服阀的动态响应往往高于动力元件的动态响应。为了简化系统的动态特性分析与设计，伺服阀的传递函数可以进一步简化，一般可用二阶振荡环节表示。如果伺服阀二阶环节的固有频率高于动力元件的固有频率，伺服阀传递函数还可用一阶惯性环节表示，当伺服阀的固有频率远大于动力元件的固有频率，伺服阀可看成比例环节。

二阶近似的传递函数可由下式估计

$$\frac{Q_0}{\Delta I}=\frac{K_{\mathrm{sv}}}{\left(\dfrac{s^2}{\omega_{\mathrm{sv}}^2}+\dfrac{2\zeta'_{\mathrm{sv}}}{\omega_{\mathrm{sv}}^2}s+1\right)} \tag{8-29}$$

式中，ω_{sv} 为伺服阀固有频率；ζ'_{sv} 为伺服阀阻尼比。

在由式（8 - 28）计算或由实验得到的相频特性曲线上，取相位滞后 90°，所对应的频率作为 ω_{sv}。阻尼比 ζ'_{sv} 可由两种方法求得。

（1）根据二阶环节的相频特性公式，即

$$\varphi(\omega)=\arctan\frac{2\zeta'_{\mathrm{sv}}\dfrac{\omega}{\omega_{\mathrm{sv}}}}{1-\left(\dfrac{\omega}{\omega_{\mathrm{sv}}}\right)^2} \tag{8-30}$$

由频率特性曲线求出每一相角 φ 所对应的 ζ_{sv} 值，然后取平均值。

（2）由自动控制原理可知，对各种不同的 ζ 值，有一条对应的相频特性曲线。将伺服阀的相频特性曲线与此对照，通过比较确定 ζ_{sv} 值。

一阶近似的传递函数可由下式估计

$$\frac{Q_0}{\Delta I}=\frac{K_{\mathrm{sv}}}{\left(\dfrac{2}{\omega_{\mathrm{sv}}}s+1\right)} \tag{8-31}$$

式中，ω_{sv} 为伺服阀转折频率，$\omega_{\mathrm{sv}}=K_{\mathrm{vf}}$ 或取频率特性曲线上相位滞后 45°所对应的频率。

五、力反馈伺服阀的静态特性

在稳态情况下，由图 8 - 6 可得

$$x_{\mathrm{v}}=\frac{K_{\mathrm{t}}}{(r+b)~K_{\mathrm{f}}}\Delta i=K_{\mathrm{xv}}\Delta i \tag{8-32}$$

伺服阀的功率级一般采用零开口四边滑阀，故伺服阀的流量方程为

$$q_{\mathrm{L}}=C_{\mathrm{d}}W\frac{K_{\mathrm{t}}}{(r+b)~K_{\mathrm{f}}}\Delta i\sqrt{\frac{1}{\rho}~(p_{\mathrm{s}}-p_{\mathrm{L}})}=C_{\mathrm{d}}WK_{\mathrm{xv}}\Delta i\sqrt{\frac{1}{\rho}~(p_{\mathrm{s}}-p_{\mathrm{L}})} \tag{8-33}$$

电液伺服阀的压力—流量曲线与滑阀的压力流量曲线的形状是一样的，只是输入的参量不同。滑阀以阀芯位移 x_v 为输入参量，而电液伺服阀是以电流 Δi 为输入参量。

力反馈伺服阀闭环控制的是阀芯位移 x_v，由阀芯位移到输出流量是开环控制，因此流量控制的精确性要靠滑阀加工精度保证。

第二节　直接反馈两级滑阀式电液伺服阀

一、结构及工作原理

动圈式直接位置反馈两级滑阀式电液伺服阀如图 8 - 7 所示。该阀由动圈式力矩马达和两级滑阀式液压放大器组成。前置级是带两个固定节流孔的四通阀（双边滑阀），功率级是零开口四边滑阀。功率级阀芯也是前置级的阀套，构成直接位置反馈。

当信号电流输入力马达线圈时，线圈上产生的电磁力使前置级阀芯移动，假定阀芯向上移动 x，此时上节流口开大，下节流口关小，从而使功率级滑阀上控制腔压力减小，而下控制腔压力增大，功率级阀芯上移。当功率级阀芯位移 $x_v = x$ 时停止移动，功率级滑阀开口量为 x_v，阀输出流量。

二、动圈式两级滑阀伺服阀的框图

动圈式力马达控制线圈的电压平衡方程为

$$K_u u_g = (R_c + r_p) i_c + L_c \frac{\mathrm{d}i_c}{\mathrm{d}t} + K_b \frac{\mathrm{d}x}{\mathrm{d}t}$$
$$(8-34)$$

式中，u_g 为输入放大器的信号电压；K_u 为放大器增益；R_c 为控制线圈电阻；r_p 为放大器内阻；L_c 为控制线圈电感；K_b 为线圈的反电动势常数，$K_b = B_g \pi D N_c$。

式（8 - 34）等号左边为放大器加在控制线圈上的信号电压。等号右边第一项是在电阻上的电压降，第二项是电流变化时在控制线圈中产生的自感反电动势，第三项是线圈在极化磁场中运动所产生的反电动势。

式（8 - 33）的拉氏变换式可写成

$$I_c = \frac{K_u u_g - K_b sX}{(R_c + r_p)\left(1 + \dfrac{s}{\omega_a}\right)} \quad (8-35)$$

式中，ω_a 为控制线圈的转折频率，$\omega_a = \dfrac{R_c + r_p}{L_c}$。

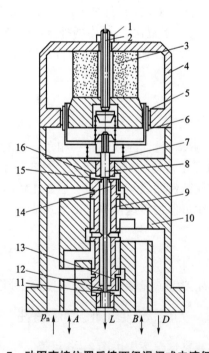

图 8 - 7　动图直接位置反馈两级滑阀式电液伺服阀
1—锁紧螺母；2—调整螺钉；3—磁铁；
4—导磁体；5—气隙；6—动圈；7—弹簧；
8——级阀芯；9—二级阀芯；10—阀体；11—下控制腔；
12—下节流口；13—下固定节流孔；14—上固定节流孔；
15—上节流口；16—上控制腔

线圈组件的力平衡方程为

$$K_t i_c = m \frac{d^2 x}{dt^2} + B \frac{dx}{dt} + Kx + F_L \tag{8-36}$$

式中，m 为线圈组件的质量；B 为线圈组件的阻尼系数；K 为弹簧刚度；F_L 为作用在线圈组件上的负载力。

作用在线圈组件上的负载力 F_L 为第一级滑阀的稳态动力，可以忽略不计，则式（8-35）可以写成

$$\frac{x}{I_c} = \frac{K_t/K}{\left(\dfrac{s^2}{\omega_0^2} + \dfrac{2\zeta_0}{\omega_0}s + 1 \right)} \tag{8-37}$$

前置级滑阀的开口量为

$$x_e = x - x_v \tag{8-38}$$

前置级滑阀的负载为功率级滑阀的质量和液动力，忽略液动力的影响，其传递函数为

$$\frac{x_v}{x_e} = \frac{K_{qp}/A_v}{s\left(\dfrac{s^2}{\omega_{hp}^2} + \dfrac{2\zeta_{hp}}{\omega_{hp}}s + 1 \right)} \tag{8-39}$$

式（8-35）、式（8-37）、式（8-39）可画出直接位置反馈滑阀式伺服阀的框图，如图 8-8 所示。直接位置反馈滑阀式伺服阀的简化框图如图 8-9 所示。

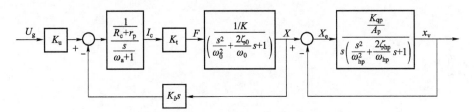

图 8-8　直接位置反馈滑阀式伺服阀框图

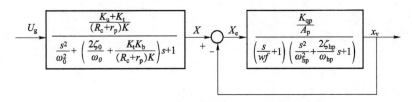

图 8-9　直接位置反馈滑阀式伺服阀简化框图

三、动圈式两级滑阀伺服阀的传递函数

伺服阀的稳定性取决于直接位置反馈回路的稳定性，稳定条件为

$$K_v < 2\zeta_{hp}\omega_{hp}$$

参考力反馈两级伺服阀传递函数的简化方法，直接位置反馈回路的闭环传递函数可写成

$$\frac{x_v}{x} = \frac{1}{\left(\dfrac{s}{K_v} + 1\right)\left(\dfrac{s^2}{\omega_{hp}^2} + \dfrac{2\zeta_{hp}}{\omega_{hp}}s + 1\right)} \tag{8-40}$$

因为 ω_{hp} 比较高，不会限制阀的频宽，因此可以忽略。则直接位置反馈两级滑阀式伺服阀的传递函数可写为

$$\frac{x_v}{u_g} = \frac{1}{\left(\dfrac{s}{K_v} + 1\right)\left[\dfrac{s^2}{\omega_0^2} + \left(\dfrac{2\zeta_0}{\omega_0} + \dfrac{1}{R_c + r_p}\dfrac{K_B K_t}{K}\right)s + 1\right]} \tag{8-41}$$

因为 ω_{hp} 很高，在保证阀稳定的前提下，允许 K_v 比较高。另一方面，一级阀为滑阀，其流量增益比喷嘴挡板阀大得多，也能提供比较高的 K_v 值，所以直接位置反馈滑阀式伺服阀频宽主要由力矩马达的固有频率 ω_0 决定。由于力矩马达动圈组件（包括一级阀阀芯）质量比较大，而对中弹簧刚度又比较低，因此固有频率 ω_0 较低。这种阀的频宽一般为 30 ~ 70 Hz。

第九章　飞机垂直速度控制系统

垂直速度（又称升降速度）控制是现代自动飞行控制系统的重要模式，系统将按最优（或最省油）的垂直速度自动控制飞机的爬升或下降。在一些飞机上，已经将垂直速度控制系统作为纵向自动飞行控制系统的默认模式，改变了以俯仰角自动控制系统作为默认模式的传统。

从动力学来看，对垂直速度的控制，若在飞行速度或空速不变的条件下，实际上就是对纵向轨迹角或航迹倾角的控制，而对轨迹角的控制是飞机驾驶的最终目标。从这一意义上来说，垂直速度控制系统成为纵向自动飞行控制系统的重要工作模式是容易理解的。

但从固定翼飞机纵向运动的操纵实质来说，只能通过改变俯仰力矩来达到对垂直速度的控制。也就是说，航迹倾角或纵向轨迹角是无法通过升降舵的偏转直接达到改变的目的，而是需要通过对俯仰角的控制来间接达到对纵向轨迹倾角控制目的。因此，垂直速度控制系统的核心是俯仰角控制系统，将以此作为内回路来建立垂直速度控制系统。

驾驶员通过自动飞行控制系统的模式/操作面板的旋钮来给定垂直速度指令，或由飞行管理计算机自动给出该指令。垂直速度的反馈信号可来自大气数据系统。

第一节　垂直速度控制系统的模型

飞机的垂直速度，实际指的是飞机重心相对于地面坐标系沿 $o_e z_e$ 轴方向的速度，但方向与 $o_e z_e$ 轴相反。一般可采用测量空气静压或重心加速度的形式来间接测量，也可以用静压和加速度进行互补组合滤波处理以得到高精度的信息。

根据运动学方程，可以得到垂直速度的线性化方程为

$$\Delta \omega_e = -v_0 \cos \gamma_0 \Delta \gamma - \sin \gamma_0 \Delta v \tag{9-1}$$

式中，γ_0、v_0 为飞机平衡状态时的航迹倾角度和速度。

在实际中常用高度作为变量并以标准海平面作为测量基准，平衡状态时的高度为 H_0，则式（9-1）可改写为

$$\Delta \dot{H} = v_0 \cos \gamma_0 \Delta \gamma + \sin \gamma_0 \Delta v \tag{9-2}$$

很显然，$\Delta \dot{H} < 0$ 表示飞机下降，$\Delta \dot{H} > 0$ 表示飞机爬升。在控制系统设计中，式（9-2）是常用的垂直速度模型。如果平衡状态下 $\gamma_0 \approx 0$，则式（9-2）就可以简化为

$$\Delta \dot{H} = (v_0 \cdot \Delta \gamma) / 57.3 = \left(\frac{v_0}{57.3} \right) \cdot \Delta \gamma \tag{9-3}$$

式中，$\Delta \gamma$ 的单位是（°）。

由于是通过俯仰角控制系统来控制垂直速度，因此需要求出航迹倾角和俯仰角之间的关

系，即

$$\Delta\gamma = \Delta\theta - \Delta\alpha \tag{9-4}$$

所以

$$\Delta\dot{H} = \left(\frac{v_0}{57.3}\right)\cdot(\Delta\theta - \Delta\alpha) \tag{9-5}$$

对式（9-4）做变换，并写成传递函数的形式得到

$$\frac{\Delta\gamma(s)}{\Delta\theta(s)} = 1 - \frac{\Delta\alpha(s)}{\Delta\theta(s)} \tag{9-6}$$

而在短周期运动的条件下，则有

$$\frac{\Delta\alpha(s)}{\Delta\theta(s)} = \left[\frac{\Delta\alpha(s)}{\Delta\delta_e(s)}\right]\Big/\left[\frac{\Delta\theta(s)}{\Delta\delta_e(s)}\right] \tag{9-7}$$

将此结果代入式（9-6），于是有

$$\frac{\Delta\gamma(s)}{\Delta\theta(s)} = \frac{-Z_{\delta_e}s^2 + M_q Z_{\delta_e}s + (M_\alpha Z_{\delta_e} - M_{\delta_e}Z\alpha)}{M_{\delta_e}s + (M_\alpha Z_{\delta_e} - M_{\delta_e}Z_\alpha)} \tag{9-8}$$

式（9-8）的使用需要注意：在某些飞行状态下，式（9-8）很容易成为非最小相位系统，从而给系统设计增加困难，所以为避免这一现象，一般采用以下的近似模型。由式（9-8）中 $Z\delta_e \approx 0$（对于大型飞机来说尤其是这样），得

$$\frac{\Delta\gamma(s)}{\Delta\theta(s)} = \frac{-Z_\alpha}{s - Z_\alpha} \tag{9-9}$$

如果 $Z\delta_e \neq 0$，则可由式（9-8）得到简化形式为

$$\frac{\Delta\gamma(s)}{\Delta\theta(s)} \approx \frac{\left(M_\alpha\frac{Z_{\delta e}}{M_{\delta e}} - Z_\alpha\right)}{s + \left(M_\alpha\frac{Z_{\delta e}}{M_{\delta e}} - Z_\alpha\right)} \tag{9-10}$$

式（9-10）用在系统设计中，精度是足够的，并能保证是最小相位系统，将此式代入式（9-3）中，从而

$$\Delta\dot{H} = \left(\frac{V_0}{57.3}\right)\cdot\frac{\left(M_\alpha\frac{Z_{\delta e}}{M_{\delta e} - Z_\alpha} - Z_\alpha\right)}{s + \left(M_\alpha\frac{Z_{\delta e}}{M_{\delta e}} - Z_\alpha\right)}\cdot\Delta\theta(s) \tag{9-11}$$

式中，$\Delta\theta(s)$ 单位是（°）。

根据式（9-11）就可以建立在俯仰角控制系统基础上的垂直速度控制系统了，而式（9-5）则可用于建立数学仿真的模型。

第二节　垂直速度控制系统的设计

垂直速度控制系统是由俯仰角控制系统作为内回路的，垂直速度控制器将形成俯仰角指令并将其作为俯仰角控制系统的输入，进而对垂直速度实施控制。同时根据负反馈的原则，需引入垂直速度的反馈作为控制器生成俯仰角指令的必要信息。垂直速度控制系统的方框图如图9-1所示。

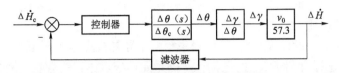

图 9 - 1　垂直速度控制系统方框图

上述垂直速度控制系统中 $\Delta\theta(s)/\Delta\theta_c(s)$ 为俯仰角控制系统的闭环传递函数，且开环传递函数并不包含积分环节，将会存在垂直速度的稳态误差。所以垂直速度控制系统控制律的基本结构是由比例和积分环节所组成。下面以具体例子来说明垂直速度控制系统的设计。

高度 4 000 m、速度 130 m/s 下飞机动力学和俯仰角控制系统的模型，如图 9 - 2 所示。在 $K_q=0.591$ 和 $K_\theta=1.05$ 时的闭环传递函数为

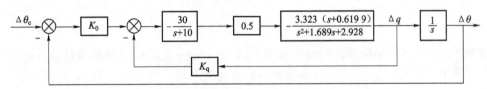

图 9 - 2　巡航飞行状态下俯仰角控制回路方框图

$$\frac{\Delta\theta}{\Delta\theta_c}=\frac{52.337\,3\,(s+0.619\,9)}{(s+6.207)\,(s+0.394\,8)\,(s^2+5.087s+13.24)}\qquad(9-12)$$

由式（9-8）和式（9-9），此飞行状态下飞机俯仰角和轨迹角之间的关系为

$$\frac{\Delta\gamma}{\Delta\theta}=\frac{0.619\,9}{s+6.199}$$

$$\frac{\Delta\dot{H}}{\Delta\theta}=2.271\,2\times\frac{0.619\,9}{s+6.199}=\frac{1.407\,9}{s+0.619\,9}\qquad(9-13)$$

垂直速度控制系统的方框图如图 9 - 3 所示。

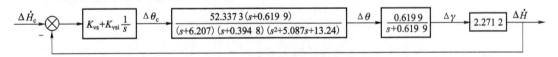

图 9 - 3　飞机垂直速度控制系统方框图

在反馈回路中，为了滤除垂直速度信号中的高频分量，一般要采用低通滤波器，由于低通滤波器的时间常数较小，因此一般情况下并不影响系统的性能和设计，故可忽略。当然，可以通过数学仿真的方法来确定滤波器的时间常数。

当控制律结构确定后就可进行参数选择，首先确定系统的主要参数增益 K_{vs}，然后再设计用于改善系统稳态精度的积分增益 K_{vsi}。在比例积分控制中，K_{vs} 起主要作用，而 K_{vsi} 则主要用于响应的后期以改变稳定精度，因此在设计 K_{vs} 时，可先假定 $K_{vsi}\approx0$，这样就可以将 K_{vs} 作为闭环特征根的单一变量绘制根轨迹。

K_{vs} 变化时的系统闭环特征根的根轨迹曲线如图 9 - 4 所示。

由于需要同时选择两个参数 K_{vs}、K_{vsi}，因此在用根轨迹设计时需要考虑两个参数之间的

折中。通过参数之间的折中还要使系统的振荡模态仍是由一对主导复极点所决定，以不改变短周期运动模态的特征。

在这样的要求下，设计 K_{vs} 时，应使得系统的主导复极点是欠阻尼的（如果在 $0.6 \sim 0.7$ 是较为适当的），这样有利于 K_{vsi} 的选择，并满足闭环极点中仍是存在一对主导复极点。

如图 9 – 4 所示，当 $K_{vs} = 0.936$ 时，主导复极点的阻尼比为 0.601，振荡模态是由复极点 $s_{1,2} = 1.3897 \pm j1.8459$ 决定的。

为了设计 K_{vsi}，需要对图 9 – 3 所示的系统的闭环特征方程进行变换。如图 9 – 3 所示闭环特征方程为

$$1 + \left(K_{vs} + \frac{K_{vsi}}{s} \right) \cdot G = 0 \tag{9 – 14}$$

式中，$\Delta \dot{H} / \Delta \theta_c = G(s)$，$K_{vs}$ 是已知的。

式（9 – 14）的两边同除以因子 $1 + K_{vs}G$，得到

$$1 + K_{vsi} \frac{G}{s \ (1 + K_{vs}G)} = 0 \tag{9 – 15}$$

显然式（9 – 15）是以开环传递函数 $G_{op} = G / \left[s \ (1 + K_{vs}G) \right]$、反馈增益 K_{vsi} 构成负反馈系统的闭环特征方程，因此其闭环特征根的根轨迹是以其开环传递函数 G_{op} 进行绘制，显然满足式（9 – 14）和式（9 – 15）在 K_{vsi} 变化时的根轨迹是一致的要求。对本例来说，开环传递函数为

$$G_{op} = \frac{73.6866}{s \ (s + 5.115) \ (s + 3.845) \ (s^2 + 2.729s + 5.157)}$$

当 K_{vsi} 变化时，其闭环根轨迹如图 9 – 5 所示。

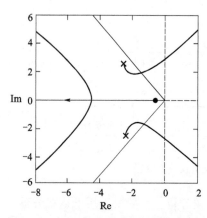
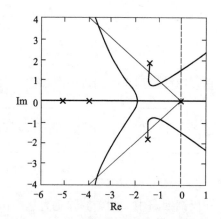

图 9 – 4 K_{vs} 变化时的系统闭环根轨迹　　　　图 9 – 5 K_{vsi} 变化时的系统闭环根轨迹

由于 K_{vsi} 将决定积分器工作时的性能，因此将主动复极点选择在阻尼比为 0.7 处，此时 $K_{vsi} = 0.388$。

当 $K_{vs} = 0.936$，$K_{vsi} = 0.388$ 时，在指令垂直速度为 $5 \ m/s$ 的阶跃输入下，垂直速度控制系统的响应如图 9 – 6 所示。

垂直速度控制系统，对垂直风和俯仰扰动力矩作用下的抗干扰能力可通过数学仿真的方法进行分析，需要注意的是：从俯仰角到 $\Delta \dot{H}$ 之间的模型必须使用式（9 – 5），采用式（9 – 9）则误差较大，甚至得到相反的结果。

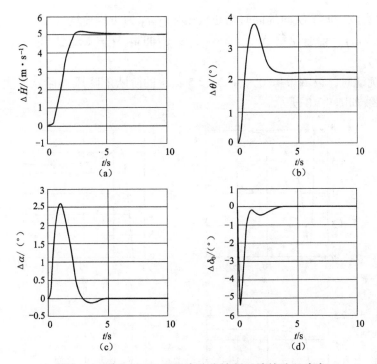

图 9 – 6 输入 5m/s 下垂直速度控制系统的阶跃响应

对本例而言，当垂直风和俯仰扰动力矩作用时，利用式（9 – 5）以及式（9 – 16）和式（9 – 17）得到其垂直风以及俯仰扰动力矩作用下的方框图如图 9 – 7 所示。

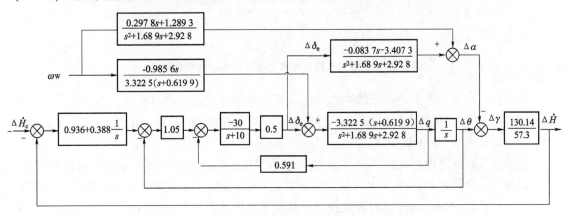

图 9 – 7 垂直风扰动下的垂直速度控制系统方框图

$$\Delta q = \frac{M_{\delta e} s + (M_\alpha Z_{\delta e} - M_{\delta e} Z_\alpha)}{s^2 + (-Z_\alpha - M_q) s + (Z_\alpha M - M_\alpha)} \Delta \delta_e + 57.3 \frac{(-M_\alpha / V_0) s}{s^2 + (-Z_\alpha - M_q) s + (Z_\alpha M - M_\alpha)} \omega_W$$

$$(9 - 16)$$

$$\Delta \alpha_k = \frac{Z_{\delta_e} s + (-M_q Z_{\delta_e} + M_{\delta_e})}{s^2 + (-Z_\alpha - M_q) s + (Z_\alpha M - M_\alpha)} \Delta \delta_e +$$

$$57.3 \frac{(-Z_\alpha / v_0) s + 57.3 \times (-1/v_0)(-M_q Z_\alpha + M_\alpha)}{s^2 + (-Z_\alpha - M_q) s + (2_\alpha M - M_\alpha)} \omega_W$$

$$(9 - 17)$$

式中，ω_{W} 为垂直风，向下吹向地面时为正（m/s）；v_0 为飞行速度（m/s）；气动迎角 $\Delta\alpha = \Delta\alpha_{\mathrm{k}} - 57.3\ (\omega_{\mathrm{W}}/v_0)$；地速迎角 $\Delta\alpha_{\mathrm{k}} = \Delta\theta - \Delta\gamma$；俯仰角 $\Delta\theta = \Delta q$。上述 $\Delta\alpha_{\mathrm{k}}$、$\Delta\alpha$、$\Delta\theta$、$\Delta\gamma$ 的单位均为（°）。

在垂直风扰动时，设 $\Delta\dot{H}_{\mathrm{c}} = 0$，且 $\omega_{\mathrm{W}} = 5$ m/s 的阶跃下降风（阶跃发生在系统工作后 2s）。其响应曲线如图 9-8 所示。

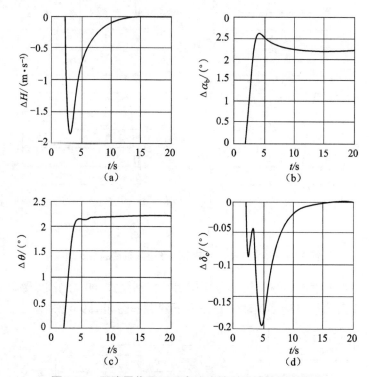

图 9-8 下降风作用下垂直速度控制系统的阶跃响应

明显地，对 $\Delta\dot{H}$ 而言不存在稳态误差，且 $\Delta\delta_{\mathrm{e}}$ 的偏角变化也是满意的，但形成了 $\Delta\alpha_{\mathrm{k}}$ 和 $\Delta\theta$ 的稳态误差。如果是在斜坡形成的下降风作用下，仿真时设 $\Delta\dot{H}_{\mathrm{c}} = 0$，$\omega_{\mathrm{W}}/ = t$，$t$ 表示时间，则响应如图 9-9 所示。

显然 $\Delta\dot{H}$ 存在有稳态误差（稳态值大约为 -1.13 m/s），保持 $\Delta\dot{H}$ 不变的主要原因是 $\Delta\delta_{\mathrm{e}}$ 向上偏转了一个固定的角度（大约为 -0.147°），同时也使得 $\Delta\theta$ 随时间不断增长，除非扰动消失，显然以这种形式抵抗斜坡垂直风的扰动来保持 $\Delta\dot{H}_{\mathrm{c}} = 0$ 是没有意义的，因此垂直速度控制系统只能抵抗短时的斜坡垂直风，并形成稳态误差。

对于俯仰扰动力矩作用下的垂直速度控制系统方框图如图 9-10 所示。

同样在 $\Delta\dot{H}_{\mathrm{c}} = 0$ 时，分别输入两种扰动形式，即 $\dfrac{M_{\mathrm{d}}}{I_{\mathrm{y}}} = 5$ （°）$/s^2$ 阶跃动力矩和 $\dfrac{M_{\mathrm{d}}}{I_{\mathrm{y}}} = t$ （°）$/s^2$（t 为时间，单位：s）的斜坡形式，这两种扰动力矩均为使飞机抬头的力矩 $\left(\dfrac{M_{\mathrm{d}}}{I_{\mathrm{y}}} > 0\right)$。

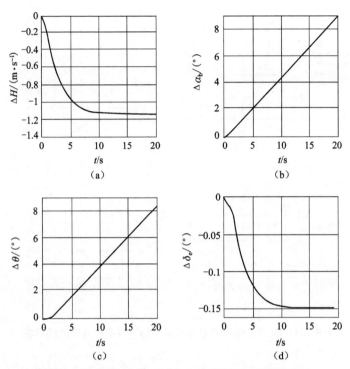

图 9 - 9　下降风作用下垂直速度控制系统的斜坡响应

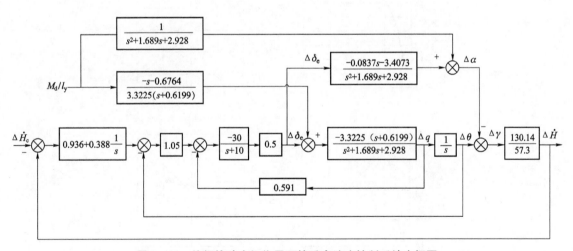

图 9 - 10　俯仰扰动力矩作用下的垂直速度控制系统方框图

阶跃扰动力矩作用下的响应曲线如图 9 - 11 所示。

垂直速度控制系统，对阶跃俯仰扰动力矩的作用无稳态误差，但 $\Delta\delta_e$、$\Delta\alpha$、$\Delta\theta$ 形成了稳态误差（稳态值分别为 1.64°、- 0.2°、- 0.2°），$\Delta\alpha$ 和 $\Delta\theta$ 的低头作用就是抵抗抬头扰动力矩，使得 $\Delta\dot{H}$ 无稳态误差。

在斜坡扰动力矩作用下的响应曲线如图 9 - 12 所示。

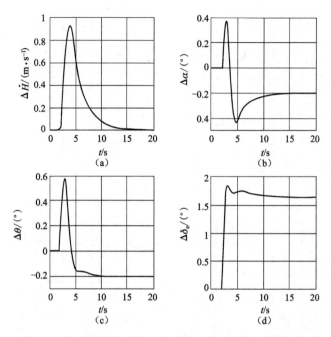

图 9-11　常值俯仰扰动力矩作用下垂直速度控制系统的响应

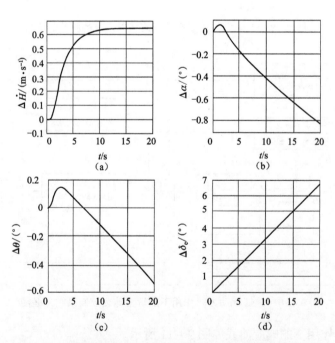

图 9-12　斜坡俯仰扰动力矩作用下垂直速度控制系统的响应

　　显然 $\Delta \dot{H}$ 存在有稳态误差，大约为 0.642 m/s。这表明在不断随时间增长的斜坡抬头干扰力矩作用下，飞机将向上爬升。由于干扰力矩使飞机连续地抬头，为维持垂直速度不变，系统使升降舵向下偏转（$\Delta \delta_e > 0$）以产生负的低头力矩来抵抗，由于扰动力矩随时间增大，因此升降舵向下偏转角也随时间增大。若斜坡扰动力矩是短时的扰动，那么升降舵偏转角只在短时间增大，只要在其舵的权限范围内就是可行的；如果扰动是长期的或所需升降舵偏转角超过权限，那么系统将不具有抵抗斜坡俯仰扰动力矩的能力。

第三节　飞行状态对垂直速度控制系统的影响

由于俯仰角控制系统是一个需要进行独立工作的模态，其控制规律必须随飞行状态进行调参，因此对垂直速度控制系统来说，就意味着其内回路的性能将是基本不变的。那么飞行状态对其性能的影响主要是由式（9 – 10）中的速度 v_0 和 Z_α（$Z_{\delta e} \approx 0$）随飞行速度和高度的变化引起的，特别是速度的变化对开环传递函数的影响非常明显。式（9 – 9）在不同飞行状态下的结果见表 9 – 1。

从表 9 – 1 中可以看到，不同飞行状态时速度 v_0 的变化使开环传递函数的增益也有较大变化，这将影响到闭环系统的上升时间和超调量。尽管如此，由于垂直速度控制系统控制律中包含有积分环节，所以并不能影响系统的稳态精度。而另外一个参数 Z_α 所形成的极点和短周期运动传递函数中的零点相抵消，因而 Z_α 的变化对系统性能的影响几乎可以忽略不计。所以在垂直速度控制系统中主要考虑 v_0 的变化对性能的影响。

表 9 – 1　不同飞行状态下的 Δ H/Δθ 的传递函数

着陆 $H = 0$ m，$v_0 = 63$ m/s	巡航 1 $H = 4\,000$ m，$v_0 = 130$ m/s	巡航 2 $H = 7\,000$ m，$v_0 = 154$ m/s
$\Delta\dot{H}/\Delta\theta = 1.106\,5 \cdot \left(\dfrac{0.576\,2}{s + 0.576\,2}\right)$	$\Delta\dot{H}/\Delta\theta = 2.271\,2 \cdot \left(\dfrac{0.619\,9}{s + 0.619\,9}\right)$	$\Delta\dot{H}/\Delta\theta = 2.623\,7 \cdot \left(\dfrac{0.477\,3}{s + 0.477\,3}\right)$

如果对俯仰角控制系统的 K_q 和 K_θ 进行调参后，那么飞行速度对垂直速度性能的影响主要是在调节时间方面，特别是在小速度下（起飞和着陆）影响比较明显。图 9 – 13 表示了当 $K_{vs} = 0.936$，$K_{vsi} = 0.388$ 时，飞机分别处在"着陆"和"巡航 2"飞行状态下垂直速度控制系统对 5 m/s 阶跃指令的垂直速度响应。

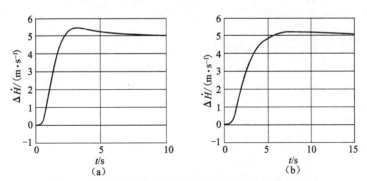

图 9 – 13　飞行速度对垂直速度控制系统性能的影响
(a) 7 000m；(b) 着陆

很明显，响应曲线的结果和上述的预计基本是一致的。在着陆状态，进入 2% 误差带的调节时间大约为 10 s，而图 9 – 6 在设计"巡航"状态和图 9 – 13 中"巡航 2"7 000 m

巡航状态，调节时间分别是 3.75 s 和 6.6 s。如果从一般使用角度来说，这是可以接受的性能，这意味着：即使 K_{vs} 和 K_{vsi} 不进行飞行状态的调节，也能使得升降速度控制系统在不同飞行状态下仍具有较好的性能，这样就可以减小 K_{vs} 和 K_{vsi} 调参设计所带来的系统复杂性。即便如此，还是需要在最大使用速度下对系统的性能进行数学仿真，以防止大速度导致过大的开环增益而影响系统稳定性；而在最小速度下则需要对系统响应的快速性是否满足要求进行检查。

如果的确需要在所有飞行状态下具有一致的响应性能，那么对 K_{vs} 和 K_{vsi} 进行调参是必要的，调参规律的设计方法与俯仰角控制系统是类似的。

通过这个例子，说明了如果俯仰角控制系统的 K_q 和 K_θ 进行调参的话，那么在俯仰角控制系统基础上构造的升降垂直控制系统的 K_{vs} 和 K_{vsi} 即使不进行调参，系统的性能也是可以接受的。特别是由于俯仰角控制系统是无稳态误差的，因此垂直速度控制系统的稳态误差只决定于其他环节，这个特点对系统的分析和设计特别有利。

第十章　车辆控制系统

制动防抱死系统（ABS，Anti – Lock Break System）是基于汽车轮胎与路面之间的附着性能随滑移率改变的基本原理而开发的高技术系统。ABS系统为行车安全提供了有力的保证。汽车制动时，制动防抱死系统自动控制制动器制动力的大小，车轮处于边滚边滑的状态，并使车轮与地面间的附着力保持最大，有效地避免了汽车制动时产生的后轮侧滑和前轮丧失转向能力的现象，从而达到提高汽车行驶稳定性、操纵性和制动安全性的目的，有效地降低汽车制动时产生的影响汽车安全性的负效应，如方向稳定性降低、侧滑、甩尾、急转、制动距离加长、轮胎使用寿命缩短等。

我军编配的装卸搬运机械是后勤装备的重要组成部分，在后勤保障中发挥着重要的作用。现代战争的高消耗性、快速性、时效性和立体性等特点，要求具备强有力的物资保障能力，而系统配套、性能优良的装卸搬运机械是提高这种能力的物质基础，也是制约后勤保障能力的重要因素之一。制动防抱死系统在装卸搬运机械领域的应用情况主要体现在以下几个方面。

1. ABS在半挂车及大吨位改装物资运输车上的应用

物资运输车辆中的半挂车及大吨位改装车，是物资运输的关键设备。发动机、变速器、汽车底盘是运输车辆的三大件。汽车底盘又是运输车辆的主要安全件，是车辆安全运输的关键所在。

汽车底盘的常见问题之一是轮胎锁死，车辆失控。当车辆急需紧急制动时，驾驶员通常会用力踩下制动踏板，车辆剧烈减速刹车，轮胎抓地力就受到影响，转向功能减弱，造成控制误差、车轮锁死，甚至使车辆陷入失控状态，特别是在下雨、下雪、道路结冰情况下，更易造成交通事故。在半挂车及大吨位改装物资运输车上可以采用ABS系统来避免上述情况的发生。ABS系统的工作过程是抱死—松开—抱死—松开的循环过程，使车辆始终处于临界抱死的间隙滚动状态，可以有效地克服紧急制动时的跑偏、侧滑和甩尾等，防止车身失控情况的发生。

2. 四通道ABS在斯太尔王S35牵引车上的应用

中国重型汽车集团有限公司率先推出了应用ABS气动控制系统的斯太尔王S35牵引车。

在ABS中，能够独立进行制动压力调节的制动管路称为控制通道。ABS的控制通道简单来说可分为八通道、六通道、四通道、三通道、二通道和一通道，目前商用车领域普遍采用的是四通道ABS。

斯太尔王S35牵引车上采用的就是四通道ABS。四通道ABS有四个轮速传感器，在通往四个车轮制动气室的管路中各设一个制动压力调节器，进行独立控制，构成四通道控制形式。四通道 ABS 是根据各车轮轮速传感器输入的信号，分别对各个车轮进行独立控制，其附着系数利用率高，制动时可以最大限度地利用每个车轮的最大附着力。四通道控制方式特别适用于汽车左右两侧车轮附着系数接近的路面，不仅可以获得良好的方向稳定性和方向控制能力，而且可以得到最佳的制动距离。

装有 ABS 系统的斯太尔王 S35 牵引车，能够有效地防止由于制动力过大造成的车轮抱死现象，使得即使全制动也能维持横向牵引力，保证了驾驶的稳定性和车辆转向的可控制性，同时也保证了更有效地利用轮胎和路面之间的制动摩擦力以及车辆减速和停车距离的最优化。

3. ABS 在全地面汽车起重机上的应用

防抱死制动系统 ABS，可安装在任何带液压刹车的汽车上。它是利用阀体内的一个橡胶气囊，在踩下制动踏板时，给予制动踏板油压力，使其充斥到 ABS 的阀体中，此时气囊利用中间的空气隔层将压力返回，使车轮避过锁死点。

近年来，随着起重机技术的迅速发展，汽车起重机越造越大，在汽车起重机上采用的先进技术越来越多，汽车起重机的性能越来越好。针对全地面汽车起重机制动过程可以建立基于逻辑门限控制方法的 ABS 控制系统，使全地面汽车起重机保证制动时的转向性，提高汽车起重机的操纵稳定性，确保最短的制动距离。

第一节　ABS 控制系统

ABS 控制系统的目标是在制动时保证转向能力，同时最大限度地缩短制动距离。由典型的附着系数特性曲线图可知，只有车轮滑移率保持在其峰值 μ_L 时，制动距离最短。此处，忽略轮胎侧偏角，假设 $\cos\alpha \approx 1$。

一、轮胎接地点力矩平衡

通过列出车轮力矩平衡方程，可更好地理解如何将附着系数保持在峰值附近，并且不需要复杂的估计算法。车轮接地点处的力矩平衡示意图如图 10-1 所示。

对于液压制动系统，作用到车轮上的制动力矩 T_{Br} 与制动压力 p_{Br} 有关。

$$T_{Br} = F_{Br} r_{stat} = r_{Br} \mu_{Br} A_{Br} p_{Br} = r_{stat} k_{Br} p_{Br} \quad (10-1)$$

若制动时不考虑驱动转矩，则力矩平衡方程如下：

$$J_W \dot{\omega} = r_{stat} \mu_L (s_L) F_z - r_{stat} k_{Br} p_{Br} \quad (10-2)$$

对应的系统方框图如图 10-2 所示。

当施加 p_{Br} 时，制动力矩 T_{Br} 增加，地面附着力矩 T_{WL} 与制动力矩 T_{Br} 差值为负，车轮减速。等效轮速 v_R（如图 10-2 中积分器后的信号）开始下降，s_L 增大。起初阶段，附着系数 $\mu_L (s_L)$ 也增加，逐渐增加地面附着力矩 T_{WL}，以减小力矩差。

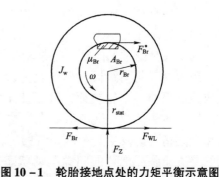

图 10-1　轮胎接地点处的力矩平衡示意图

F_{Br}^*—制动盘上的制动力；r_{Br}—有效制动半径；

μ_{Br}—制动器摩擦系数；A_{Br}—制动器有效面积；

p_{Br}—制动压力；F_{Br}—轮胎接地面制动力，

$F_{Br} = F_{Br}^* \dfrac{r_{Br}}{r_{stat}}$；$T_{Br}$—轮胎接地面制动力矩；

ω—车轮角速度；J_W—车轮转动惯量；

F_z—车轮受到的地面反作用力；F_{WL}—附着力，

$F_{WL} = \mu_L(s) F_z$（$F_{WL} \approx F_L$，$\alpha = 0$）；

T_{WL}—地面附着力矩，$T_{WL} = r_{stat} F_{WL}$；

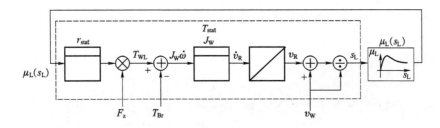

图 10-2 力矩平衡方程对应的方框图

达到峰值后，随着系数曲线斜率变为负值。此时，由于系统不稳定，若不加以控制，将导致车轮角减速度剧增，直至车轮抱死。

二、ABS 控制循环

ABS 控制循环如图 10-3 所示。

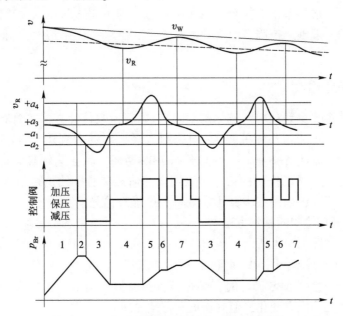

图 10-3 ABS 系统的控制循环（液压制动器）

首先，驾驶员开始增加制动力矩（阶段 1）。根据测得的等效轮速 v_{Rij}，对其微分得到车轮等效角加速度 $\dot{v}_{Rij}$。当 $\dot{v}_R$ 低于门限值 $-a_1$ 时，表明已达到峰值附着系数。

$$\dot{v}_R < -a_1 \tag{10-3}$$

在 ABS 激活后的第 1 个循环中，甚至采用一个比 $-a_1$ 更小的门限值 $-a_2$。在 $-a_1$ 和 $-a_2$ 之间，实施保压（阶段 2）。引入额外的门限值 $-a_2$ 主要是为了抑制噪声的影响。

当满足下列条件时，实施减压（阶段 3）。

$$\dot{v}_R < -a_2 \tag{10-4}$$

轮速回升，当 $\dot{v}_R$ 重新达到 $-a_1$ 时，停止减压（阶段 4）。

$$\dot{v}_R > a_4 \tag{10-5}$$

当 $\dot{v}_R$ 超过 a_4 时，为防止滑移率过小，增大制动压力（阶段 5）。

当 $\dot{v}_R$ 满足下式时，实施保压（阶段 6）。

$$a_4 > \dot{v}_R > a_3 \qquad (10-6)$$

当 $\dot{v}_R$ 满足下式时，实施缓慢增压（阶段 7）。

$$\dot{v}_R < a_3 \qquad (10-7)$$

当 $\dot{v}_R$ 满足下式时，又重新开始第二个 ABS 循环。

$$\dot{v}_R < -a_1 \qquad (10-8)$$

此时，$\dot{v}_R$ 未达门限值 $-a_2$ 时就开始减压（第二个阶段 3）。通过这样的控制循环来控制轮速，附着系数可保持在峰值附近，从而实现制动距离最小化。

当车轮转动惯量 J_w 很大，或 $\mu_L(s_L)$ 很小，或制动压力增加缓慢（如冰路面驾驶时的谨慎制动操作）时，车轮在 $\dot{v}_R$ 未达门限值 $-a_1$ 时已经抱死。这种情况将严重影响车辆的转向能力。为此，除上述循环外，当轮速低于某值时（下式），就实施减压。

$$v_R < (1 - s_{L,\max}) v_w \qquad (10-9)$$

在任何条件下，滑移率都不能超过最大值 $s_{L,\max}$，即不能达到 $\mu_L(s_L)$ 的峰值。

车辆前轴两轮一般独立控制，而后轴两轮同时控制，后轴制动压力比前轮更小，以保证行驶稳定性。

三、ABS 循环检测

只有最大附着系数得到利用（例如制动时），附着系数估计方法才具有合理性。为估计路面类型（干路面、冰或雪路面等），必须检测"最大制动力利用"状态。对于装备 ABS 的车辆，紧急制动将激活 ABS 循环，一旦开始 ABS 循环，就会达到最大附着系数。另一方面，关于"ABS 是否正常工作"的信息可以用来评估某交通事故是否与 ABS 失效有关。针对以上两个问题，下面将采用三步算法来检测 ABS 循环信号。

1. ABS 控制循环检测的基本方法

ABS 循环模式如图 10-4 所示，图 10-4（a）所示为 Ford Scorpio 车测试工况的轮速信号，图中标明了 ABS 循环。图 10-4（b）所示为某段 $\dot{v}_R$ 截图，它是左图第一个 ABS 循环中轮速信号的微分。检测 ABS 循环时，必须检测到类似于图 10-4 的循环模式。在不同控制循环中，其形状几乎没有变化，但其初值和持续时间会有不同。

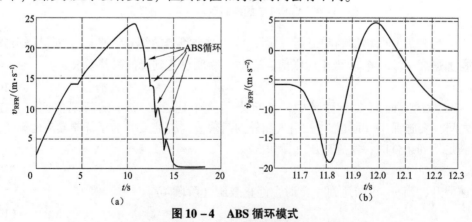

图 10-4 ABS 循环模式

（a）轮速信号；（b）一个 ABS 循环中的车轮加速度

2. 预测

预测时采用轮速测量信号。检测时，采用前两个步长的轮速测量值进行线性插值［式 (10-10)］，求出当前轮速，如图 10-5 所示。v_R 表示测量值，$v_{R,est}$ 表示估计值。

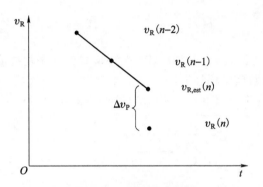

图 10-5　轮速信号插值

$$v_{R,est}(n) = 2v_R(n-1) - v_R(n-2) \tag{10-10}$$

对比 $v_{R,est}(n)$ 与 $v_R(n)$，正常情况下差值 Δv_p 几乎为 0。当实施 ABS 循环时，Δv_p 增大。在 ABS 循环开始和结束过程中，Δv_p 会超过某特定限制。对于 Opel Vita 车型，该限制如式 (10-11) 所示。该预测方法可以很准确地检测到 ABS 循环。

$$\Delta v_p = v_R - v_{R,est} \geqslant 0.08 \tag{10-11}$$

由于 ABS 循环检测系统的输入信号不是零均值信号，故采用"三态相关"代替"传统相关"。式 (10-12) 是三态相关的计算公式，它与极性相关的差别在于增加了一个状态"0"，即 +1、0、-1。

$$\hat{r}_{xy}(k) = \frac{1}{N}\sum_{n=0}^{N-1-k}T[x(n)]T[y(n+k)] \tag{10-12}$$

式 (10-12) 中，$y(n+k)$ 为图 10-6 所示的测试信号，而 $x(n)$ 是图 10-4 (b) 中的 $\dot{v}_{RFR}$。

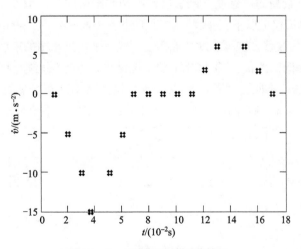

图 10-6　三态相关的测试信号

3. 三态相关

根据门限值，$T(x)$ 函数将输入信号转化为 0 和 ±1 值，如式（10 – 13）所示。各门限值一般与车辆配置的 ABS 系统有关。

$$T(x) = \begin{cases} 1, & x \geq 2 \\ 0, & -10 < x < 2 \\ -1, & -10 \geq x \end{cases} \qquad (10 - 13)$$

根据上式中的门限函数 $T(x)$，计算 ABS 循环模式的三态相关值，如图 10 – 7 所示。测试信号 $y(n)$ 的门限函数值结构如下：

$$| -1 | -1 | \cdots | -1 | 0 | 0 | \cdots | 0 | 1 | 1 | \cdots | 1 |$$

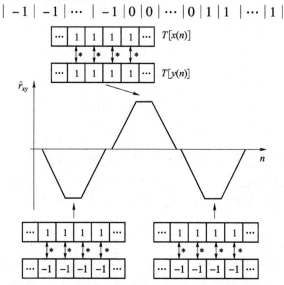

图 10 – 7   单个 ABS 循环对应的三态相关系数序列

类似地，可求得车轮角加速度 $\dot{v}_R$ 的门限函数值。图 10 – 6 中的测试信号与 $\dot{v}_R$ 测试值相对比，若匹配结果为 ABS 循环，即得到图 10 – 7 中的信号结构。测试表明，该方法具有满意的鲁棒性和可靠度。由于三态相关采用两位输入信号，因此它比"传统相关"更适用于微控制器上。由于较高的可靠度，该法可作为预测结果的重复检验。

ABS 循环检测算法包括以下三步骤：数据预处理（step1）后，再用预测方法检测并标记 ABS 循环（step2）；为改善方法可靠度和鲁棒性，最后采用三态相关来重复检验（step3）。

图 10 – 8 所示为低 μ 路面上的 ABS 制动工况结果。本方法可检测到车速大于 2m/s 时的所有 ABS 循环。该法在不同路面条件下也有效，但针对不同车型要适当调整预测方法中的门限值。例如，对于 Ford Scorpio 车型，式（10 – 11）中的门限值为 0.013。

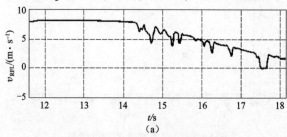

图 10 – 8   低 μ 路面制动工况下的 ABS 循环的检测（Opel Vita 车型）

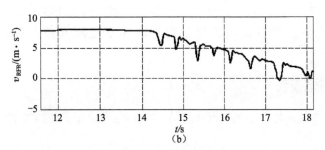

图 10 -8 低 μ 路面制动工况下的 ABS 循环的检测 （Opel Vita 车型） （续）

第二节 横摆动力学控制

此处，基于非线性双轨模型来设计控制器。该模型的线性化形式如下：

$$f\ (x,\ u)\ \approx f\ (x_0,\ u_0)\ +\ \underbrace{\frac{\partial f\ (x,\ u)}{\partial x}\bigg|_{\substack{x=x_0 \\ u=u_0}}}_{\text{雅可比矩阵}}$$

$$(x-x_0)\ +\ \underbrace{\frac{\partial f\ (x,\ u)}{\partial u}\bigg|_{\substack{x=x_0 \\ u=u_0}}}_{\text{雅可比矩阵}}\ (u-u_0) \qquad (10-14)$$

系统状态变量包括横摆角速度 $\dot{\varphi}$、车速 v_G 以及质心侧偏角 β。控制输入为

$$\underline{u}=\ (F_{\text{LFL}}F_{\text{LFR}}F_{\text{LRL}}F_{\text{LRR}}\delta_{\text{W}})^{\text{T}} \qquad (10-15)$$

注意，当仅采用制动执行器时，只能产生轮胎制动力 F_{LFL}、F_{LFR}、L_{LRL} 和 F_{LRR}。当各轮独立驱动时（例如采用电动机），也可以产生各轮驱动力。车轮转向角受驾驶员方向盘输入的影响。当 β 增大时，驾驶员通过适当转向来修正 β 值。若极限工况下驾驶员无法有效地修正 β 角，可通过短暂的车轮独立制动，采用轮胎力 F_{Lij} 来减小 β 角。图 10 -9 所示为采用制动力来纠正车辆行驶轨迹方向误差的示意图。

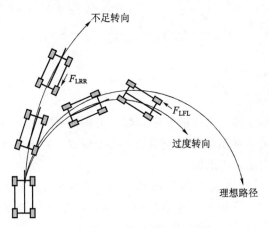

图 10 -9 不足转向与过度转向

当车辆不足转向时，额外制动力加到右后轮，形成一个纠正转向不足的横摆力矩。当 β 幅值降到门限值以内，驾驶员可以重新通过转向来控制 β 角。当过度转向时，情况类似。

一、简单控制律设计

转向角 δ_W 来自驾驶员输入，控制器计算制动力 F_{Lij} 输入，将两者的控制作用分开表示，可得雅可比矩阵

$$\left.\frac{\partial f\ (x,\ u)}{\partial x}\right|_{\substack{x=x_0\\u=u_0}}\Delta u$$

$$=\underbrace{\begin{pmatrix}\dfrac{\partial f_1}{\partial F_{LFL}}&\dfrac{\partial f_1}{\partial F_{LFR}}&\dfrac{\partial f_1}{\partial F_{LRL}}&\dfrac{\partial f_1}{\partial F_{LRR}}\\[2mm]\dfrac{\partial f_2}{\partial F_{LFL}}&\dfrac{\partial f_2}{\partial F_{LFR}}&\dfrac{\partial f_2}{\partial F_{LRL}}&\dfrac{\partial f_2}{\partial F_{LRR}}\\[2mm]\dfrac{\partial f_3}{\partial F_{LFL}}&\dfrac{\partial f_3}{\partial F_{LFR}}&\dfrac{\partial f_3}{\partial F_{LRL}}&\dfrac{\partial f_3}{\partial F_{LRR}}\end{pmatrix}}_{M_F}\left.\begin{pmatrix}\dfrac{\partial f_1}{\partial\delta_W}\\[2mm]\dfrac{\partial f_2}{\partial\delta_W}\\[2mm]\dfrac{\partial f_3}{\partial\delta_W}\end{pmatrix}\right|_{\substack{x=x_0\\u=u_0}}\begin{pmatrix}\Delta u_F\\\Delta u_\delta\end{pmatrix}\tag{10-16}$$

$$=M_F\left.\right|_{\substack{x=x_0\\u=u_0}}(u_F-u_{F0})\ +m_\delta\left.\right|_{\substack{x=x_0\\u=u_0}}(\delta_W-\delta_{W0})\tag{10-17}$$

其中，
$$\Delta u_F=(u_F-u_{F0})$$
$$\Delta u_F=\begin{pmatrix}F_{LFL}-F_{LFL0}\\F_{LFR}-F_{LFR0}\\F_{LRL}-F_{LRL0}\\F_{LRR}-F_{LRR0}\end{pmatrix}$$
$$\Delta_\delta=\delta_W-\delta_{W0}$$

将其代入式（10-14），则得

$$\underbrace{\dot x=f(x_0,\ u_0)\ +\left.\frac{\partial f\ (x,\ u)}{\partial x}\right|_{\substack{x=x_0\\u=u_0}}(x-x_0)\ +m\delta\left.\right|_{\substack{x=x_0\\u=u_0}}(\delta_W-\delta_{W0})+}_{\text{车辆动力学 + 驾驶员输入}}$$

$$\underbrace{M_F\left.\right|_{\substack{x=x_0\\u=u_0}}(u_F-u_{F0})}_{\text{偏航控制输入}(x)}\tag{10-18}$$

设计控制器时，为便于控制参数的物理解释，可采用极点配置法。一般的，输出向量 y 要进行反馈。但输出向量 y 并不包含需控制的主要变量 β。为此，状态向量 x 由观测器中获得，控制系统采用状态向量 x 的反馈。

推导控制率时，针对状态量相对工况点 x_0 的偏移量 Δx 来设计，其中 $\Delta x=x-x_0$。在一般非极限工况下，Δx 等于零，这表明针对 Δx 来设计的方法具有合理性。在极限工况下，Δx 超过预设门限值，状态向量时实际值与期望值存在偏差，从而需要进行控制。

控制率如下：

$$\Delta u_F = -K_C \Delta x \qquad (10-19)$$

其中，K_C 是反馈矩阵，将其代入线性状态空间描述方程式（10-18），可得

$$\Delta \dot{x} = \frac{\partial f}{\partial x}\bigg|_{\substack{x=x_0 \\ u=u_0}} \Delta x - M_F\bigg|_{\substack{x=x_0 \\ u=u_0}} K_C \Delta x + m_\delta\bigg|_{\substack{x=x_0 \\ u=u_0}} \Delta \delta_W,$$

$$\Delta \dot{x} = \left(\frac{\partial f}{\partial x}\bigg|_{\substack{x=x_0 \\ u=u_0}} - M_F\bigg|_{\substack{x=x_0 \\ u=u_0}} K_C\right) \Delta x + m_\delta\bigg|_{\substack{x=x_0 \\ u=u_0}} \Delta \delta_W \qquad (10-20)$$

式（10-20）括号内为闭环系统矩阵，驾驶员输入的车轮转角可作为叠加干扰。系统的动态特性可用极点配置来设定。定义矩阵 G，它具有期望的系统特性（即极点位置）。

$$\frac{\partial f}{\partial x}\bigg|_{\substack{x=x_0 \\ u=u_0}} - M_F K_C \stackrel{!}{=} G \qquad (10-21)$$

由上式求得 K_C 如下：

$$K_C = [M_F]^+ \left(\frac{\partial f}{\partial x}\bigg|_{\substack{x=x_0 \\ u=u_0}} - G\right) \qquad (10-22)$$

式中，$[M_F]^+$ 是矩阵 M_F 的 Moore-Penrose 伪逆。

注意：上述反馈矩阵 K_C 是针对工况点 x_0、u_0 来求的，对于新的工况点需重新计算 K_C。重新进行的计算步骤包括：

（1）侧偏刚度计算。

（2）车速估计以及横摆角速度估计。

（3）质心侧偏角观测。

二、参考值推导

侧向加速度 a_y 受侧向附着系数 μ_s 的限制。理论上，最大 a_y 可达 $9.81\mu_s$ m/s^2。例如 $\mu_s = 1$ 时，若质心侧偏角为 0，a_y 可达 9.81 m/s^2；当 β 幅值大于 0 时，最大 a_y 设为 8 m/s^2。对于附着系数低于 1 的情形，a_y 最大值取为

$$a_{ymax} = 8\mu_s \text{ m/s}^2 \qquad (10-23)$$

质心侧偏角 β 也是有限制的，β_{max} 随 v_G 变化，如图 10-10 所示。

$$\beta_{max} = 10° - 7° \frac{v_G^2}{(40\text{m/s})^2} \qquad (10-24)$$

故 β 的参考值如下：

$$\beta_{ref} = \begin{cases} \beta, & |\beta| \leqslant |\beta_{max}| \\ \pm\beta_{max}, & \text{其他} \end{cases} \qquad (10-25)$$

注意：β 在最大允许极限内时，有 $\beta_{ref} - \beta = \Delta x_2 = 0$。

当车辆过度转向时，控制器也要限制 $\dot{\varphi}$ 值。若 $\dot{\beta}$ 近似为 0，则可得

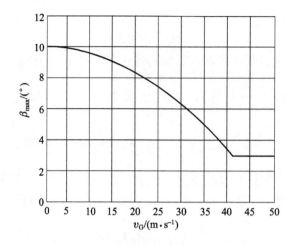

图 10-10　质心侧偏角最大允许限制与车速间的关系

$$\dot{\varphi} \approx \frac{1}{v_G \cos\beta} \left(\underbrace{\frac{F_{yFL} + F_{yFR} + F_{yRL} + F_{yRR}}{m_G} - \dot{v}_G \sin\beta}_{a_y} \right) \qquad (10-26)$$

$$\dot{\varphi}_{max} \approx \frac{1}{v_G \cos\beta} (a_{ymax} - \dot{v}_G \sin\beta_{ref}) \qquad (10-27)$$

因此，过度转向时的横摆角速度参考值为

$$\dot{\varphi}_{ref} = \begin{cases} \dot{\varphi}, & |\dot{\varphi}| \leqslant |\dot{\varphi}_{max}| \\ \pm\dot{\varphi}_{max}, & \text{其他} \end{cases} \qquad (10-28)$$

当 $\dot{\varphi}$ 在最大限制范围时，有 $\dot{\varphi}_{ref} - \dot{\varphi} = \Delta x_3 = 0$。

当车辆不足转向时，β 和 $\dot{\varphi}$ 在最大容许限值范围内。驾驶员通过加大转向角来控制车辆方向。若轮胎侧偏角 α 和侧向滑移率 s_s 过大，侧向附着系数超过极限，车辆就无法按预定轨迹行驶。为避免这种情况，转弯时车辆的横摆角速度应比实际值大。

后轮侧偏角 α_R 可用来确定前轮侧偏角 α_F 是否达到某极限值，此处设定 $|\alpha_F/\alpha_R| = 1.5$。因此，转向不足时的参考横摆角速度为

$$\dot{\varphi}_{ref} = \begin{cases} \pm\dot{\varphi}_{max}, & |\alpha_F/\alpha_R| \geqslant 1.5 \\ \dot{\varphi}, & \text{其他} \end{cases} \qquad (10-29)$$

在非极限工况下，参考值与实际值的差值为零，即

$$\Delta x_1 = v_{Gref} - v_G = 0$$
$$\Delta x_2 = \beta_{ref} - \beta = 0$$
$$\Delta x_3 = \dot{\varphi}_{ref} - \dot{\varphi} = 0 \qquad (10-30)$$

此时，控制输入为零，只有当 $|\beta| > |\beta_{max}|$、$|\dot{\varphi}| > |\dot{\varphi}_{max}|$ 或 $\alpha_F/\alpha_R > 1.5$ 时，才开始有控制输入。

下面来考虑 v_G 的参考值。获得最高车速限制的一种先进方法是，通过高速公路路况的图像处理求得。若车速超过限制，则由上述控制律施加相应的制动力。

电制动系统可直接产生制动力 F_{Br}，而液压制动系统具有非线性特性。采用液压制动时 F_{Br} 必须先转换成液压制动阀的驱动信号。若忽略 $\dot{\omega}$，式（10 – 2）变为

$$F_{WL} = \mu_L F_Z = k_{Br} p_{Br} \tag{10 – 31}$$

制动液压的控制可由图 10 – 11 所示的控制回路来实现。

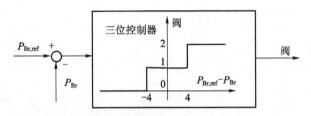

图 10 – 11 制动压力控制回路

仿真实例中，采用高速紧急避撞工况。图 10 – 12 是未加以控制的车辆响应结果，在第一次方向盘转向操作中，车辆就开始失去转向能力。

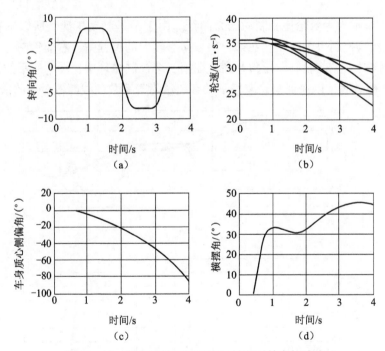

图 10 – 12 紧急避撞工况下不加控制时的车辆响应

图 10 – 13 所示为加以控制时的车辆响应结果。质心侧偏角 β 不是总在参考值范围内，但系统状态保持稳定，且车辆具有转向能力。横摆角的控制偏差要比质心侧偏角偏差更小。

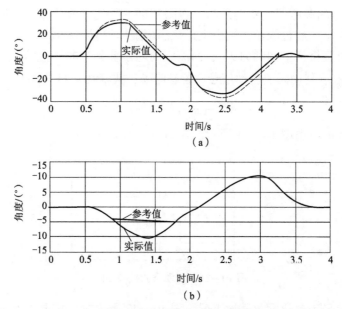

图 10-13 紧急避撞工况下加以控制时的车辆响应

（a）横摆角；（b）车身质心侧偏角

图 10-14 所示为等效轮速和制动压力曲线。由于不是制动工况，所以不存在制动减压过程，而且每次只控制单个车轮。在第一次方向盘转向的过程中，右前轮制动压力增加；第二次方向盘转向时，左前轮制动压力升高。在第二个控制循环中，图中所示的制动压力波动表明 ABS 系统被激活，以保证车轮滑移率没有超过附着系数曲线峰值对应的滑移率。

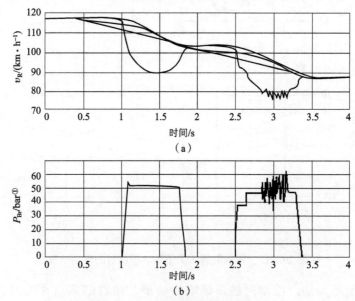

图 10-14 等效轮速与制动压力

（a）轮速；（b）制动压力

---

① 巴，1 bar = 10^5 Pa。

附录1 常见函数拉氏变换对照表

序号	原函数 $f(t)$	象函数 $F(s)$
1	$\delta(t)$	1
2	$1(t)$	$1/s$
3	t	$1/s^2$
4	e^{-at}	$\dfrac{1}{s+a}$
5	$t\mathrm{e}^{-at}$	$\dfrac{1}{(s+a)^2}$
6	$\sin\omega t$	$\dfrac{\omega}{s^2+\omega^2}$
7	$\cos\omega t$	$\dfrac{s}{s^2+\omega^2}$
8	$t^n\ (n=1,\ 2,\ 3\cdots)$	$\dfrac{n!}{s^{n+1}}$
9	$t^n\mathrm{e}^{-at}\ (n=1,\ 2,\ 3\cdots)$	$\dfrac{n!}{(s+a)^{n+1}}$
10	$\dfrac{1}{b+a}\ (\mathrm{e}^{-at}-\mathrm{e}^{-bt})$	$\dfrac{1}{(s+a)\ (s+b)}$
11	$\dfrac{1}{b+a}\ (\mathrm{e}^{-bt}-\mathrm{e}^{-at})$	$\dfrac{s}{(s+a)\ (s+b)}$
12	$\dfrac{1}{ab}\left[1+\dfrac{1}{a-b}\ (b\mathrm{e}^{-at}-a\mathrm{e}^{-bt})\right]$	$\dfrac{1}{s(s+a)\ (s+b)}$
13	$\mathrm{e}^{-at}\sin\omega t$	$\dfrac{\omega}{(s+a)^2+\omega^2}$
14	$\mathrm{e}^{-bt}\cos\omega t$	$\dfrac{s+a}{(s+a)^2+\omega^2}$
15	$\dfrac{1}{a^2}\ (at-1+\mathrm{e}^{-at})$	$\dfrac{1}{s^2(s+a)}$
16	$\dfrac{\omega_n}{\sqrt{1-\zeta^2}}\mathrm{e}^{-\zeta\omega_n t}\sin\omega_n\sqrt{1-\zeta^2}t;\ \zeta<1$	$\dfrac{\omega_n^2}{s^2+2\zeta\omega_n s+\omega_n^2}$
17	$\dfrac{-1}{\sqrt{1-\zeta^2}}\mathrm{e}^{-\zeta\omega_n t}\sin\left[\omega_n\sqrt{(1-\zeta^2)}t-\phi\right]\varphi=\arctan\dfrac{\sqrt{1-\zeta^2}}{\zeta};\ \zeta<1$	$\dfrac{s}{s^2+2\zeta\omega_n s+\omega_n^2}$

附录 2   MATLAB 函数指令表

求解控制工程问题用的命令和矩阵函数	关于命令的功能、矩阵函数的意义或语句的意义的说明	求解控制工程问题用的命令和矩阵函数	关于命令的功能、矩阵函数的意义或语句的意义的说明
abs	绝对值	max	取最大值
acker	SISO 系统极点配置	min	取最小值
angle	相角	minreal	求状态方程的最小实现
ans	当表达式未给定时的答案	NaN	非数值
atan	反正切	nyquist	乃奎斯特频率响应图
axis	手工坐标轴分度	obsv	计算能观性矩阵
		ones	常数
bode	伯德图	pi	π（圆周率）
canon	求状态空间表达式的对角或约旦标准型	place	求 MIMO 极点配置
clear	从工作空间中清除变量和函数	plot	线性 $x-y$ 图形
clg	清除屏幕图像	polar	极坐标图形
computer	计算机类型	poly	特征多项式
conj	复数共扼	polyfit	多项式曲线拟合
conv	求卷积，相乘	polyval	多项式方程
cos	余弦	prod	各元素的乘积
cosh	双曲余弦	quit	退出程序
ctrb	计算能控性矩阵	rank	计算矩阵秩
deconv	反卷积，多项式除法	real	复数实部
det	行列式	rem	余数或模数
diag	对角矩阵	residue	部分分式展开
		rlocus	画根轨迹
exit	终止程序	roots	求多项式根
exp	指数底 e	semilogx	半对数 $x-y$ 坐标图（x 轴为对数坐标）
eye	单位矩阵	semilogy	半对数 $x-y$ 坐标图（y 轴为对数坐标）
format long	15 位数字定标定点	sign	符号函数
format longe	15 位数字浮点	sin	正弦
fomat short	5 位数字定标定点	sinh	双曲正弦
fomat short e	5 位数字浮点	size	行和列的维数
freqs	拉普拉斯变换频域响应	sqrt	求平方根
freqz	Z 变换频域响应	ss2tf	状态空间模型转换为传递函数模型
		step	画单位阶跃响应

求解控制工程问题用的命令和矩阵函数	关于命令的功能、矩阵函数的意义，或语句的意义的说明	求解控制工程问题用的命令和矩阵函数	关于命令的功能、矩阵函数的意义，或语句的意义的说明
grid	画网格线	tan	正切
hold	保持屏幕上的当前图形	tanh	双曲正切
		text	任意规定的文本
i	$\sqrt{-1}$	tf 2ss	传递函数模型转换为状态空间模型
imag	虚部		
inf	无穷大（∞）	title	图形标题
inv	矩阵求逆	trace	矩阵的迹
j	$\sqrt{-1}$		
length	向量长度	who	列出当前存储器中所有变量
linspace	线性间隔的向量		
log	自然对数	xlable	x 轴标记
loglog	对数坐标 $x-y$ 图	ylable	y 轴标记
logspace	对数间隔向量	zeros	零
log10	常用对数		

参 考 文 献

[1] 苏欣平，康少华. 自动控制原理 [M]. 天津：军事交通学院，2010.

[2] 邹伯敏. 自动控制理论 [M]. 北京：机械工业出版社，2003.

[3] 胡寿松. 自动控制原理 [M]. 北京：国防工业出版社，2001.

[4] 王划一. 自动控制原理 [M]. 北京：国防工业出版社，2001.

[5] 刘金琨. 先进 PID 控制及其 MATLAB 仿真 [M]. 北京：电子工业出版社，2003.

[6] 胡寿松. 自动控制原理 [M]. 北京：科学出版社，2001.

[7] 罗抟翼，程桂芬，付家才. 控制工程与信号处理 [M]. 北京：化学工业出版社，2004.

[8] 王翼. 现代控制理论 [M]. 北京：机械工业出版社，2005.

[9] OGATA K. 现代控制工程 [M]. 卢伯英，等译. 北京：电子工业出版社，2003.

[10] 于长官，等. 现代控制理论及应用 [M]. 哈尔滨：哈尔滨工业大学出版社，2005.

[11] 曹克民. 自动控制概论 [M]. 北京：中国建材工业出版社，2002.

[12] 王孝武. 现代控制理论基础 [M]. 北京：机械工业出版社，2003.

[13] 黄忠霖. 控制系统 MATLAB 计算及仿真 [M]. 北京：国防工业出版社，2001.

[14] 王划一，杨西侠，林家恒. 现代控制理论基础 [M]. 北京：国防工业出版社，2004.

[15] 正田英介，春木弘. 自动控制 [M]. 卢伯英，译. 北京：科学出版社，2001.

[16] Benjamin C. Kuo, Farid Golnaraghi. 自动控制系统 [M]. 北京：高等教育出版社，2003.

[17] 古普塔. 控制系统基础 [M]. 北京：机械工业出版社，2004.

[18] 胡国清，刘文艳. 工程控制理论 [M]. 北京：机械工业出版社，2004.

[19] 高东杰，谭杰，林红权. 应用先进控制技术 [M]. 北京：国防工业出版社，2003.

[20] 张吉礼. 模糊—神经网络控制原理与工程应用 [M]. 哈尔滨：哈尔滨工业大学出版社，2004.

[21] 刘兴堂. 应用自适应控制 [M]. 西安：西北工业大学出版社，2003.

[22] 谢新民，丁峰. 自适应控制系统 [M]. 北京：清华大学出版社，2002.

[23] 魏巍. MATLAB 控制工程工具箱技术手册 [M]. 北京：国防工业出版社，2004.

[24] 李宜达. 控制系统设计与仿真 [M]. 北京：清华大学出版社，2004.

[25] 王诗宓，杜继宏，窦曰轩. 自动控制理论例题习题集 [M]. 北京：清华大学出版社，2002.

[26] 田玉平. 自动控制原理 [M]. 北京：电子工业出版社，2002.

[27] 藤井隆雄. 控制理论 [M]. 卢伯英，译. 北京：科学出版社，2003.

[28] 董景新，赵长德，熊沈蜀，等. 控制工程基础 [M]. 北京：清华大学出版社，2003.

[29] Richard C. Dorf, Robert H. Bishop. 现代控制系统 [M]. 谢红卫，等译. 北京：高等教育出版社，2001.

[30] 刘豹. 现代控制理论 [M]. 北京：机械工业出版社，2004.

[31] 龚乐年. 现代调节技术—基础理论与分析方法 [M]. 南京：东南大学出版社，2003.

[32] CROLLA D. 车辆动力学及其控制 [M]. 喻凡，译. 北京：人民交通出版社，2004.

[33] 韩文涛，李磊，朱彤. 基于线性最优控制理论的汽车主动悬架控制方法研究 [J]. 机械科学与技术，2003，22 (11 增)：55 ~ 57.

[34] 周春晖. 控制原理例题习题集 [M]. 北京：化学工业出版社，2001.

[35] John J. D'azzo, Constantine H. Houpis. Linear Control System Analysis and Dessign [M]. New Yoke：The McGraw – Hill companies，Inc. 1995.

[36] Driels. M.. Linear Control System engineering [M]. New Yoke：The McGraw – Hill companies，Inc. 1996.

[37] Kiencke, U., Nielsen L. 汽车控制系统：发动机、传动系和整车控制 [M]. 北京：高等教育出版社，2010.

[38] 徐军，欧阳绍修. 运输类飞机自动飞行控制系统 [M]. 北京：国防工业出版社，2013.

[39] 阮毅，陈伯时. 电力拖动自动控制系统 [M]. 北京：机械工业出版社，2014.

[40] 王增才. 汽车液压控制系统 [M]. 北京：人民交通出版社，2012.

[41] 李广庭，王远征，徐庆. ABS 防抱死制动系统在斯太尔王 S35 牵引车上的应用 [J]. 重型汽车，2004 (2)：13 – 14.

[42] Bauer H, et al. Automotive handbook [M]. Stuttgart：Robert Bosch GmbH，1993.

[43] Gillespie T D. Fundaments of vehicle dynamics [M]. Warrendale，PA：Society of Automotive Engineers Inc.，1992.

[44] Kronmuller H. Digitale Signalverarbeiiung [M]. Berlin：Springer Verlag，1991.

[45] 张明廉. 飞行控制系统 [M]. 北京：航空工业出版社，1994.